工业和信息化高职高专"十二五"规划教材立项项目

工业和信息化人才培养规划教材

Technical And Vocational Education

高职高专计算机系列

Access
实用教程

Access Fundamental
and Practice

江兆银 ◎ 主编　刘瑶 张璇 ◎ 副主编

孙华峰 ◎ 主审

人民邮电出版社

北　京

图书在版编目（CIP）数据

Access实用教程 / 江兆银主编. -- 北京 : 人民邮电出版社，2011.9（2015.1 重印）

工业和信息化人才培养规划教材. 高职高专计算机系列

ISBN 978-7-115-25685-0

Ⅰ. ①A… Ⅱ. ①江… Ⅲ. ①关系数据库－数据库管理系统，Access 2003－高等职业教育－教材 Ⅳ. ①TP311.138

中国版本图书馆CIP数据核字(2011)第159911号

内 容 提 要

本书针对高职高专学生特点，按"项目引导、任务驱动"的思想进行编写，较为系统地介绍数据库的基本原理与 Access 2003 各种主要功能。全书共包括 10 个项目，具体内容包括数据库的基础知识，数据库及表的建立与管理，表的查询，窗体，报表，数据访问页，宏的操作以及 VBA 数据库编程。每个项目后附有实训任务、项目总结以及习题。本书突出专业培养目标，注重教材的实用性，努力培养学生动手操作能力。

本书适合作为各类高职高专院校学生相关课程的教材，也可作为计算机培训学校的教材或自学参考书。

工业和信息化人才培养规划教材——高职高专计算机系列

Access 实用教程

- ◆ 主　编　江兆银

　　副主编　刘　瑶　张　璇

　　主　审　孙华峰

　　责任编辑　王　威

- ◆ 人民邮电出版社出版发行　　北京市丰台区成寿寺路 11 号

　　邮编　100164　　电子邮件　315@ptpress.com.cn

　　网址　http://www.ptpress.com.cn

　　三河市海波印务有限公司印刷

- ◆ 开本：787×1092　1/16

　　印张：13.5　　　　　　　　　2011 年 9 月第 1 版

　　字数：342 千字　　　　　　　2015 年 1 月河北第 2 次印刷

　　　　　　　　ISBN 978-7-115-25685-0

定价：27.00 元

读者服务热线：**(010)81055256**　印装质量热线：**(010)81055316**

反盗版热线：**(010)81055315**

前　言

数据库管理已经成为现代企业管理的重要组成部分。掌握一定的数据库管理知识，能利用数据库系统进行数据处理，是计算机专业及非计算机专业学生适应今后的职业岗位必不可少的技能之一。

Access 是一门数据库基础与入门的课程。通过本课程的学习，学生能够运用所学的数据库知识，针对实际问题进行有效的数据库管理，并具有一定的数据库应用系统程序开发能力。

本书基于"项目引导、任务驱动"教学模式，以项目贯穿整个课程，通过系列任务训练学生的技能。学生能够在完成任务的过程中学会专业技能和提高应用能力。教师也能够依据教材"设计教学内容、展开教学模式"，根据每个任务实施教学。

本书共分为 10 个项目，每个项目后附有项目实训任务、项目总结、习题。

主要内容如下。

项目一 Access 数据库的基础，介绍数据库的基本概念、数据库的基础知识以及 Access2003 的相关内容。

项目二数据库的管理。介绍如何设计、创建、打开和维护数据库等内容。

项目三数据表的管理。介绍表的创建，表结构及字段的基本操作，表记录的基本操作，主键和索引、表之间建立关系等内容。

项目四数据的查询。介绍使用向导创建查询，使用设计视图创建查询，参数查询，汇总查询，交叉表查询，操作查询，SQL 查询等内容。

项目五窗体的创建与设计。介绍创建和设计窗体、窗体控件、修饰窗体及高级技巧等内容。

项目六报表的应用。介绍报表的创建、编辑，子报表等内容。

项目七数据访问页的使用。介绍创建数据访问页、编辑数据访问页等内容。

项目八宏的操作。介绍宏的基本概念、创建和编辑宏、运行和调试宏等内容。

项目九 VBA 数据库编程。介绍 VBA 程序设计基本语法、VBA 程序结构、模块和面向对象编程等内容。

项目十数据库应用程序开发。介绍通过设计教务管理系统，掌握数据库管理系统开发的一般步骤和方法。

本书由江兆银任主编，刘瑶、张璇任副主编，林治、王睿、钱荣华、朱迎华参与编写。扬州职业大学信息工程学院孙华峰院长主审了全书。在本书的编写和出版过程中，各位同事给予了关心和帮助，特别是湖南铁道职业技术学院的刘志成教授，给予了大力支持。在此表示衷心的感谢。

由于编者水平所限，编写时间仓促，书中疏漏和错误之处在所难免，恳请读者批评指正。

编　者

2011 年 8 月

目 录

项目一　Access 2003 数据库库基础····· 1

任务一　认识数据库 ················· 2
（一）数据库的基本概念 ············· 2
（二）关系数据库 ····················· 4
（三）数据库的应用 ·················· 6

任务二　安装和体验 Access 2003 ····· 8
（一）安装、启动和关闭 Access 2003 ········ 8
（二）Access 2003 的帮助系统 ········ 9

项目实训 ································· 9
实训一　安装、启动和关闭 Access 2003 9
实训二　打开教务管理示例数据库，
认识数据库对象 ··········· 10

项目总结 ······························· 10
习题 ··································· 10

项目二　数据库的管理 ···············11

任务一　创建数据库 ················· 12
（一）创建空数据库 ·················· 12
（二）利用向导创建数据库 ··········· 13
（三）打开和关闭数据库 ············· 15

任务二　维护数据库 ················· 15
（一）压缩和修复数据库 ············· 15
（二）备份数据库 ···················· 16
（三）为数据库设置和撤销密码 ······ 19
（四）转换数据库文件格式 ··········· 20

项目实训 ······························ 21
实训一　创建.mdb 数据库文件 ······ 21
实训二　规划和创建教务管理
系统数据库 ··············· 21

项目总结 ······························ 21
习题 ··································· 22

项目三　数据表的管理 ···············23

任务一　创建数据表 ················· 24
（一）利用表向导创建表 ············· 24
（二）利用表设计视图创建表 ········· 24
（三）使用"数据表视图"创建表 ····· 26
（四）通过导入或链接方法创建表 ····· 26

任务二　编辑表结构 ················· 27
（一）认识表结构 ···················· 27
（二）使用表设计视图修改表字段 ····· 29
（三）设置表的字段属性 ············· 30
（四）复制表结构 ···················· 34

任务三　操作表记录 ················· 34
（一）记录定位 ······················ 34
（二）编辑表记录 ···················· 35
（三）记录排序和筛选 ··············· 36
（四）查找和替换数据 ··············· 39

任务四　创建表间关系 ··············· 40
（一）确定表的主键和索引 ··········· 40
（二）创建、编辑和删除表之间的关系····· 41
（三）子数据表的操作 ··············· 42

项目实训 ······························ 43
实训一　利用多种方法创建教务
管理系统中的各类表 ······· 43
实训二　为教务管理系统中的
表设置字段及其属性 ······· 44
实训三　为各系科的学生创建子数据表··· 44

项目总结 ······························ 44
习题 ··································· 44

项目四　数据的查询 ···············46

任务一　创建选择查询 ··············· 47

（一）使用向导创建查询·········47
（二）使用设计视图创建查询·······50
（三）设置查询条件··········52

任务二　创建参数查询·········55
（一）创建单参数查询········55
（二）创建多参数查询········55

任务三　创建汇总查询·········56
（一）添加计算字段查询·······56
（二）实现汇总查询·········57

任务四　创建交叉表查询········59
（一）使用向导创建交叉表查询····59
（二）使用设计视图创建交叉表查询··61

任务五　创建操作查询·········63
（一）生成表查询··········63
（二）删除查询···········64
（三）追加查询···········65
（四）更新查询···········66

任务六　创建 SQL 查询········67
（一）认识 SQL 语言········67
（二）创建 SQL 查询········70

项目实训·············70
实训一　为教务管理系统创建学生
选课成绩的查询·······70
实训二　创建 SQL 查询，查询各系科
学生的选课情况·······70

项目总结·············71
习题··············71

项目五　窗体的创建与设计·····72

任务一　创建窗体··········73
（一）认识 Access 中的窗体·····73
（二）自动创建窗体·········76
（三）使用向导创建窗体······77
（四）使用设计视图创建窗体····84

任务二　使用窗体控件·········90
（一）认识常用控件········90
（二）布局窗体控件·········93
（三）设置窗体控件属性······94

任务三　修饰窗体··········101
（一）使用自动套用格式·····101
（二）修饰窗体的外观·······102

项目实训············104
实训一　创建学生信息浏览窗体···104
实训二　创建子窗体显示学生的
选课成绩········105

项目总结············105
习题·············106

项目六　报表的应用········107

任务一　创建报表·········108
（一）认识 Access 中的报表···108
（二）创建报表··········109

任务二　编辑报表·········116
（一）设置报表格式········116
（二）实现排序和分组······121
（三）使用计算控件·······123
（四）创建子报表········125
（五）编辑其他类型报表·····127

项目实训············128
实训一　自动创建报表统计
学生选课情况······128
实训二　创建汇总报表统计
各专业学生选课的平均成绩··129

项目总结············130
习题·············130

项目七　数据访问页的使用·····131

任务一　创建数据访问页·······132
（一）自动创建数据页······132
（二）使用设计向导创建数据访问页··134
（三）使用设计视图创建数据访问页··136

任务二　编辑数据访问页·······139
（一）添加控件·········139
（二）添加超级链接·······143
（三）设置背景·········144

项目实训············146

实训一 为各班学生成绩创建
数据访问页 ············· 146
实训二 在 IE 浏览器中打开
数据访问页 ············· 146

项目总结 ···················· 147
习题 ························· 147

项目八 宏的操作 ············· 148

任务一 什么是宏 ············· 149
（一）宏的基本概念 ··········· 149
（二）常见宏操作 ··········· 149

任务二 创建宏 ··············· 150
（一）创建和编辑宏 ··········· 150
（二）创建宏组 ············· 153
（三）编辑宏 ··············· 153
（四）运行和调试宏 ··········· 156

项目实训 ···················· 160
实训一 使用宏创建系统登录窗体 ··· 160

项目总结 ···················· 160
习题 ························· 160

项目九 VBA 数据库编程基础 ····· 161

任务一 了解 VBA 程序设计
基本语法 ············· 162
（一）数据类型、常量和变量 ····· 162
（二）运算符和表达式 ········· 164
（三）函数的使用 ··········· 166

任务二 认识 VBA 程序结构 ······· 168
（一）认识顺序结构 ··········· 168
（二）认识选择结构 ··········· 169
（三）认识循环结构 ··········· 173

任务三 深入模块和面向
对象编程 ············· 175
（一）类模块和标准模块 ······· 175
（二）Sub 和 Function 过程的
定义和调用 ··········· 175

（三）VBA 面向对象编程 ········· 176
项目实训 ···················· 178
实训一 验证歌德巴赫猜想。编写
VBA 程序段将 6 ~ 100
之间的全部偶数表示
成为两个素数之和 ······· 178
实训二 为教务系统窗体
加载做设置 ············· 178

项目总结 ···················· 178
习题 ························· 178

项目十 数据库应用程序开发 ······· 180

任务一 设计教务管理系统
数据库 ··············· 181
（一）系统功能分析 ··········· 181
（二）系统数据库的创建 ······· 182

任务二 设计教务管理系统
主窗体 ··············· 185
（一）设计登录窗体 ··········· 185
（二）设计查询统计窗体 ······· 187
（三）设计浏览窗体 ··········· 191

任务三 集成应用系统 ········· 192
（一）设计切换面板 ··········· 192
（二）应用系统的启动 ········· 196

项目实训 ···················· 196
实训 根据实际情况完善
"教务管理系统" ········· 196

项目总结 ···················· 196

附录 A 常用函数 ············· 197

附录 B 常用窗体和控件属性 ······· 201

附录 C 常用宏操作命令 ········· 204

附录 D 常用事件 ············· 206

项目一

Access 2003 数据库基础

【项目目标】

通过本项目的学习，读者基本了解 Access 数据库管理系统的基础知识，熟悉数据库系统的基本概念。重点介绍关系数据库，Access 2003 安装、启动和关闭。

【项目要点】

1. 数据库的基本概念
2. 关系数据库
3. 数据库的应用
4. 安装、启动和关闭 Access 2003
5. Access 2003 的帮助系统

【项目任务】

熟悉数据库相关基础知识，学会安装 Access 2003 数据库管理系统，熟练打开和关闭 Access 2003 工作环境，认识数据库中的各类对象。图 1-0 所示为项目流程。

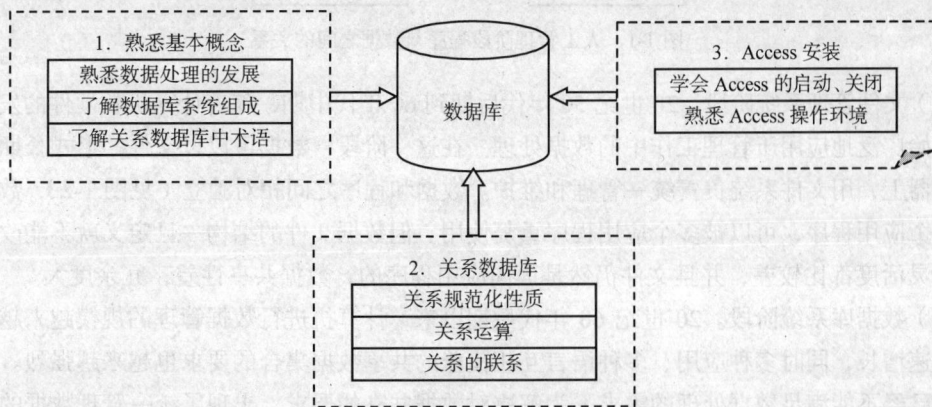

图 1-0　项目流程

任务一　认识数据库

（一）数据库的基本概念

数据库自 20 世纪 60 年代后期产生至今，已经成为计算机科学一个重要的分支。目前绝大多数的计算机系统都离不开数据库技术，数据库技术被广泛地应用到各个领域。

1. 信息、数据和数据处理

信息是经加工处理后会对人们的决策行为产生影响的数据。数据则是描述客观世界中事物的符号，它是信息的载体。数据包括数值型数据和非数值型数据，它的形式可以是数字、文字、图形、图像、声音以及其他的符号。而对数据进行收集、整理、组织、存储、维护、检索、统计、传输的过程称为数据处理。

数据处理是从大量原始的数据中提取有用的数据成分，作为行为和决策的依据。随着数据量的增长和数据处理要求的不断提高，计算机数据管理技术不断地发展。数据管理技术大约经历了 3 个阶段。

（1）人工管理阶段。20 世纪 50 年代中期以前，计算机主要的应用领域是科学计算。由于软硬件条件的限制，数据不能长期保存，数据管理也没有统一的数据管理软件，主要依靠应用程序管理数据，即数据是面向应用程序的。一组数据只对应一个应用程序，数据不能被共享，数据与应用程序之间存在依赖性，数据不具有独立性（见图 1-1），各应用程序之间存在有大量的数据重复，也就是数据的冗余。

图 1-1　人工管理阶段程序与数据之间的关系

（2）文件管理系统阶段。20 世纪 50 年代后期到 60 年代中期，随着计算机软硬件的发展，计算机开始广泛地应用于管理工作中的数据处理。在这一阶段，数据可以以文件的形式长期存储在外存储器上，用文件系统负责统一管理和维护。数据和程序之间相对独立（见图 1-2），数据不再属于某个应用程序，可以被多个应用程序重复使用。但数据文件的结构一旦定义就不能改变，适应性和灵活度都比较差，并且文件仍然是面向应用程序的，数据共享性差，冗余度大。

（3）数据库系统阶段。20 世纪 60 年代后期以来，计算机进行数据管理的规模越来越大，数据量急速增长，同时多种应用、多种语言互相覆盖的共享数据集合的要求也越来越强烈。文件系统管理已经不能满足数据处理的需求，为解决对数据共享的要求，出现了统一管理数据的专门软件——数据库管理系统。

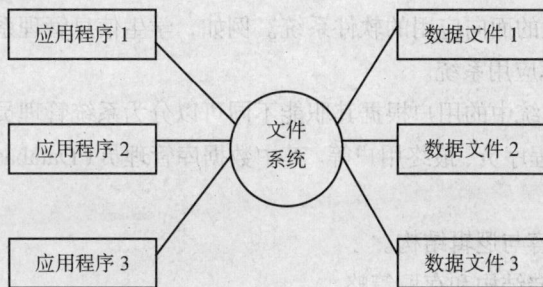

图 1-2 文件系统阶段数据与程序之间的关系

数据库管理系统将数据和程序分开存储，数据在逻辑上独立于应用程序（见图 1-3），从而可以实现数据的共享，数据冗余减少，数据独立性强。提供了数据安全性、完整性等管理与控制功能，为用户提供了方便的用户接口。

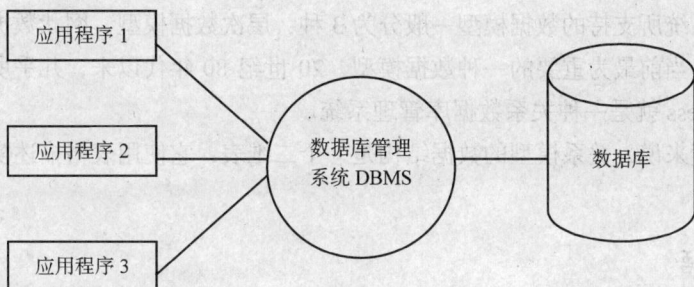

图 1-3 数据库系统中数据与程序之间的关系

2. 数据库系统的组成

数据库系统（Database System，DBS），是指具有管理和控制数据库功能的计算机系统。数据库系统一般由数据库、数据库管理系统、计算机支持系统、数据库应用系统和相关人员组成。

（1）数据库。数据库（Database，DB），是按一定的数据模型组织长期地存储在计算机存储设备上，具有共享性、安全性、独立性、冗余度低的相关数据的集合。例如，把教师个人信息、教师任课信息、教师工资信息按一定的数据模型组织起来，并存储在计算机的辅助存储器上，从而构成一个数据库。

数据库通常包含两个部分的内容：一是按一定的数据模型组织并实际存储的所有用户可以直接使用的数据；二是有关数据库定义的数据，用来描述相关数据的结构、类型、格式、关系、完整性约束等。这些描述性的数据通常称为"元数据"。

（2）数据库管理系统。数据库管理系统（Database Management System，DBMS）是位于用户与操作系统之间的数据管理软件，DBMS 是数据库系统的核心组成部分。数据库管理系统主要具有数据库定义、数据库操纵、数据库保护、数据库维护等功能。Access 就是数据库管理系统的一种。

（3）计算机支持系统。计算机支持系统包括了计算机的软硬件。硬件是指运行数据库系统所需要的基本配置或建议配置。软件是指支持 DBMS 和数据库系统运行的操作系统、数据库接口的高级语言及其编译系统。

（4）数据库应用系统。数据库应用系统（Database Application System，DAS）是针对某一个实际应用管理对象而开发的面向应用的软件系统。例如，学生信息管理系统、人事管理系统、图书管理系统等都是数据库应用系统。

（5）人员。数据库系统中的用户根据其职能不同可以分为系统管理员、数据库管理员、数据库设计员、系统分析员、程序员、最终用户等。其中数据库管理员（Database Administrator，DBA）主要有如下职责。

- 决定数据库的内容与逻辑结构。
- 决定数据库的存储结构和存取策略。
- 实施数据库系统的保护。
- 监督和控制数据库的使用和运行。
- 改进与重组数据库系统。

（二）关系数据库

数据库管理系统所支持的数据模型一般分为 3 种：层次数据模型、网状数据模型、关系数据模型。关系模型是当前最为重要的一种数据模型，20 世纪 80 年代以来，几乎所有的数据库系统都是关系型，Access 就是一种关系数据库管理系统。

从用户的角度来说，关系模型的数据结构是一个二维表，它使用表格描述实体间的关系，由行和列组成。

1. 关系术语

（1）关系。在 Access 中，一个"表"就是一个关系。图 1-4 中的教师基本信息表，图 1-5 中部门表就是两个关系，每一个关系都具有一个表名。

职工编号	部门编号	姓名	性别	出生日期	身份证号	民族	政治面貌	参加工作时间
243201	2432	王华	女	1967-2-8	740122198702080172	汉族	中共党员	1992-7-1
243204	2432	高亮	男	1983-10-19	732324198310190025	满族	共青团员	2004-7-1
243205	2432	龚红梅	女	1982-9-24	732302198209240624	汉族	共青团员	2004-7-1
243308	2433	许山	男	1980-6-15	740402198006150229	汉族	共青团员	2003-7-1
243309	2433	陆翠花	女	1978-11-22	732302197811220621	汉族	中共党员	2000-7-1
243310	2433	董咏春	女	1981-11-14	732324198111140025	汉族	共青团员	2003-7-1
243411	2434	张强	男	1962-10-1	742301196207010813	汉族	中共党员	1984-7-1
243412	2434	赵刚	男	1981-6-26	712526198106213892	回族	中共党员	2005-7-1
243413	2434	赵希景	男	1979-8-23	771326197908233733	汉族	共青团员	2005-7-1
243414	2434	李一帆	男	1973-11-11	740103731111204	汉族	群众	1996-7-1
243415	2434	孙零	男	1974-10-1	742223741001421	回族	群众	2000-7-1
243416	2434	张华文	女	1979-5-1	742301790501642	回族	群众	2000-7-1

图 1-4　教师基本信息表

部门编号	部门名称	电话号码
2432	外语系	3511010
2433	中文系	3511013
2434	美术系	3510056
2435	数学系	3511049
2436	电子信息工程系	3510123
2438	经济管理系	3511089
2440	体育系	3511039
2441	计算机科学与技…	3511047

图 1-5　部门表

（2）元组。在二维表中，水平方向中的行称为元组，一行就是一个元组，或者称为一条纪录。例如，教师基本信息表中就具有多个元组（或多个纪录）。

（3）属性。在二维表中，垂直方向的列称为属性，一列就是一个属性，或者称为一个字段。每一个属性都有一个属性名或者称为字段名。如部门表中有 3 列，对应 3 个属性：部门编号、部门名称、电话号码。

（4）域。属性的取值范围，不同的元组对同一个属性的取值所限定的范围。如"教师基本信息表"中姓名属性的取值只能是汉字字符，出生日期属性的取值只能是日期数据。

（5）关键字。关系中的某个属性组可以唯一地确定一个元组。如"教师基本信息表"中的"职工编号"，可以唯一地确定一个教师，也就是说"职工编号"是该关系中的关键字。

（6）外部关键字。一个表中的主关键字被包含到另一个二维表中，该主关键字称为另一个二维表中的外部关键字。如"部门编号"是"部门表"中的主关键字，而对于"教师基本信息表"而言，"部门编号"则是外部关键字。

2. 关系规范化

关系是一种规范了的二维表，它具有以下几点性质。

（1）二维表中的属性值应该是不可以再分解数据项。

（2）二维表中的每一列都具有唯一的属性名，在 Access 中，一个表中不可以出现相同的字段名。

（3）在二维表中不能出现相同的元组，在 Access 中，一个表中不可以出现相同的记录。

（4）二维表中的记录数可以随数据的增删而变化，但是其字段数是相对固定不变的，也就是说关系的结构是相对稳定的。

（5）二维表中的行、列顺序可以任意交换。

3. 关系运算

关系的基本运算有两类：一类是传统的集合运算（如交、并、差）；另一类是专门的关系运算（如选择、投影、联接）。

（1）交。两个具有相同结构的关系 R 和 S，关系 R 与关系 S 的交的结果是由既属于 R 又属于 S 的元组组成的集合。

（2）并。两个具有相同结构的关系 R 和 S，关系 R 与关系 S 的并的结果是由属于这两个关系的元组组成的集合。

（3）差。两个具有相同结构的关系 R 和 S，关系 R 差关系 S 的结果是由属于 R 而不属于 S 的元组组成的集合。

（4）选择。选择是一个单目运算，从关系 R 中选择满足指定条件的元组形成一个新的关系。如从"教师基本信息表"中选择找出所有性别为"男"的教师，所进行的查询操作就是选择运算。

（5）投影。投影也是一个单目运算，它是对关系进行垂直的分解，从关系 R 中选择若干属性组成一个新的关系。如从"教师基本信息表"中找出教师的职工编号、姓名、出生日期等部分数据，这是一个投影运算。

（6）联接。联接是一个双目运算，将两个关系按条件拼接成一个新的关系。联接过程是通过联接条件来控制的，联接条件中将出现两个关系中的公共属性名，或有相同的语义的属性。

注意　在联接运算中，按照字段值对应相等为条件进行的联接称为自然联接。自然联接是去掉重复属性的等值联接。

4. 关系的联系

在确定了关系中的关键字后，还需要建立关系之间的联系，联系通常有 3 种。

（1）一对一联系。在一对一关系中，表 A 的一条记录在表 B 中只能对应一条记录，而表 B 中的一条记录在表 A 中也对应一条记录。例如，图 1-6 中"教师基本信息表"与"工资表"为一对一的联系。"教师基本信息表"中的一条教师记录对应于"工资表"中一个员工的工资记录。

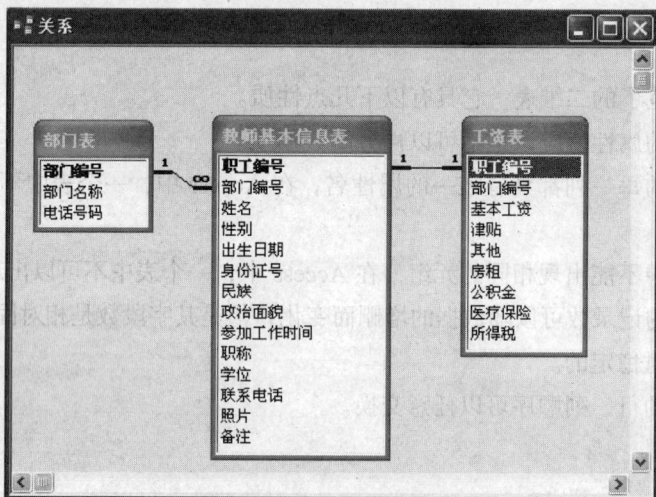

图 1-6　"教师信息"数据库中的表与表间的关系

（2）一对多联系。一对多的联系是关系型数据库中最为普遍的。在一对多关系中，表 A 的一条记录对应于表 B 中的多条记录，但表 B 中一条记录只能与表 A 中一条记录对应。图 1-6 中的"部门表"与"教师基本信息表"就是一对多的联系。

（3）多对多联系。在多对多关系中，表 A 的一条记录在表 B 中可以对应于多条记录，而相应的表 B 的一条记录在表 A 中也可以对应于多条记录。

（三）数据库的应用

数据库的应用领域非常广泛。家庭、公司、企业、政府部门等都需要使用数据库来存储数据信息。传统数据库中的很大一部分用于商务领域，现代数据库有很多新的应用领域。

1. 多媒体数据库

这类数据库主要存储与多媒体相关的数据，如声音、图像、视频等数据。多媒体数据最大的特点是数据连续，数据量比较大，存储需要的空间较大。

2. 面向对象数据库

面向对象数据库是将面向对象的思想应用于数据库。在数据库中提供面向对象的技术是为了满足特定应用的需要。随着许多基本设计应用（如 MACD 和 ECAD）中的数据库向面向对象数据库的过渡，面向对象思想也逐渐延伸到其他涉及复杂数据的应用中，其中包括辅助软件工程（CASE）、计算机辅助印刷（CAP）和材料需求计划（MRP）。这些应用如同设计应用一样在程序设计方面和数据类型方面都是数据密集型的，并能对相近数据备份进行调整。

3. 移动数据库

移动数据库是在移动计算机系统上发展起来的，如 3G 手机的实时图像处理等。这类数据库最大的特点是通过无线网络传输。移动数据库可以随时随地地获取和访问数据，为一些商务应用带来很大的方便，有利于处理紧急情况。

4. 空间数据库

空间数据库目前发展比较迅速。它主要包括地理信息数据库（GIS）和计算机辅助设计（CAD）数据库。地理信息数据库一般存储与地图相关的信息数据。计算机辅助设计数据库一般存储设计信息的空间数据库，如机械、集成电路、电子设备设计图等。

5. 信息检索系统

信息检索就是根据用户输入的信息，从数据库中查找相关的文档和信息，并把查找的信息反馈给用户。信息检索领域和数据库是同步发展的，它是一种典型的联机文档管理系统或者联机图书目录。

6. 分布式信息检索

分布式数据库是随着 Internet 的发展而产生的数据库。它一般用于 Internet 及远距离计算机网络系统中。许多网络用户（如个人、公司或企业等）在自己的计算机中存储信息，同时希望通过网络发送电子邮件、文件传输、远程登录方式和他人共享这些信息。分布式信息检索满足了这一要求。

7. 专家决策系统

专家决策系统也是数据库应用的一部分。越积越多的数据可以联机获取，企业可以根据联机获取的数据做出正确的决策。人工智能的发展，使得专家决策系统的应用更加广泛。

8. 人工智能领域的知识库

人工智能是 20 世纪 60 年代开始发展的，它是研究机器智能和智能机器的高科技学科，它需要大量的演绎和推理规则的支持，这就为数据库提供了用武之地。它通过将知识抽象化、条理化，利用数据库技术建立知识库，从而使数据库智能化。

当然，数据库的应用远远不止上面我们提到的几点，数据库技术还有更为广阔的发展前景。

任务二 安装和体验 Access 2003

（一）安装、启动和关闭 Access 2003

1. Access 2003 的安装

Access 2003 中文版是 Microsoft 公司 Office 软件包中的关系数据库软件。 Access 2003 是 Office 2003 的一个组成部分。

安装 Access 2003 的具体步骤如下。

① 将 Office 2003 的安装盘放进光驱，双击其根目录下的 setup.exe 应用程序，随后会出现安装的欢迎界面。

② 在"Office 2003 的安装向导"准备就绪后，进入"产品密钥"界面。

③ 在密钥文本框内输入正确的密钥后，单击"下一步"按钮。

④ 在"最终用户许可协议"界面中，选中"我接受《许可协议》中的条款"复选框接受协议，然后单击"下一步"按钮。

⑤ 按照屏幕提示完成安装操作。

2. Access 2003 的启动

① 利用"开始"菜单。启动 Access 2003 的方法和启动其他 Office 2003 软件一样。从 Windows "开始"菜单"所有程序"级联菜单中找到 Microsoft Office 程序组，然后单击其中的 Microsoft Office Access 2003 命令，如图 1-7 所示，就可以启动 Access 2003 了。

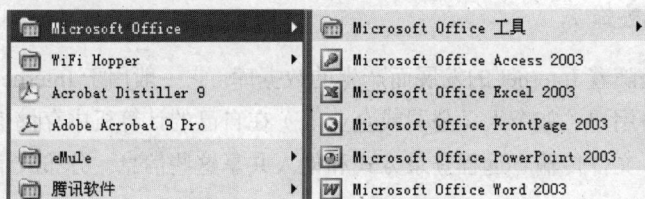

图 1-7 启动 Access 2003

② 利用快捷方式。Access 2003 安装后，Windows 桌面上一般会出现其快捷图标，可以通过双击 Access 2003 快捷图标，启动 Access 2003。其主界面如图 1-8 所示。

3. Access 2003 的退出

退出 Access 的方法比较简单。

① 利用菜单。在"文件"主菜单中选择"退出"菜单项即可。

② 利用按钮。单击 Access 标题栏右侧的关闭按钮 ⊠ 退出操作环境。

③ 利用组合键。利用【Alt】+【F4】组合键可以关闭当前窗口。

标题栏 ——

菜单栏 ——

工具栏 ——

工作区域 ——

任务窗格 ——

状态栏 ——

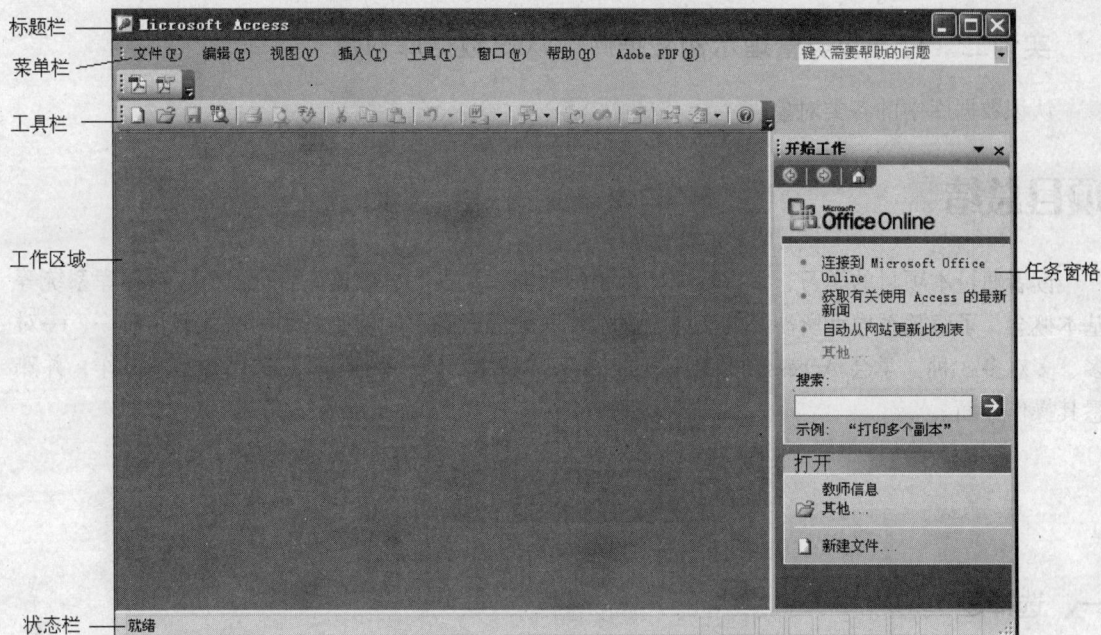

图 1-8　Access 2003 主界面

（二）Access 2003 的帮助系统

Access 2003 具有强大的帮助系统，采用 HTML 帮助形式。在其主菜单上有帮助菜单项，如图 1-9 所示，通过帮助系统用户可以随时获得相关问题的解答。

在默认情况下，Office 助手是被激活的，它将显示与用户当前行为有关的提示，并提供完成某项特殊任务所需的方法。用户也可以利用"帮助"菜单上的"显示 Office 助手"命令将隐藏的 Office 助手打开。

如果计算机与网络连接，用户还可以选择"Microsoft Office Online"，在 Microsoft 提供的网站上查找有关信息及最新的模板和向导。

图 1-9　帮助菜单

项目实训

实训一　安装、启动和关闭 Access 2003

1. 学会安装 Access 2003 环境。
2. 学习用不同的方法启动 Access 2003。
3. 熟悉 Access 2003 的操作环境和 Access 2003 界面。
4. 学习多种关闭 Access 2003 的方法。

实训二　打开教务管理示例数据库，认识数据库对象

认识数据库中的各类对象。

项目总结

　　读者通过本项目的学习，掌握数据库系统中数据、数据库、数据库管理系统、数据库系统等基本概念，了解关系模型所涉及的实体、属性、联系等概念，明确关系间的联系有一对一、一对多、多对多 3 种。学会 Access 2003 环境的安装，以及操作环境的启动、关闭等基本操作，并熟悉其操作界面。

习　题

一、选择题

1. 在关系数据库中，使用_____结构来表示实体以及实体之间的关系。

 A. 二维表　 B. 表　 C. 记录　 D. 字段

2. Access 的数据库类型是_____。

 A. 层次数据库　 B. 网络数据库　 C. 树形数据库　 D. 关系数据库

3. 下列描述中正确的是_____。

 A. 在 Access 的表中允许有两个完全相同记录

 B. 在 Access 的表中字段的顺序不可以随便调换

 C. 在 Access 的表中记录的顺序不可以随便调换

 D. 在 Access 的数据表中不可以包含子表

4. 数据库系统的核心是_____。

 A. 数据　 B. 数据库

 C. 数据库管理系统　 D. 数据库管理员

5. 关系中的每一个行称为_____。

 A. 属性　 B. 字段　 C. 域　 D. 元组

二、问答题

1. 数据库系统包含哪几个部分？

2. 关系间的联系有哪几种？请分别举例说明。

3. 关系规范化的基本性质有什么？

项目二

数据库的管理

【项目目标】

通过本项目的学习，读者在初步了解 Access 2003 数据库管理系统的基础上，能够独立完成对数据库的基本维护和管理工作。

【项目要点】

1. 创建数据库
2. 压缩和修复数据库
3. 备份数据库
4. 设置数据库管理密码
5. 转换数据库文件格式

【项目任务】

创建教务管理系统数据库，在指定的目录下对数据库文件进行压缩和备份，并为该数据库设置管理密码。最后，以 Excel 文件格式导出相关数据信息。图 2-0 所示为项目流程。

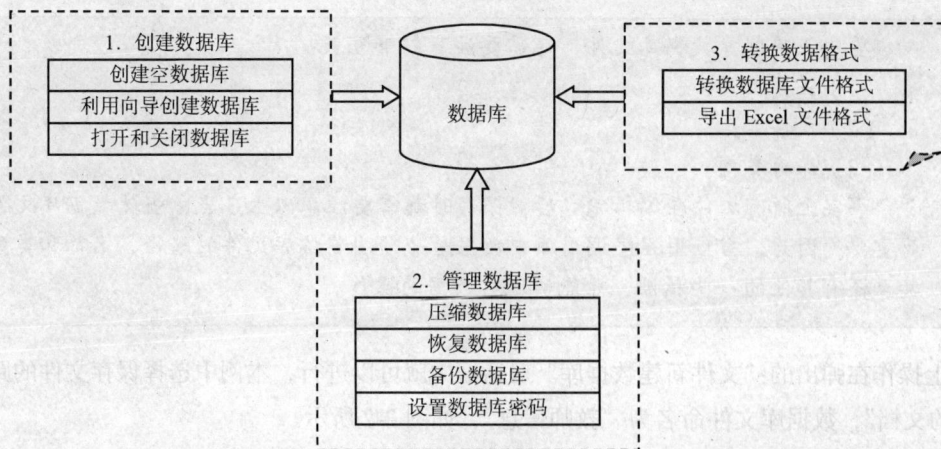

图 2-0　项目流程

任务一 创建数据库

（一）创建空数据库

在数据库创建前，首先要根据客户的需求对数据库系统进行全面的分析和研究，然后再根据数据库设计的规范规划并创建数据库。

Access 数据库主要用于存储数据以及和数据处理相关的各类对象，所以在使用 Access 管理数据前需要创建一个空数据库用于存放此类对象。下面我们就给大家介绍一下如何在指定的目录下创建一个空数据库。

① 启动 Microsoft Office Access 2003，【文件】菜单中选择【新建】选项，原有的"开始工作"窗格即跳转至"新建文件"窗格，单击【空数据库】选项就可以创建一个空数据库了，如图 2-1 所示。

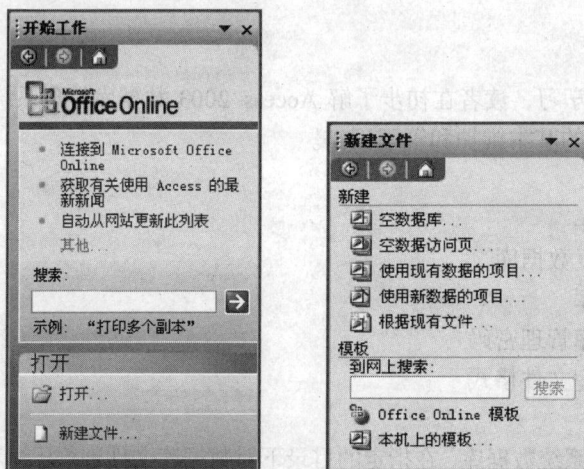

图 2-1 新建空数据库

要想正确创建数据库文件，还需要注意以下 3 点：

（1）保存位置；

（2）文件名；

（3）保存类型。

事实上所有文件在编辑完成后，保存时都需要注意以上 3 点，当然数据库文件尤为重要。因为，当应用程序调用库中数据时必须明确该库文件的路径、名称和类型，甚至还有其他的一些属性，才能实现对数据的操作。

以上操作在弹出的"文件新建数据库"对话框中就可以进行，本例中选择保存文件的路径是"D:\我的文档"，数据库文件命名为"教师信息"，如图 2-2 所示。

② 单击"创建"按钮，弹出数据库对话框，数据库文件就创建好了，如图 2-3 所示。

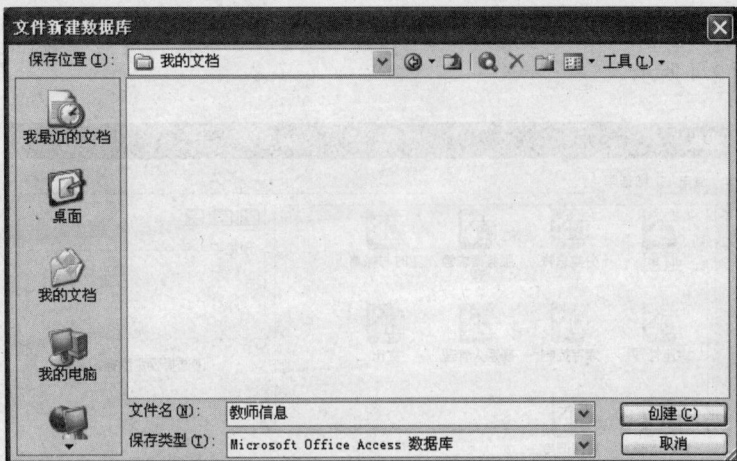

图 2-2　保存数据库文件

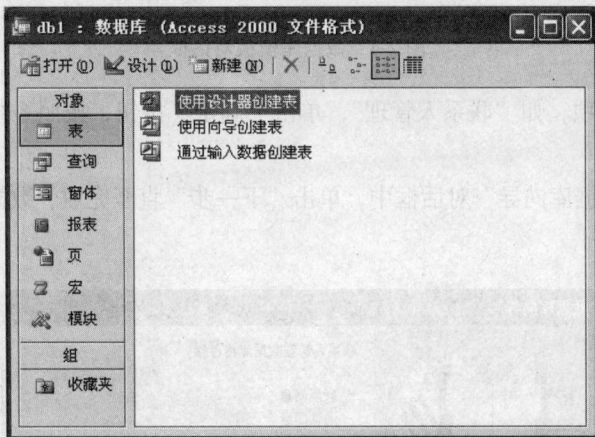

图 2-3　数据库对话框

此时，如果查看磁盘中的"D:\我的文档"文件夹，就会发现一个扩展名为.mdb 的文件。这就是我们刚刚创建的数据库文件。

在此对话框中，我们可以使用设计器和向导创建各类数据库对象。由图 2-3 可知，有 7 种不同类型的数据库对象可以被创建，它们分别是表、查询、窗体、报表、页、宏和模块。在此基础上，我们就可以执行以下各项任务了，包括向数据库中添加数据；导入或链接到数据源；创建数据库对象；自定义数据库对象等。下面将向大家详细介绍这些任务。

（二）利用向导创建数据库

为了方便操作、提高效率，Access 还提供了"向导"功能，用于数据库的创建。通过该向导可以对系统内置的模板进行选择。对其进行一定程度的自定义设置，该向导就会为数据库创建一组表、查询、窗体和报表，同时创建的还有切换面板等。要注意的是，在用"向导"功能创建的表中不含任何数据，具体的内容还需要数据库管理员或者程序来编辑。

下面给大家介绍一下如何利用模板创建"联系人管理"数据库。

①【文件】菜单中选择【新建】选项，在弹出的"新建文件"窗格中单击【本机上的模板】；

弹出"模板"对话框。这时可以看见在"数据库"选项卡中 Access 提供了几种常用的数据库模板可供选择，如图 2-4 所示。

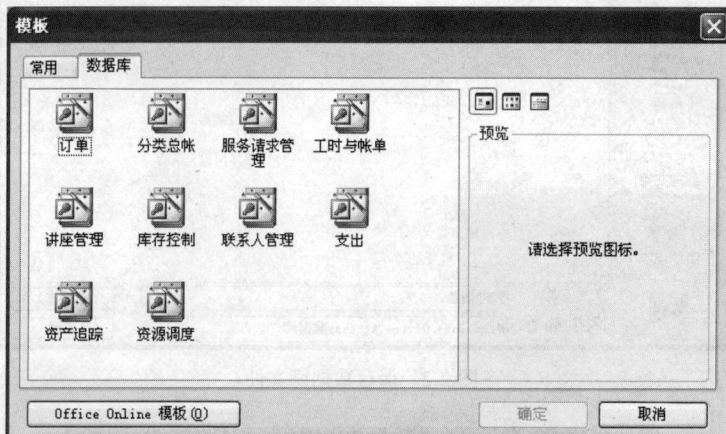

图 2-4　数据库模板对话框

② 选择相应的选项，如"联系人管理"，单击"确定"按钮，按照系统提示在指定的目录下创建数据库即可。

③ 在弹出的"数据库向导"对话框中，单击"下一步"直至完成，数据库就创建好了，如图 2-5 所示。

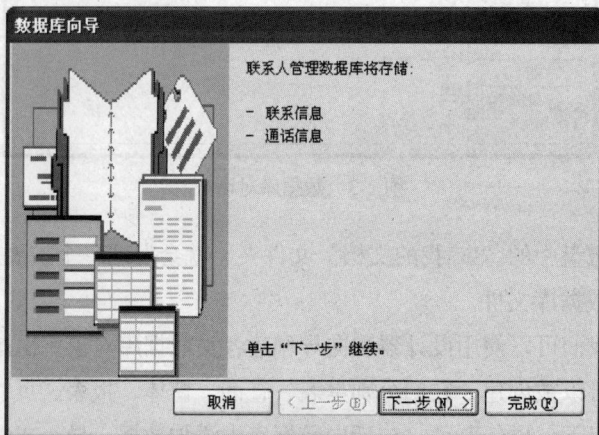

图 2-5　根据向导创建数据库

不能使用"数据库向导"向已有的数据库中添加新的表、窗体或报表。

如果仔细观察，读者可以发现，在利用模板创建完数据库后，单击数据库对话框左端的数据库对象选项，在右边的列表框中会增加一些列表项。这些列表项就是在刚才利用模板创建数据库的过程中系统替我们自动添加的。用户也可以根据自己的实际需求做出一些修改，更好地适应系统应用的需求。

由于 Access 2003 系统为我们提供的模板数量有限，Microsoft 公司还提供了在线下载模板功能。在计算机接入 Internet 的情况下，单击【新建文件】中【Office Online 模板】选项，就可以登录到相应的网站下载模板了，其中就有"学生及课程数据库"可供下载，如图 2-6 所示。

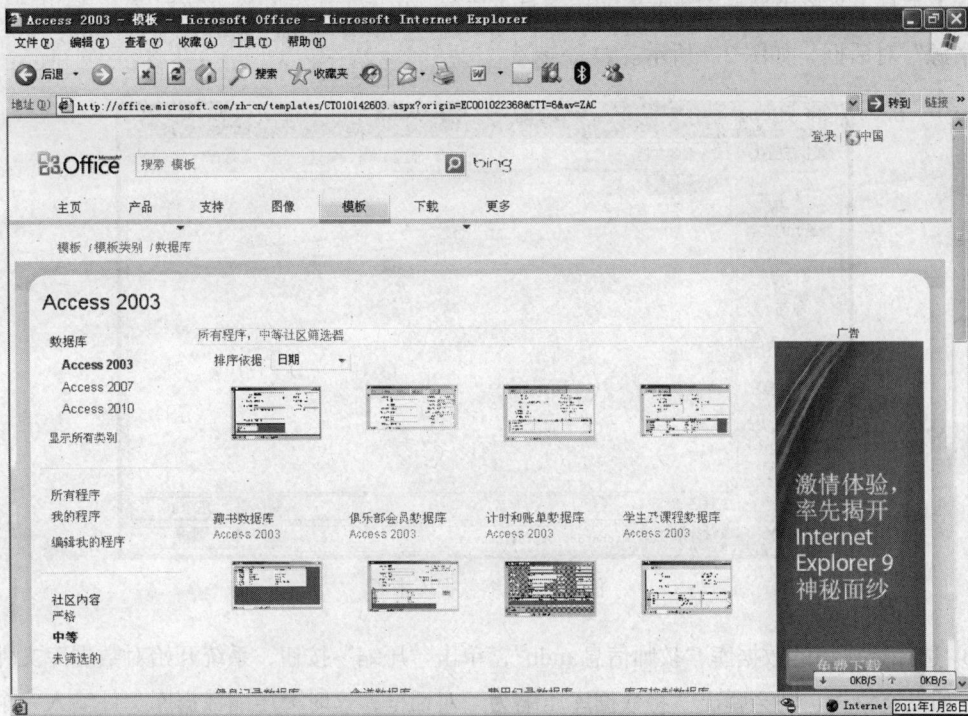

图 2-6　下载数据库模板

（三）打开和关闭数据库

作为 Microsoft 公司 Office 2003 办公套装软件的一员，Access 2003 在打开和关闭数据库时和其他软件一样，把数据库也作为一个文件使用。不同的是每个数据库中可能包含了众多数据库对象。在对这些对象进行相应操作时，系统会提示是否对以上操作保存。因此在关闭数据库时，一般不需要对修改过的数据库再次保存，这是 Access 和其他软件不同的地方。

任务二　维护数据库

（一）压缩和修复数据库

Access 数据库在长期使用过程中，可能会因为经常增加、删除或修改数据及各种对象而导致文件在磁盘中存储时存在大量碎片，从而使数据库文件的性能和利用率不断降低。数据库文件的压缩可以重新组织文件在磁盘上的存储方式，由 Access 重新安排数据，去除其中碎片，收回磁盘空间，从而达到优化数据库性能的目的。

在对数据库文件压缩之前，Access 2003 还会对文件进行错误检查，一旦检测到数据库损坏，就会要求对数据库进行修复。修复过程可以修复数据库中的表、窗体、报表或模块的损坏。因此

15

定期对数据库修复对保证数据库良好运行状态来说是十分必要的。以下我们以"教师信息"数据库系统为例，给大家讲解一下如何对数据库进行压缩和修复。

① 启动 Microsoft Office Access 2003，关闭所有的数据库系统。

②【工具】菜单中选择【数据库实用工具】选项，单击【压缩和修复数据库】，弹出"压缩数据库来源"对话框，如图 2-7 所示。

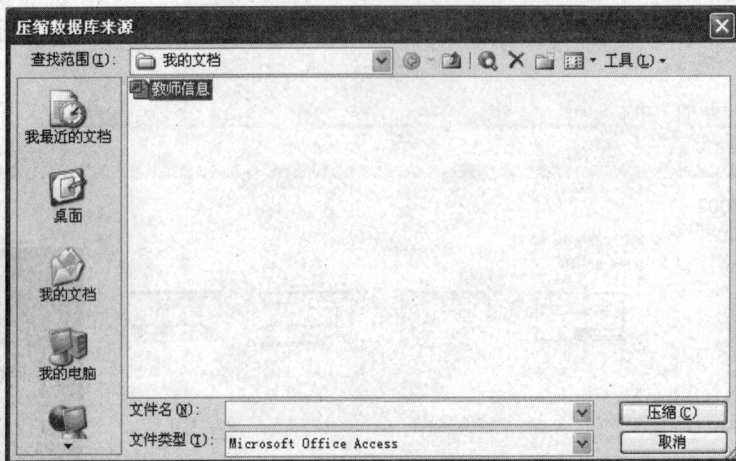

图 2-7　压缩数据库来源

③ 选择要压缩的数据库"教师信息.mdb"，单击"压缩"按钮，系统开始对数据库文件进行检测，如没有错误，则会弹出"将数据库压缩为"对话框，这时为压缩数据库文件输入一个新的文件名，如"db1.mdb"，单击"保存"按钮，对原数据库进行压缩。

> 建议大家在对数据库进行压缩或者备份时，目标数据库文件和源文件最好分别存放在不同的目录下，以增加数据库的安全性。

为了防止 Access 数据库文件受损，进一步优化数据库性能，还需要定期压缩和修复数据库，具体分为以下两步。

① 打开数据库文件。

② 选择【工具】菜单，单击【选项】命令，在"选项"对话框的"常规"选项卡中选择"关闭时压缩"，如图 2-8 所示。

当关闭数据库时系统会自动对数据库进行压缩，以减少存储空间。

（二）备份数据库

备份数据库是指创建一个数据库文件的副本，它与单纯拷贝的数据库文件是不同的，通过备份数据库得到的数据库副本可以与源数据库保持同步更新，而复制的数据库文件则不具备这样的功能。

以下是对"教师信息"数据库进行备份的具体步骤。

① 启动 Access 2003，打开要备份的源数据库文件"教师信息.mdb"。

② 选择【工具】菜单中【同步复制】选项，单击【创建副本】，系统弹出提示对话框，如图 2-9 所示。

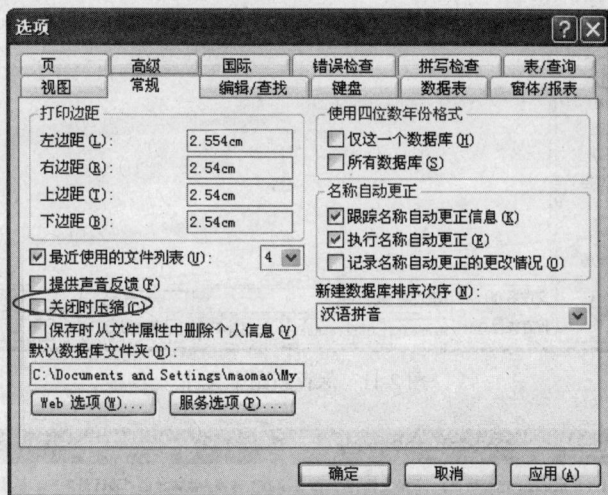

图 2-8 "选项"对话框

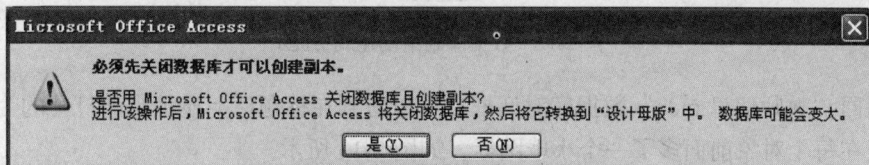

图 2-9 创建数据库副本提示

③ 选择"是"按钮，关闭打开的数据库"教师信息"，开始创建副本。系统弹出对话框，如图 2-10 所示。

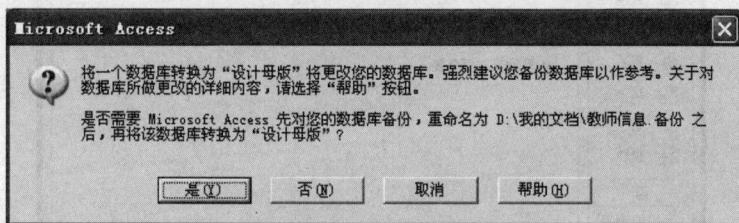

图 2-10 数据库备份提示

④ 该对话框提示在转换为"设计母版"之前是否先对数据库备份。此时单击"是"按钮，系统先将源数据库重命名为"教师信息.备份"，再将其转换为"设计母版"，所有数据库结构的更改都必须在"设计母版"中完成。

系统弹出新的对话框，如图 2-11 所示，要求确定新副本的存储位置和名称，选择默认名称后，单击【确定】按钮。继续弹出对话框，如图 2-12 所示，提示用户数据结构和数据的修改方式。

17

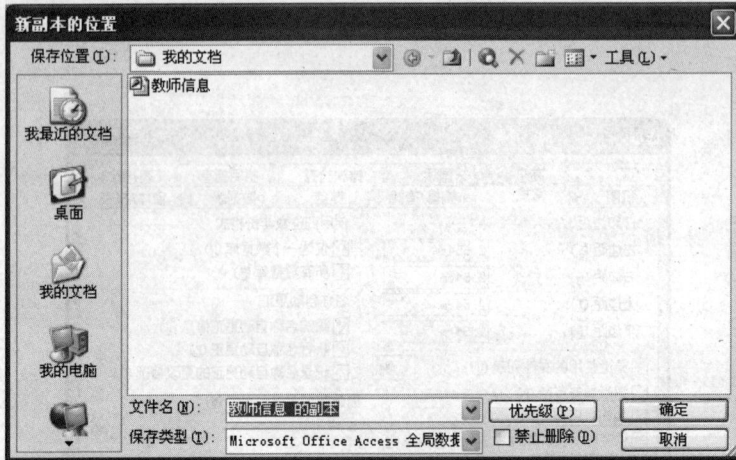

图 2-11　保存新副本文件

图 2-12　数据库副本创建成功提示

⑤ 返回"教师信息.mdb"数据库对话框，可以看到在标题栏上显示当前打开的为"设计母版"，并且在每个对象前面多了一个小球图标，如图 2-13 所示。

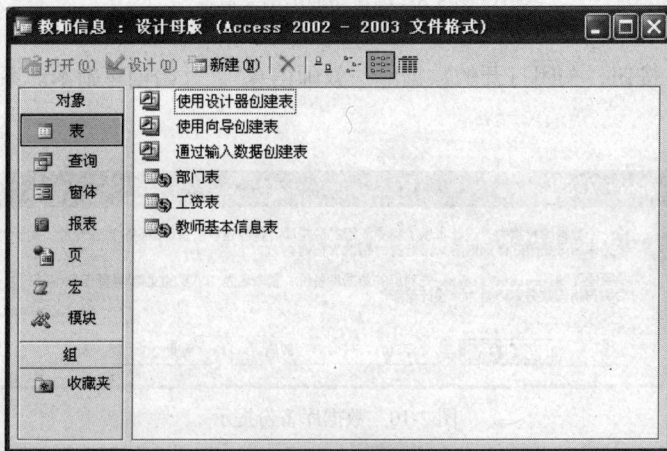

图 2-13　设计母版

数据库结构的修改只允许在"设计母版"中进行，副本中只能以"只读"的形式打开。所以当"设计母版"中数据库对象的结构发生改变时，就需要执行同步数据库的操作，使副本数据库保持同步更新，具体步骤如下。

① 打开需要同步的数据库备份"教师信息 的副本.mdb"。

② 选择【工具】菜单中【同步复制】选项的【立即同步】命令，弹出对话框，如图 2-14 所示。

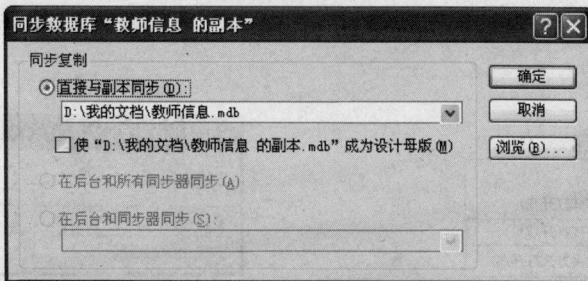

图 2-14　同步数据库对话框

③ 单击"确定"按钮，系统弹出图 2-15 所示的提示框，要求同步之前关闭数据库。单击"是"后，系统就会执行同步命令，并提示"已经成功地完成同步"，此时副本的数据库结构与"设计母版"中的完全一致。

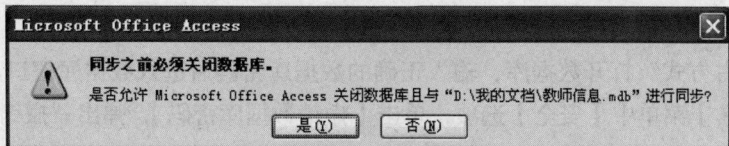

图 2-15　关闭数据库提示

（三）为数据库设置和撤销密码

为数据库设置密码可以对数据库起到一定的保护作用，从而不被别人利用和修改，这是对数据库最为简单的安全保护措施。这种措施只适用于单用户的环境，具体操作如下。

① 在【文件】菜单中选择【打开】选项，或者直接使用工具栏中"打开"按钮，弹出"打开"对话框，如图 2-16 所示。

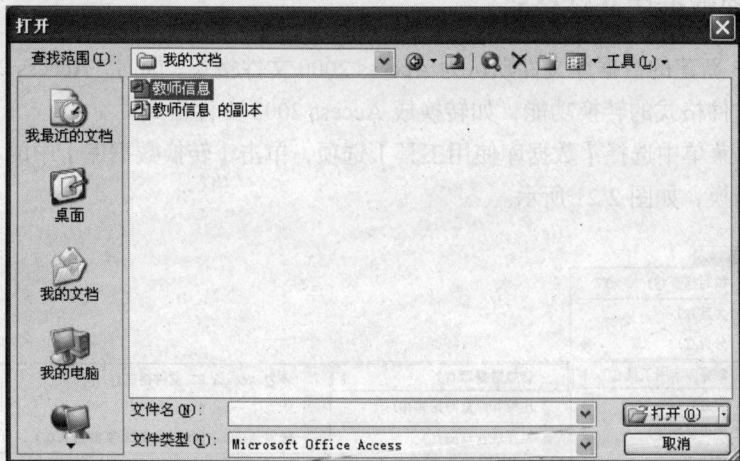

图 2-16　数据库打开对话框

② 在"打开"对话框中选择所要打开的数据库，单击"打开"对话框中"打开"按钮右侧的下拉箭头，在下拉菜单中选择"以独占方式打开"，如图 2-17 所示。

③【工具】菜单中选择【安全】选项，单击【设置数据库密码】，弹出"设置数据库密码"对话框，如图 2-18 所示。

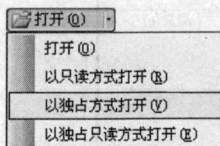

图 2-17　文件打开方式的选择

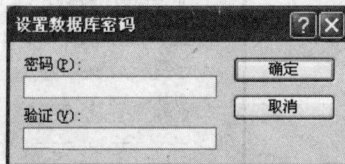

图 2-18　"设置数据库密码"对话框

④ 在"密码"和"验证"文本框中输入两次相同的密码。

⑤ 单击"设置数据库密码"对话框中的"确认"按钮，完成数据库密码的设置。

以上为设置数据库密码的操作步骤。密码完成后，再次打开该数据库时，Access 将弹出对话框，在该对话框中输入正确的密码，就可以打开数据库了，如图 2-19 所示。

数据库的密码可以设置当然也可以撤销，撤销数据库密码的步骤如下。

① 以"独占方式"打开数据库，输入正确的数据库密码后进入数据库窗口。

② 在【工具】菜单中【安全】选项，单击【撤销数据库密码】，弹出"撤销数据库密码"对话框，如图 2-20 所示。

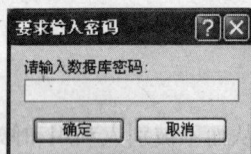

图 2-19　"要求输入密码"对话框

图 2-20　"撤销数据库密码"对话框

③ 在该对话框中输入正确的密码后，单击"确定"按钮，就可以完成数据库密码的撤销。

（四）转换数据库文件格式

Access 2003 新建的数据库文件默认为 Access 2000 文件格式。同时，Access 2003 还提供了在不同版本之间文件格式的转换功能，如转换成 Access 2003 文件格式。

在【工具】菜单中选择【数据库使用工具】选项，单击【转换数据库】中的相应菜单项即可实现数据库的转换，如图 2-21 所示。

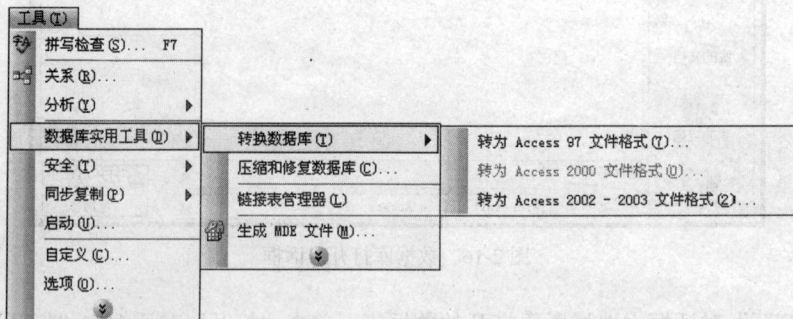

图 2-21　转换数据库文件格式

数据库中的表格还能以 Excel 等多种文件格式导出。只要在数据库对话框中选择相应的对象，如"数据表格"，单击【文件】菜单中的【导出】选项，弹出对话框中，设置正确的"保存类型"，单击"导出"按钮即可，如图 2-22 所示。

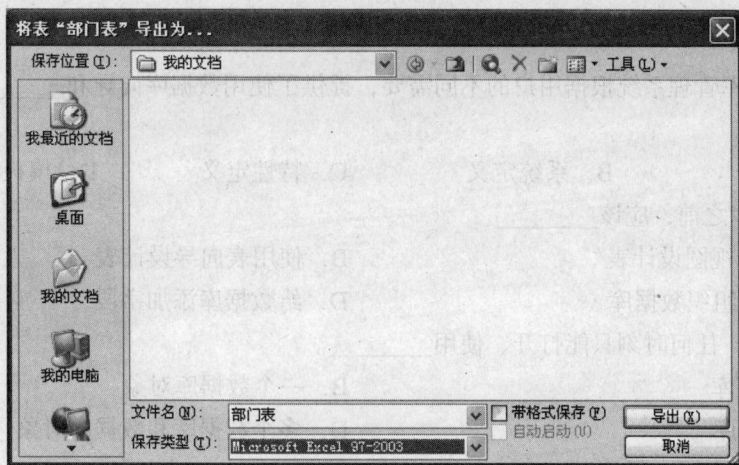

图 2-22 导出 Excel 文件

项目实训

实训一 创建.mdb 数据库文件

1．在"D:\data"文件夹中创建空数据库文件，命名为"教务管理系统.mdb"。

2．为"教务管理系统.mdb"设置密码"Administrator"。

3．在"D:\MyData"文件夹中备份以上数据库，并使之与原数据库实现同步更新。

实训二 规划和创建教务管理系统数据库

1．在线下载"学生及课程数据库"模板，并以该模板创建"学生及课程"数据库。

2．尝试将该数据库中的数据表格以 Excel 文件格式导出。

3．分析需求，设计教务管理系统数据库的基本结构。

项目总结

通过以上项目实训，读者能够掌握数据库管理的基本操作和原理，为以下任务中创建各类数据库对象做好准备。本项目的内容虽然比较简单，但是作为数据库管理的基本原理是非常重要的，因此有以下几个知识点希望大家在学习后能够有所了解。

1．常见的创建数据库的几种方法以及各自的特点。

2．给数据库设置密码的意义以及创建数据库密码时要以独占方式打开文件的原因。

3．备份数据库和拷贝数据库之间的异同点。

4．数据库文件中的部分对象和 Excel 文件之间可以相互转换的原理。

习 题

一、选择题

1. Access 数据库管理系统根据用户的不同需要，提供了使用数据库向导和_____两种方法创建数据库。

 A. 自定义　　　　　　　 B. 系统定义　　　　　 C. 特性定义　　　　 D. 模板

2. 在创建数据库之前，应该_____。

 A. 使用设计视图设计表　　　　　　　　B. 使用表向导设计表

 C. 思考如何组织数据库　　　　　　　　D. 给数据库添加字段

3. 在 Access 中，任何时刻只能打开、使用_____。

 A. 一个数据库　　　　　　　　　　　　B. 一个数据库对象

 C. 多个数据库　　　　　　　　　　　　D. 多个数据库和数据库对象

4. 为数据库设置密码必须首先_____。

 A. 打开数据库　　　　　　　　　　　　B. 以只读方式打开数据库

 C. 以独占方式打开数据库　　　　　　　D. 以独占只读方式打开数据库

二、问答题

1. 在 Access 中建立的数据库属于那种类型的数据库？

2. 限制用户对数据库访问权限的方法是什么？

项目三

数据表的管理

【项目目标】

通过本项目的学习，读者在初步了解 Access 2003 数据库管理系统对象的基础上，能够独立完成对数据库表的创建和维护管理工作。

【项目要点】

1. 创建数据表，编辑表结构

2. 编辑表记录

3. 创建表间关系及子数据表操作

【项目任务】

创建数据表，并根据需要设置表的字段属性，掌握修改表结构、建立表索引的方法，学习建立表之间的关系，以及浏览和编辑表中的记录，对记录进行筛选和排序。图 3-0 所示为项目流程。

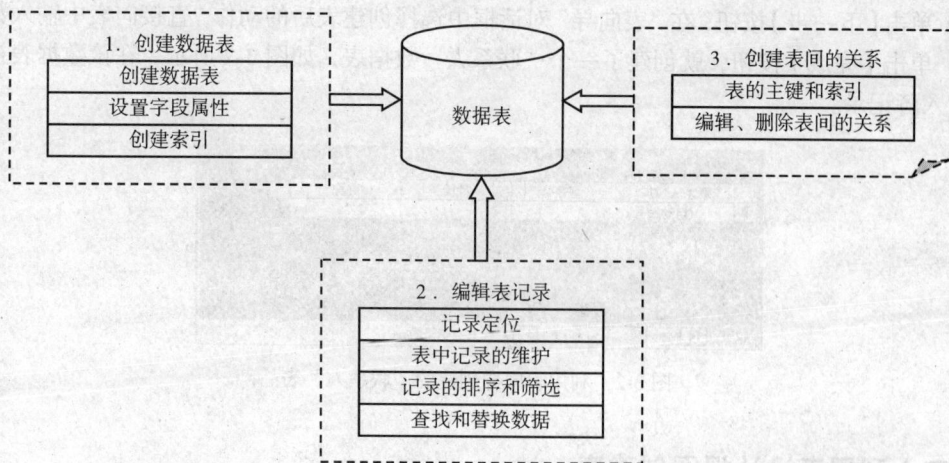

1. 创建数据表
创建数据表
设置字段属性
创建索引

数据表

3. 创建表间的关系
表的主键和索引
编辑、删除表间的关系

2. 编辑表记录
记录定位
表中记录的维护
记录的排序和筛选
查找和替换数据

图 3-0　项目流程

任务一 创建数据表

（一）利用表向导创建表

【例 3-1】使用"表向导"创建一个联系人数据表。

其操作步骤如下。

① 在"数据库"窗口中选择"表"对象，单击"新建"按钮，打开"新建表"对话框。

② 在"新建表"对话框中，选择"表向导"，打开"表向导"对话框。

③ 在"表向导"对话框中选择"商务"模板，并选择"示例表"区域选择"联系人"。如图 3-1 所示。

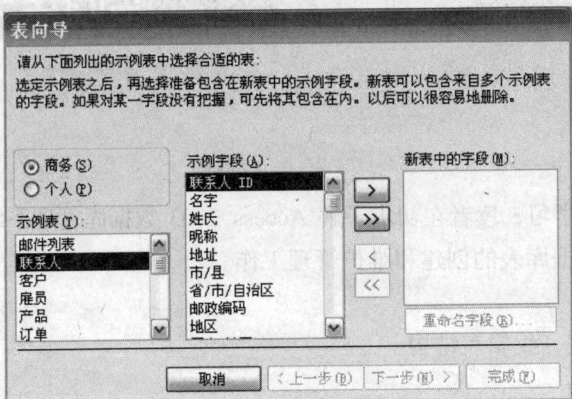

图 3-1 "表向导"对话框

④ 在"示例字段"列表中选择"联系人 ID"单击 > 按钮，将该字段添加至"新表中的字段"列表中。

⑤ 重复④的步骤，将所需要的字段一一添加至"新表中的字段"。

⑥ 单击【下一步】按钮，在弹出的对话框中，为新表指定一个名，并为该表设置主键。

⑦ 单击【下一步】按钮，在"表向导"对话框中选择创建表后的动作"直接向表中输入数据"。

⑧ 单击【完成】按钮，就创建了一个"联系人"数据表，如图 3-2 所示，在该数据表视图中依次输入各记录。

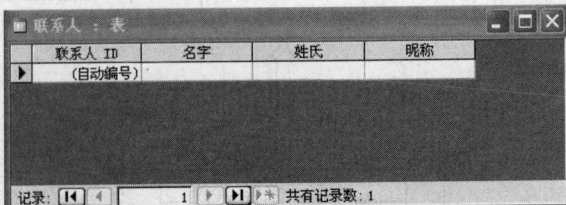

图 3-2 利用表向导创建的"联系人"表

（二）利用表设计视图创建表

使用"设计"视图创建数据表，首先要说明每个字段的字段名和对应的数据类型。

【例3-2】 利用"设计"视图完成"教师基本信息表"的创建。

表 3-1　　　　　　　　　　　　　　　　教师基本信息表结构

字段名	类型	宽度	字段名	类型	宽度
职工编号	文本	6	政治面貌	文本	4
部门编号	文本	4	参加工作时间	日期/时间	
姓名	文本	4	职称	文本	4
性别	文本	1	学位	文本	5
出生日期	日期/时间		联系电话	文本	11
身份证号	文本	18	照片	OLE 对象	
民族	文本	5	备注	备注	

其操作步骤如下。

① 在"数据库"窗口中选择"表"对象，单击"新建"按钮 新建(N)，打开"新建表"对话框。

② 在"新建表"对话框中，选择"设计视图"，单击"确定"按钮，打开表"设计"视图，如图 3-3 所示。

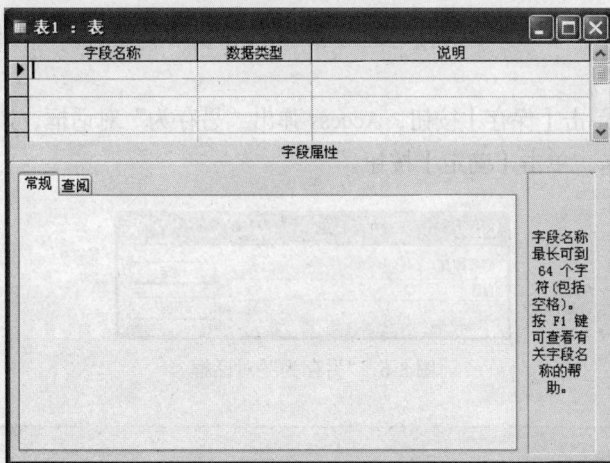

图 3-3　表设计视图

> 表设计视图有字段输入区域和字段属性区域两个部分组成。其上半部分为字段输入区域，在该区域用户可以定义字段名、数据类型以及说明信息。下半部分区域为字段属性区域，用户可以设置字段的相关属性。

③ 在"设计"视图中输入"职工编号"，单击"数据类型"列，在其下拉列表中选择"文本"数据类型。

④ 重复上述步骤，完成表字段的定义。

⑤ 单击工具栏上的【保存】按钮，在"另存为"对话框中输入表名，单击【确定】按钮，完成表结构的创建。

（三）使用"数据表视图"创建表

使用"数据表视图"创建表的基本步骤如下。

① 在"数据库"窗口中，选择"表"对象。

② 单击【新建】按钮 新建(N)，打开"新建表"对话框，如图 3-4 所示。

③ 在"新建表"对话框中选择"数据表视图"，单击【确定】按钮，打开图 3-5 所示的"数据表视图"。

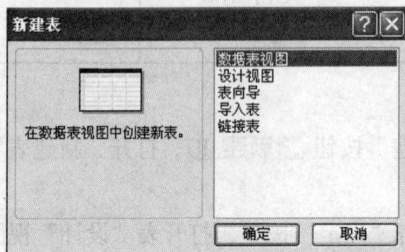

图 3-4 "新建表"对话框

图 3-5 数据表视图

④ 在该"数据表视图"中，双击"字段 1"修改为相应的字段名，对其他字段进行相似修改；并输入要存储的记录。

⑤ 输入完成后，单击【保存】按钮，Access 弹出"另存为"对话框，如图 3-6 所示，在该对话框中输入相应的表名，单击【确定】按钮。

图 3-6 "另存为"对话框

> **注意**　数据表视图中的字段类型是由输入其中的记录的取值决定的。

（四）通过导入或链接方法创建表

Access 可以利用数据的导入和链接功能方便地从外部数据源获取信息，将外部数据源的信息直接添加到当前的数据库中。所谓的导入就是从 Access 或其他数据库中复制数据，然后粘贴到另一个 Access 数据库中；链接，则是在 Access 数据中通过链接使用外部数据，而不是复制数据。

1. 导入数据

要将外部数据导入，其操作步骤如下。

① 选择【文件】菜单中【获取外部数据】菜单项中的"导入"命令，打开"导入"对话框。

② 在"导入"对话框中所导入文件的路径类型，并单击"导入"按钮。

③ 若导入的对象是 Access 数据库中的数据，则弹出图 3-7 所示的对话框，若导入对象不是 Access 数据表，而是 Excel 电子表格、文本文件等则弹出图 3-8 所示的"导入数据表向导"对话框。

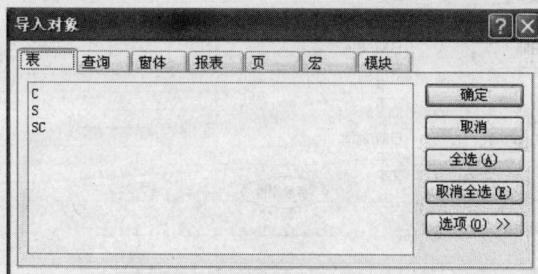

图 3-7　导入 Access 数据的"导入对象"对话框

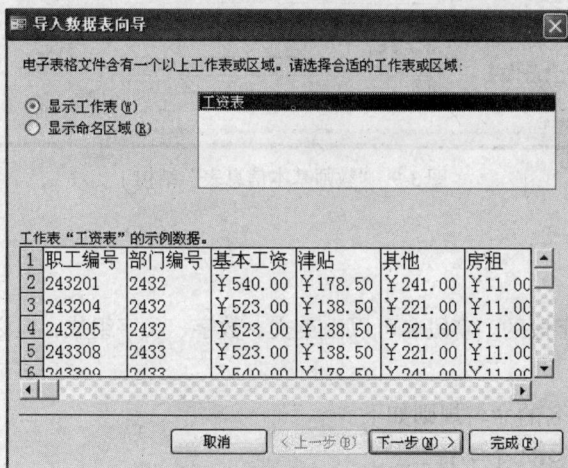

图 3-8　"导入数据表向导"对话框

④ 若导入的对象是 Access 数据库中的数据，则选择对应数据表，确定；若导入对象不是 Access 数据表，则单击图 3-8 所示对话框中的下一步，按照向导提示，完成导入工作。

⑤ 操作完成后，在当前数据库中则会有导入的 Access 格式的数据表。

2．链接数据

链接操作与导入的操作步骤基本相似，所不同的是，链接不需要将原有数据的结构复制到当前数据库中，这样可以减少数据的冗余。不过，当链接对象的位置发生变化时会导致链接断开。

任务二　编辑表结构

（一）认识表结构

Access 表由表结构和表中记录两个部分组成。表的结构包括表中的字段的名字、字段的类型、字段的属性等，如图 3-9 所示，"职工编号"、"部门编号"等为字段名称，"职工编号"的字段类型为"文本"，其字段属性中的"字段大小"设置为"6"。

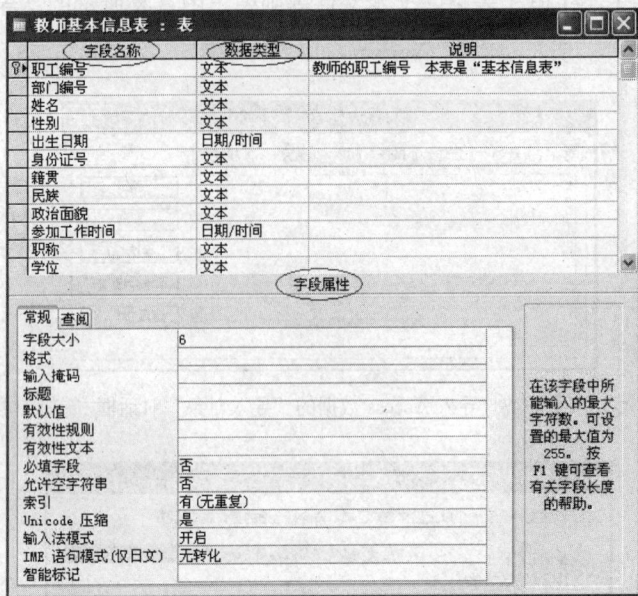

图 3-9 "教师基本信息表"结构

1. 字段名

字段名是用来标识字段的。字段名可以由英文、数字、汉字组成，但必须符合 Access 数据库对象命名的规则。

在 Access 中，字段名的命名规则如下。

● 字段名长度为 1~64 个字符。

● 字段名可以包含字母、数字、汉字、空格和其他字符，但不可以用空格开头。

● 不能包含有句号（.）、惊叹号（!）、方括号（[ ]）和单引号（' '）等。

2. 字段类型

在 Access 中，表的同一列数据应该具有相同的数据特征，称为字段的数据类型。Access 的数据类型有 10 种，分别为文本、数字、日期/时间、货币、是/否、备注、自动编号、OLE 对象、超级链接和查询向导等类型。

① 文本（Text）。文本型字段可以存储具有确定字符长度的字符集。例如学号、姓名、身份证编码等。其字符长度最多可以达到 255 个，默认字段大小为 50 个字符。

② 数字（Number）。数字型字段用于存储数值数据。例如成绩、工龄等。数字型有整型、长整数、单精度数、双精度数几种数字类型，可以在表结构设计过程中指定"字段大小"属性定义一个特定的数字类型。

③ 日期/时间（Date/Time）。日期/时间型字段用于存储日期、时间或日期时间的组合数据。

④ 货币（Currency）。货币型字段用于数字计算的货币数值与数值数据，其小数点位数可以是 1~4 位，整数最多为 15 位。

⑤ 是/否。是/否型字段用于记录逻辑数据，其取值仅为 True/False。例如 Yes/No、True/False 等数据。

⑥ 备注。备注型字段通常用来保存长度难以确定的文本，允许保存的字符个数最多可以为 64000。例如奖惩情况、简历等。不能对备注型字段进行排序和索引。

⑦ 自动编号。自动编号类型比较特殊。每次向表中添加新记录时，Access 就会自动插入一个唯一的序号或随机编号，也就是在自动编号字段中指定某一个值。

> 自动编号型一旦被指定，就会永久地与记录连接。如果删除了表中含有自动编号行字段的一条记录，Access 并不会对表中自动编号行字段重新编号。当添加一条记录时，Access 不再使用已经被删除的自动编号字段的数值，而是按递增的规律重新赋值。并且每个表只能有一个自动编号型字段。

⑧ OLE 对象。OLE 对象数据类型适用于存储多媒体数据，OLE 对象字段最大可以为 1GB，它受磁盘空间大小的影响。例如图像、声音、视频等。

⑨ 超级链接。超级链接数据类型用于存储用作超级链接的文本，超链接可以是文件路径或网页地址。超级链接最多由 3 个部分构成，每个部分最多能包含 2048 个字符。

⑩ 查阅向导。查阅向导是一种比较特殊的数据类型。在向导创建的字段中，允许使用组合框来选择另一个表或另一列表中的值，而不必依靠手工输入。

（二）使用表设计视图修改表字段

数据表创建完成后，若需要对字段名、字段类型等进行修改和重新设置则需要打开"表"设计视图。

【例 3-3】在"教师基本信息表"的"民族"字段后增加"籍贯"字段。

其操作步骤如下所示。

① 在打开的数据库窗口中选择"教师基本信息表"对象，然后单击【设计】按钮 设计(D)，弹出"教师基本信息表"的设计视图。

② 单击"民族"字段，使其成为当前字段。

③ 选择【插入】主菜单中的【行】菜单项，系统则将"民族"字段行下移，在当前位置插入一个空行。

④ 根据要求输入字段名"籍贯"，定义其数据类型为"文本"，字段大小指定为 10。

⑤ 单击【关闭】按钮，在弹出的对话框中确认保存修改。

【例 3-4】删除"教师基本信息表"的"籍贯"字段。

其操作步骤如下所示。

① 在打开的数据库窗口中选择"教师基本信息表"对象，然后单击【设计】按钮 设计(D)，弹出"教师基本信息表"的设计视图。

② 指向"籍贯"字段，鼠标右键单击，弹出图 3-10 所示的快捷菜单。

③ 在快捷菜单中选择【删除行】菜单项。

④ 单击【关闭】按钮，在弹出的对话框中确认保存修改。

图 3-10 快捷菜单

（三）设置表的字段属性

数据表中每个字段除了具有字段名、字段类型等基本属性外，还可以设置字段大小、格式、字段掩码、默认值、标题等扩展属性。

1. 字段大小

在字段属性中"字段大小"用于指定文本的长度和数字数据的宽度。

【例 3-5】按照表 3-1 中的"教师基本信息表"定义各字段的大小。

其操作步骤如下所示。

① 打开"教师基本信息表"设计视图，单击"职工编号"字段。

② 在"字段属性"区域中显示了该字段的所有属性，在"字段大小"文本框中输入 6，如图 3-11 所示。

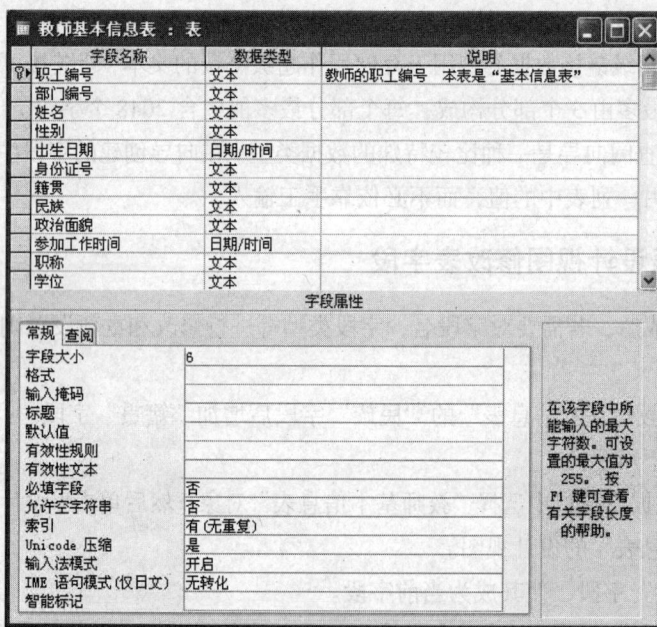

图 3-11　设置"字段大小"属性

③ 重复②的步骤，完成其他各个字段大小的指定。

④ 保存"教师基本信息表"。

2. 格式

"格式"属性是在不改变数据实际存储的情况下，改变数据显示或打印格式。不同的数据类型的字段，选择的格式有所不同，如表 3-2 所示。

表 3-2　　　　　　　　　　　　各种数据类型可以选择的格式

数据类型	设　　置	作　　用	举例、说明
文本/备注	@	要求文本字符（空格或字符）	格式设置@-@@；输入 abc，显示 a-bc

续表

数据类型	设置	作用	举例、说明
文本/备注	&	字符占位符，不必使用文本字符	格式设置&—&&；输入 abc，显示 a-bc
	<	将所有字符转换为小写	输入 ABC，显示 abc
	>	将所有字符转换为大写	输入 abc，显示 ABC
	!	使所有字符从左向右填充	强制为左对齐，默认为从右向左填充
日期/时间	常规日期	显示日期和时间	1994—4—4 3：03：03
	长日期	以 yyyy 年 mm 月 dd 日显示	1994 年 4 月 4 日
	中日期	以 yy—mm—dd 显示	94—04—04
	短日期	以 yyyy—mm—dd 显示	1994—4—4
	长时间	以 hh：mm：ss	3：03：03
	中时间	以 12 小时方式计数	上午 3：03
	短时间	以 24 小时方式计数	3：03
数字/货币	常规数字	以输入的方式显示数字	输入 123，显示 123
	货币	使用千位分割符，负数用（）括起来	输入 12345，显示 ￥12,345.00
	欧元	使用千位分割符	输入 12345，显示 €12,345.00
	固定	至少显示一个整数位，默认两个小数位	输入 12345，显示 12345.00
	标准	显示千位分割，默认两位小数	输入 12345，显示 12,345.00
	百分比	将数据以百分数显示	输入 123，显示 123.00%
	科学记数	用科学计数法显示数据	输入 12345，显示 1.23E+04
是/否	真/假	True/False	True 存储—1 False 存储 0
	是/否	Yes/No	系统默认。Yes 存储—1No 存储 0
	开/关	On/Off	On 存储—1 Off 存储 0

3. 输入掩码

"输入掩码"属性是用于定义数据输入的格式，也就是说定义某一位上允许输入的数据。对于文本、数字、日期/时间、货币等数据类型的字段，都可以设置其"字段掩码"。

【例 3-6】将"教师基本信息表"中"出生日期"的输入掩码设置为"短日期"。

其操作步骤如下所示。

① 将"教师基本信息表"设计视图打开。

② 选择"出生日期"字段，在字段属性设置区域单击鼠标左键。

③ 单击右侧的"生成器"按钮[…]，打开"输入掩码向导"对话框，如图 3-12 所示。

④ 在向导对话框中选择"短日期"，然后单击【下一步】按钮，进入向导的第 2 个对话框。

⑤ 在对话框中，输入掩码方式和分隔符，然后单击【下一步】按钮，进入向导的最后一个对话框。

⑥ 在"输入掩码向导"最后一个对话框中单击【完成】按钮。

常用的输入掩码属性所用字符的含义如表 3-3 所示。

31

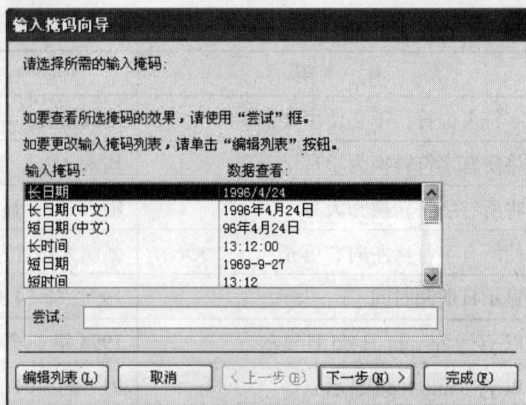

图 3-12 "输入掩码向导"对话框

表 3-3   输入掩码使用的字符含义

字　符	说　明
0	必须输入数字 0 ~ 9
9	可以选择输入数字 0 ~ 9 或空格
A	必须输入数字或字母
a	可以选择输入数字或字母
#	可以选择输入数字、空格、"+"或"−";若该位置没有输入任何数字,Access 默认为是空格
L	必须输入字母(A ~ Z)
?	可以选择输入字母(A ~ Z)
&	必须输入字符或空格
C	可以选择输入字符或空格
. : ; − /	小数点占位符及千位、日期与时间的分隔符
<	将所有字符转换为小写
>	将所有字符转换为大写
!	使输入掩码从右到左显示,而不是从左到右显示。可以在输入掩码的任何位置上放置惊叹号
\	使后面第一个字符以原义字符显示(例如,\A 只显示为 A)

4. 标题

"标题"属性是用户设置一个更加具体的描述字段的名称,用于替换数据表视图、窗体或报表中显示的相应的字段名。

【例 3-7】将"教师基本信息表"中的"学位"字段的标题设置为"最终学位"。

其操作步骤如下所示。

① 将"教师基本信息表"设计视图打开。

② 选择"学位"字段,然后在标题文本框中输入"最终学位"。

③ 保存"教师基本信息表"。

5. 默认值

"默认值"属性设置可以在向表中添加新记录时自动地设置字段的值。

【例 3-7】将"教师基本信息表"中"性别"默认值设置为"男"。

其步骤操作如下所示。

① 将"教师基本信息表"设计视图打开。

② 选择"性别"字段，然后在默认值文本框中输入"男"。

③ 保存"教师基本信息表"。

> **注意**
>
> 设置字段默认值时，所输入的数据应与字段定义的数据类型相一致。

6. 有效性规则

"有效性规则"属性用于指定一个规则，限制可以接受的内容，当用户离开字段时，检查输入字段的值是否符合要求。

【例 3-8】设置"教师基本信息表"中的"性别"的取值只能为"男"或"女"。

其操作步骤如下所示。

① 将"教师基本信息表"设计视图打开。

② 选择"性别"字段，单击"有效性规则"文本框，单击其右侧⋯按钮，打开"表达式生成器"对话框，如图 3-13 所示。

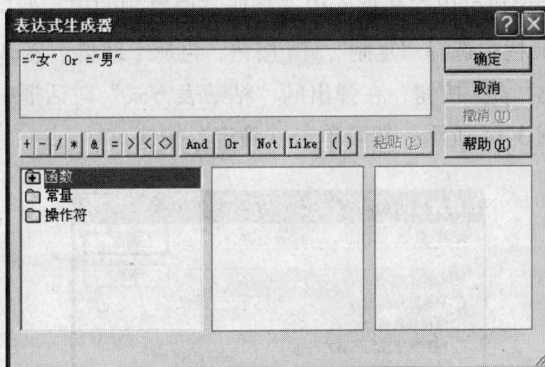

图 3-13 "表达式生成器"对话框

③ 在"表达式生成器"对话框中输入相应表达式，单击【确定】按钮。

④ 保存"教师基本信息表"。

7. 有效性文本

"有效性文本"属性用于输入数据违反有效性规则时，弹出明确清楚的提示信息。

【例 3-9】为"教师基本信息表"的性别字段设置有效性文本，其内容为"性别的取值只能为男或女"。

其操作步骤如下所示。

① 将"教师基本信息表"设计视图打开。

② 选择"性别"字段,在"有效性文本"文本框中输入相应的提示文本。

③ 保存"教师基本信息表"。

8. 必填字段

"必填字段"属性用户若设置为"是",则该字段不能为空。数据表中除了"自动编号"外,其他字段都可以通过设置"必填字段"属性值为"是"以要求字段中必须有数据输入。

9. 其他字段属性

在 Access 2003 中还有一些其他的字段属性,这些字段属性有些不是常用的设置,但比较容易理解。如表 3-4 所示。

表 3-4　　　　　　　　　　　　　　其他字段属性

属性名称	作　用
输入法模式	上光标移动到一个字段上可以设置它的输入法
Unicode 压缩	允许以 Unicode 格式压缩数据以节省空间
IME 语句模式	设置 IME 语句类型,默认为"无转化"
允许空字符串	判断是否允许输入一个空值

(四)复制表结构

要复制数据表结构,用户可以在数据库中选择所需要复制的表,然后在【编辑】菜单中选择【复制】菜单项,或在工具栏中选择"复制" 按钮,再从【编辑】菜单中选择【粘贴】菜单项,或在工具栏中选择"粘贴" 按钮,在弹出的"粘贴表方式"对话框中选择【只粘贴表结构】选项并输入新表名,如图 3-14 所示,然后单击"确定"按钮。

图 3-14 "粘贴表方式"对话框

任务三　操作表记录

在 Access 中,用户定义了表结构后则要为该表输入记录,编辑和浏览表中的记录。

(一)记录定位

在数据表中修改记录是常见的操作,而记录定位则是首先要做的工作。在 Access "数据表"

视图中，第一个字段前一列为记录选择器，被选择的记录行上会有一个 ▶，也称为记录指针。选中某一记录行称为定位到该记录行，该记录被称为当前记录。记录定位可以用记录号定位，也可以利用菜单完成定位。

【例3-10】将记录指针定位到"教师基本信息表"中第15条记录上。

其操作步骤如下所示。

① 打开"教师基本信息表"数据视图。

② 在记录定位器的记录编号框中输入相应的记录号"15"，按下回车键确认，如图3-15所示。

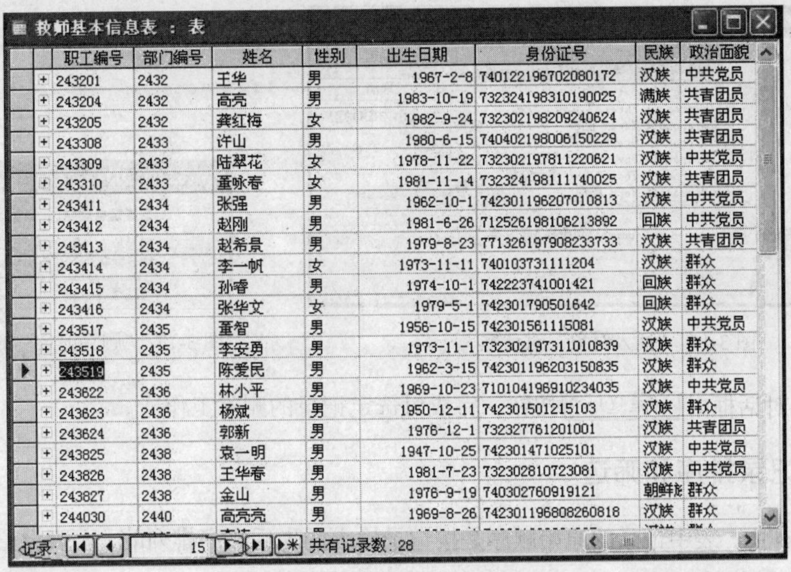

	职工编号	部门编号	姓名	性别	出生日期	身份证号	民族	政治面貌
+	243201	2432	王华	男	1967-2-8	740122196702080172	汉族	中共党员
+	243204	2432	高亮	男	1983-10-19	732324198310190025	满族	共青团员
+	243205	2432	龚红梅	女	1982-9-24	732302198209240624	汉族	共青团员
+	243308	2433	许山	男	1980-6-15	740402198006150229	汉族	中共党员
+	243309	2433	陆翠花	女	1978-11-22	732302197811220621	汉族	中共党员
+	243310	2433	董咏春	女	1981-11-14	732324198111140025	汉族	共青团员
+	243411	2434	张强	男	1962-10-1	742301196207010813	汉族	中共党员
+	243412	2434	赵刚	男	1981-6-26	712526198106213892	回族	中共党员
+	243413	2434	赵希景	男	1979-8-23	771326197908233733	汉族	共青团员
+	243414	2434	李一帆	女	1973-11-11	740103731111204	汉族	群众
+	243415	2434	孙嚞	男	1974-10-1	742223741001421	汉族	群众
+	243416	2434	张华文	女	1979-5-1	742301790501642	回族	群众
+	243517	2435	董智	男	1956-10-15	742301561115081	汉族	中共党员
+	243518	2435	李安勇	男	1973-11-1	732302197311010839	汉族	群众
▶ +	243519	2435	陈爱民	男	1962-3-15	742301196203150835	汉族	中共党员
+	243622	2436	林小平	男	1969-10-23	710104196910234035	汉族	群众
+	243623	2436	杨斌	男	1950-12-11	742301501215103	汉族	群众
+	243624	2436	郭新	男	1976-12-1	732327761201001	汉族	共青党员
+	243825	2438	袁一明	男	1947-10-25	742301471025101	汉族	中共党员
+	243826	2438	王华春	男	1981-7-23	732302810723081	汉族	中共党员
+	243827	2438	金山	男	1976-9-19	740302760919121	朝鲜族	群众
+	244030	2440	高亮亮	男	1969-8-26	742301196808260818	汉族	群众

记录：◄◄ ◄ 15 ► ►► ►* 共有记录数：28

图3-15 "数据表"视图中打开的"教师基本信息表"

利用【编辑】菜单的【定位】子菜单中可以快速地将记录指针定位到首、尾记录，或相对于当前记录上移或下移一条记录。

（二）编辑表记录

1. 记录的输入或修改

在数据库中选择需要输入数据的表，单击数据库上"打开" 打开⒪ 按钮，打开"数据表"视图，然后逐一输入新记录或修改记录。

> **注意**
>
> 1. 当输入一条新记录时，Access 会自动添加一条空记录，该记录上会显示一个星号 米，而正在准备输入记录行上会有一个记录选择器，显示为黑色的小三角 ▶，正在编辑的记录行上会有一个铅笔符号 ⌀ 。
>
> 2. 输入各记录相关字段值要符合表结构中定义的相关属性。
>
> 3. 为"照片"等 OLE 数据类型提供数据时，应将光标指向相应字段列上，单击鼠标右键，在其快捷菜单中选择"插入对象"，在图 3-16 对话框中选择相应的对象。

2. 删除记录

在数据表中删除记录可以一次删除一条记录，也可以一次删除多条相邻的记录。

其操作步骤如下所示。

① 选择待删除的记录，若一次要删除多条相邻记录，则在选择时，先单击待删除第一条记录的记录选择器，然后在按下【Shift】键的同时单击最后一条记录的记录选择器。

② 单击工具栏上的"删除记录" ▶✕ 按钮，弹出图 3-17 所示的消息框。

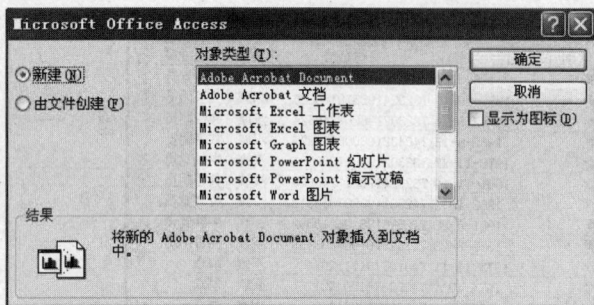

图 3-16 "插入对象"对话框 　　　　　　　　　图 3-17 "删除记录"的信息提示框

③ 单击对话框中 是(Y) 按钮，完成对选定记录的删除工作。

（三）记录排序和筛选

在 Access 中，表中记录的原始顺序是按记录输入的先后顺序排列的，若表设置了主键，则按主键的关键字的值升序排列。而 Access 所提供的排序功能，使得记录可以按除主键外的其他字段值排列记录。

在 Access 中，也可以对表中的记录进行筛选，将满足条件的记录筛选出来，将不满足条件的记录隐藏。

1. 记录的排序

对表中数据进行排序，可以使用【记录】菜单中【排序】菜单项或数据表视图中的工具栏。

其操作步骤如下所示。

① 打开数据表视图。

② 单击数据表视图中需要作为排序依据的字段。

③ 单击工具栏上排序按钮 ↓↑ ，或选择【记录】菜单中【排序】菜单项中的"升序"或"降序"命令。

> **注意**
> 1. 数据类型为备注、超级链接或 OLE 对象的字段不能排序。
> 2. 升序排列数据时，若排序字段为 NULL（空值），则将包含空值的记录排列在第一条记录。
> 3. 文本字段中如果取值有数字，Access 将数字视为字符串。

2. 记录的筛选

在使用数据表时，常常要从大量的数据中挑选出一部分满足某个特定条件的数据进行相关处理。这就需要对数据进行筛选。

（1）按选定内容筛选。“按选定内容筛选”是最常用、最简单的一种筛选方法。Access 将只显示那些与所选样例匹配的记录。

【例 3-11】从“教师基本信息表”中筛选出职称为“讲师”的员工。

其操作步骤如下所示。

① 打开“教师基本信息表”数据视图，单击“职称”字段列的任何一行。

② 选择【编辑】菜单中【查找】菜单项，打开“查找和替换”对话框，在对话框的“查找内容”组合框中输入“讲师”，然后单击“查找下一个”按钮。

③ 单击工具栏区域的“按内容筛选”按钮。

（2）按窗体筛选。“按窗体筛选”与“按选定内容筛选”比较相似，但“按窗体筛选”可以组合筛选条件，可以同时指定多个筛选条件，将多个条件应用于一个或多个字段。

【例 3-12】从“教师基本信息表”中筛选出所有的“男性中共党员”的数据。

其操作步骤如下所示。

① 打开“教师基本信息表”数据视图。

② 单击工具栏上“按窗体筛选”按钮，切换至“按窗体筛选”窗口，如图 3-18 所示。

图 3-18　“按窗体筛选”窗口

③ 单击“性别”字段，并在该下拉列表中选择“男”，同样地在“政治面貌”列选择“中共党员”。

④ 单击工具栏上的“应用筛选”按钮，得到其筛选结果如图 3-19 所示。

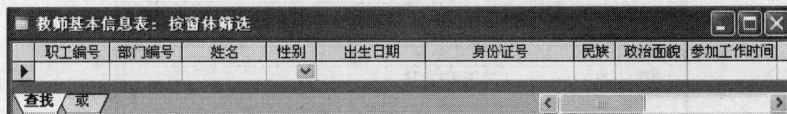

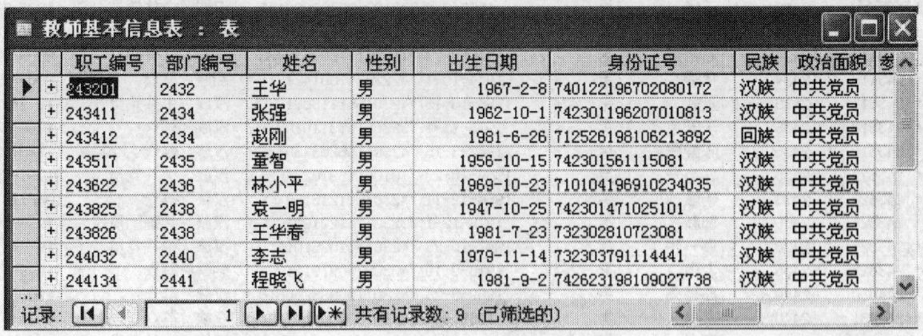

职工编号	部门编号	姓名	性别	出生日期	身份证号	民族	政治面貌
243201	2432	王华	男	1967-2-8	740122196702080172	汉族	中共党员
243411	2434	张强	男	1962-10-1	742301196207010813	汉族	中共党员
243412	2434	赵刚	男	1981-6-26	712526198106213892	回族	中共党员
243517	2435	董智	男	1956-10-15	742301561115081	汉族	中共党员
243622	2436	林小平	男	1969-10-23	710104196910234035	汉族	中共党员
243825	2438	袁一明	男	1947-10-25	742301471025101	汉族	中共党员
243826	2438	王华春	男	1981-7-23	732302810723081	汉族	中共党员
244032	2440	李志	男	1979-11-14	732303791114441	汉族	中共党员
244134	2441	程晓飞	男	1981-9-2	742623198109027738	汉族	中共党员

图 3-19　筛选结果

（3）按内容排除筛选。在筛选过程中有时需要排除部分数据，“按内容排除筛选”操作过程与“按内容筛选”基本一致，所不同的是其结果与“按内容筛选”正好相反。

【例 3-13】筛选出“教师基本信息表”中所有“政治面貌”不是“中共党员”的数据。

其操作步骤如下所示。

① 打开“教师基本信息表”数据视图，单击“政治面貌”字段列的任何一行。

② 选择【编辑】菜单中【查找】菜单项，打开"查找和替换"对话框，在对话框的"查找内容"组合框中输入"中共党员"，然后单击"查找下一个"按钮。

③ 选择【记录】菜单中【筛选】菜单项中的【内容排除筛选】。

（4）高级筛选。

前面所介绍的筛选方法比较适合完成一些筛选条件单一的操作，而"高级筛选"是一种比较全面的筛选工具，可以筛选出满足复杂条件的记录，还可以对筛选的结果进行排序。

【例 3-14】查找"教师基本信息表"中所有 1980 年前出生的男性教师的数据。

其操作步骤如下所示。

① 打开"教师基本信息表"数据视图。

② 选择【记录】菜单中【筛选】菜单项中的【高级筛选/排序】，打开"筛选"窗口。

③ 在字段中分别选择"性别"和"出生日期"字段，并对应地在条件行输入筛选条件"男"和"<#1980-01-01#"，如图 3-20 所示。

图 3-20 "高级筛选"窗口

④ 单击"应用筛选"按钮 ，得到图 3-21 所示的结果。

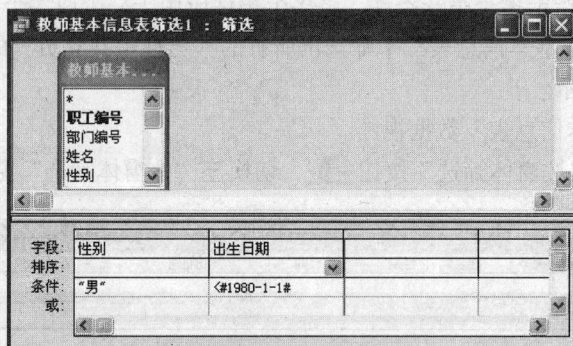

图 3-21 "高级筛选"结果

（5）取消筛选。对筛选数据完成修改编辑操作后，要恢复到数据表原有的数据视图可以利用【记录】菜单中【筛选】菜单项中的"取消筛选"命令。

（四）查找和替换数据

1．查找数据

在数据表视图中，表中存放的记录量比较大，要查找某个数据则比较困难，为了方便用户快速地查找到指定的记录，Access 提供了"查找"功能。

【例 3-15】查找"教师基本信息表"中"民族"为"回族"的记录。

其操作步骤如下所示。

① 打开"教师基本信息表"数据表视图。

② 单击"民族"列，然后单击【编辑】菜单，选择【查找】菜单项，打开"查找和替换"的对话框，如图 3-22 所示。

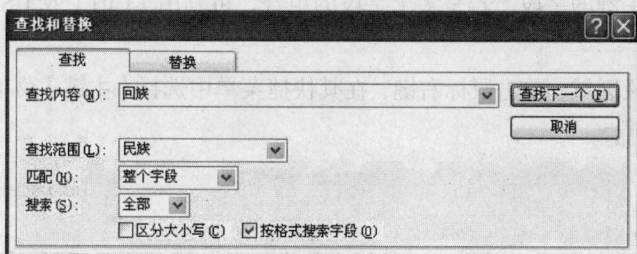

图 3-22　"查找和替换"对话框

③ 在对话框的"查找内容"组合框中输入"回族"，然后单击"查找下一个"按钮。

④ 连续单击"查找下一个"按钮，可以将全部指定内容查找出来。

> 1．对话框中"查找范围"有两种可能，一是当前所选择的字段，二是整个表范围。
> 2．"匹配"下拉列表中有"字段任何部分"、"整个字段"、"字段开头"3 种选择。
> 3．"搜索"下拉列表中有"全部"、"向上"、"向下"3 种选择。
> 4．若查找内容是空值，则在"查找内容"中输入 NULL。

⑤ 单击"取消"按钮或窗口上的"关闭"按钮，结束查找。

2．替换记录

对表中数据进行修改时，如果需要对多条记录的某个字段进行同样的修改操作，则可以利用"替换"命令。

其操作步骤如下所示。

① 打开"教师基本信息表"数据表视图，并选择要替换的字段。

② 单击【编辑】菜单，选择【查找】菜单项，打开"查找和替换"的对话框。

③ 在"查找和替换"对话框中选择【替换】选项卡。

④ 在"查找内容"组合框中输入要查找的数据，在"替换为"组合框中输入替换的新数据。

⑤ 单击"查找下一个"按钮，Access 开始查找记录。

⑥ 找到要修改的记录后单击"替换"按钮。若要将表中所有满足条件的记录全部进行相同的修改，则单击"全部替换"。

任务四　创建表间关系

（一）确定表的主键和索引

1. 主键

在关系数据库中能够从数据表中检索相关的信息是非常重要的，这就必须保证数据表中的每一条记录唯一。而表中能够唯一标识一条记录的字段或字段的组合就称为主键，也叫主关键字。

其操作步骤如下所示。

① 打开数据库表的"设计视图"。

② 选择要设为主键的字段，若是多个字段的组合，可利用【Ctrl】或【Shift】键进行字段的选定。

③ 指向选定字段区域，单击鼠标右键，在其快捷菜单中选择【主键】菜单项，或单击工具栏上的"主键"按钮 ⑨ 。

2. 索引

索引实际上是一个二维表，其中只有关键字值和记录的物理位置两列，可以依据索引关键字的取值加快在表中查找和排序的速度。在 Access 中可以根据一个字段建立单字段索引，也可以根据多个字段组合建立多字段索引。

索引按功能分有唯一索引、普通索引和主索引 3 种。唯一索引的关键字值不允许重复，在 Access 中，同一个表可以创建多个唯一索引；唯一索引中的一个可以设置为主索引，一个表中只能有一个主索引；普通索引的关键字值则可以重复。

（1）单字段索引。通过"表设计视图"中的字段属性部分的"索引"属性，可以设置单字段索引。若某字段"索引"属性设置为"有（有重复）"，Access 将依据该字段建立允许有重复关键字值的索引；若"索引"属性设置为"有（无重复）"，Access 将依据该字段建立无重复关键字值的索引，那么该字段值则不允许重复。

（2）多字段索引。在实际应用中，所面临的查询任务往往是复杂的，会涉及多个字段，对于这样的需求则要按照多个字段建立索引。

【例 3-16】为"教师基本信息表"创建多字段索引，索引关键字为"职工编号"和"姓名"。

其操作步骤如下所示。

① 打开"教师基本信息表"的"表设计视图"。

② 选择【视图】菜单中【索引】菜单项，或单击工具栏区域"索引" ⑤ 按钮，打开"索引"对话框，如图 3-23 所示。

③ 单击"字段名称"列中第一个空行，然后在下拉列表中选择"职工编号"字段，光标移至下一行，以同样的方法选择"姓名"字段，在排序次序列中使用默认的"升序"。

④ 关闭"索引"对话框，保存"教师基本信息表"。

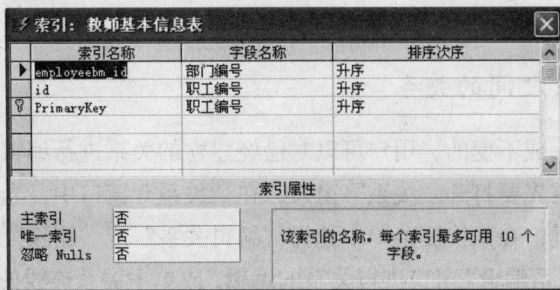

图 3-23 "索引"对话框

（二）创建、编辑和删除表之间的关系

关系指的是两个表中通过一个共有字段而建立的联系。在 Access 中，数据表不是孤立的，表与表之间存在着一定的相互联系，如前面我们所用到的"教师基本信息表"与"工资表"之间就通过"职工编号"字段相互关联，通过这个字段我们可以建立两个表之间的关系。

1. 创建关系

表与表之间的联系在第一章中曾经介绍过，存在有一对一、一对多、多对多 3 种情况。

【例 3-17】创建"教师基本信息表"与"工资表"之间的一对一的联系。

其操作步骤如下所示。

① 单击工具栏上"关系"按钮 ，打开"显示表"对话框，如图 3-24 所示。

② 在"显示表"对话框中将"教师基本信息表"和"工资表"添加到"关系"窗口中。

③ 将"教师基本信息表"的"职工编号"字段拖曳至"工资表"的对应字段，然后松开鼠标，则弹出"编辑关系"对话框，如图 3-25 所示。

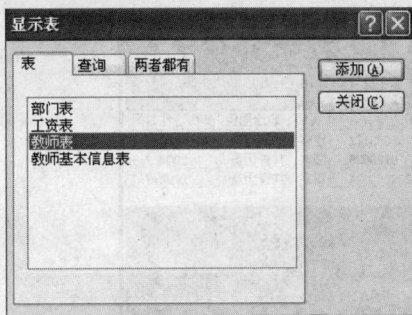

图 3-24 "显示表"对话框

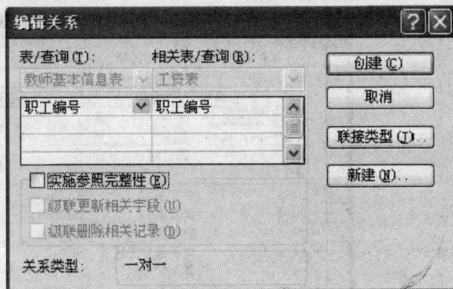

图 3-25 "编辑关系"对话框

④ 在"编辑关系"对话框中，可以选择【实施参照完整性】复选项，然后单击"创建"按钮。

⑤ 关闭"关系"窗口并保存其操作结果。

2. 实施参照完整性

在创建关系的过程中可以选择【实施参照完整性】，当该选项被选中后，【级联更新相关字段】和【级联删除相关记录】选项也就随之可选。设置这两个选项后，在父表中更新或删除相关数据时，Access 将对子表保持参照完整性，从而保证数据的一致性。

3. 编辑、删除表之间的关系

表之间的关系不是一成不变的，用户可以对已经建立的关系进行编辑、修改和删除的操作。编辑或删除关系的操作首先要打开"关系"窗口，在"关系"窗口中，光标指向某两个表之间的关系连线，单击鼠标右键，在其快捷菜单中选择"编辑关系"或"删除"的命令。也可以双击表之间的关系连线进入"关系编辑"窗口进行关系的编辑，或单击关系连线使其加粗后按下【Delete】键完成关系的删除。

（三）子数据表的操作

子数据表是联接到父表且在"一对多"关系中处于"多"的一方数据表。如图 3-26 中"部门"与"教师基本信息表"关系中的"教师基本信息表"。在"部门表"中一个记录对应于"教师基本信息表"中的多条记录，在"部门表"数据视图中可以查看"教师基本信息表"的相关数据，如图 3-27 所示。

图 3-26 "教师信息"数据库中表之间的关系

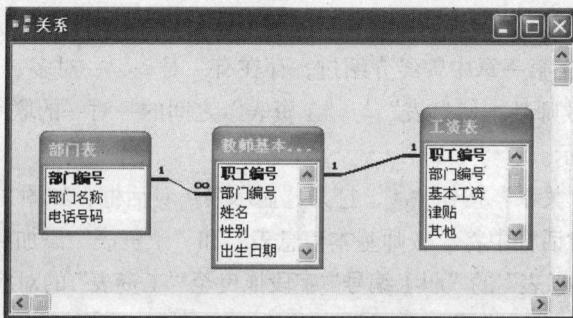

图 3-27 表数据视图

1. 插入子数据表

插入子数据表的基本步骤如下所示。

① 打开主表的数据视图。

② 单击【插入】菜单，选择子数据表命令，打开图 3-28 所示的"插入子数据表"对话框。

③ 在该对话框中选择子表，并指定链接的主、子字段，然后确定。

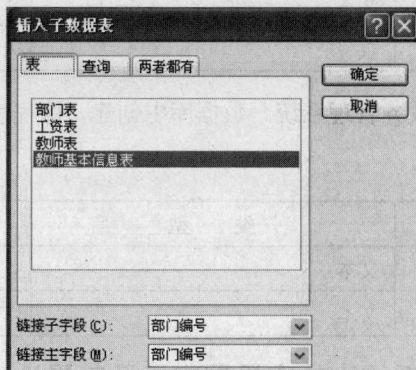

图 3-28 "插入子数据表"对话框

说明　　插入子数据表后，主表数据视图的第一个字段前会有一个折叠符号"＋"，单击折叠符号，可以将子数据表数据展开。

2. 删除子数据表

若要删除某个表中的子数据表，其操作步骤如下所示。

① 打开主表的数据视图。

② 单击【格式】菜单，选择【子数据表】菜单项中的"删除"命令。

项目实训

实训一　利用多种方法创建教务管理系统中的各类表

1. 利用表向导在"教务管理系统"数据库中创建"任务"表。

2. 利用表设计视图在"教务管理系统"数据库中创建"学生表"和"成绩表"，其结构如下所示。

学生表结构：

字　段　名	类　　型	宽　　度
学号	文本	10
姓名	文本	8
性别	文本	1
系部名称	文本	20
出生日期	日期	

成绩表结构：

字 段 名	类 型	宽 度
学号	文本	10
课程代号	文本	4
成绩	数字	单精度

3．利用数据表视图在"教务管理系统"数据库中创建"课程表"，其结构如下所示。

课程表结构：

字 段 名	类 型	宽 度
课程代号	文本	4
课程名	文本	18

实训二　为教务管理系统中的表设置字段及其属性

1．设置"学生表"中学号字段只能够接受数字字符。

2．设置"成绩表"中的成绩字段的取值只能在 0 到 100 之间，若超出范围则提示"成绩只能在 0～100 之间！"。

3．设置"课程表"中"课程代号"的默认值为"0000"。

实训三　为各系科的学生创建子数据表

1．为以上"学生表"和"成绩表"创建一对多的关系，并设置其参照完整性。

2．为"学生表"插入"成绩表"子数据表。

项目总结

通过以上项目实训，读者要能够掌握数据库表的基本操作和原理，为以后基于表这个基本数据源的操作做好数据准备。本章的内容是后续操作的数据基础，数据表结构定义的合理性，表之间关系的确立对后面查询、窗体等都具有很大的影响。因此有以下几个知识点希望大家在学习后能够掌握。

1．常见的创建数据库表的几种方法。

2．数据表中字段属性的设置及其对数据产生的影响

3．对于表中记录的基本维护和数据的排序筛选、查找替换。

4．表之间关系的建立以及在关系的基础上可以进行一系列操作。

习　题

一、选择题

1．文本字段的取值最多可达到的字符个数是_____。

A．255　　　　　　B．256　　　　　　C．50　　　　　　D．100

2. 不属于编辑表中内容的操作是_____。

    A. 记录定位   B. 选择记录   C. 删除记录   D. 添加字段

3. 不许输入字母或数字的输入掩码是_____。

    A. A   B. &   C. 9   D. ?

4. 下面关于主关键字段叙述错误的是_____。

    A. 主关键字段值是唯一的

    B. 数据库中的每个表都必须存一个主关键字段

    C. 主关键字可以是一个字段，也可以是一组字段

    D. 主关键字段中不许有重复值和空值

5. 自动编号数据类型一旦被指定. 就会永久地与_____连接。

    A. 字段   B. 表   C. 记录   D. 域

6. 货币数据类型是_____数据类型的特殊类型。

    A. 数字   B. 文本   C. 备注   D. 自动

7. 不能进行索引的字段类型是_____。

    A. 备注   B. 数字   C. 字符   D. 日期

8. 在对表中某一字段建立索引时，若其值有重复可选择_____索引。

    A. 主   B. 有（无重复）   C. 无   D. 有（有重复）

9. 一般情况下，使用_____建立表结构，要详细说明每个字段的字段名和所使用的数据类型。

    A. "设计"视图   B. "数据表"视图   C. "表向导"视图   D. "数据库"视图

10. Access 与其他程序的数据之间可以用_____方法实现数据的共享。

    A. 导入   B. 导出   C. 链接   D. 以上都行

二、问答题

1. 数据表设计中字段命名应符合哪些规则？

2. 什么是主关键字？主关键字与外部关键字有什么关系？

3. 试述"输入掩码"的用途及设计方法 。

项目四

数据的查询

【项目目标】

通过本项目的学习，读者能熟练地使用向导创建查询，进一步使用查询设计器修改查询，并能灵活运用向导与设计器创建选择查询、交叉表查询、汇总查询、动作查询。熟悉 SQL 语句，能在查询设计器中使用 SQL 语句创建查询。

【项目要点】

1. 利用向导创建选择查询
2. 查询设计器的使用
3. 创建参数查询、交叉表查询、汇总查询
4. 创建动作查询
5. 使用 SQL 语句创建查询

【项目任务】

针对教师信息数据库，利用向导创建简单选择查询，查询教师工资信息、部门信息及教师基本信息，再次利用查询设计器修改生成参数查询、汇总查询及操作查询，生成教师工资表、退休教师信息表及教师职称申报等信息。最后，用 SQL 语句创建与修改各种复杂查询。

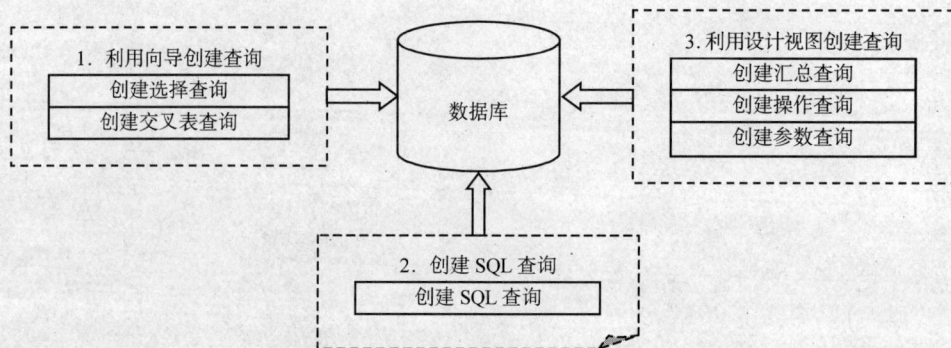

图 4-0　项目流程

任务一　创建选择查询

选择查询是 Access 中常用的一种查询类型，它从一个或多个表中查询数据，查询出的结果是一组数据记录，用户可以对这组数据进行删除、修改等操作，并且这种修改会同时反映在数据表中。此外通过选择查询还可以对表中数据进行分组、求和、计算平均值以及其他类型的操作。选择查询可以使用向导和设计视图创建。

（一）使用向导创建查询

在创建选择查询时，可以首先利用"简单查询向导"创建选择查询，然后在选择查询设计视图中进一步完善修改。下面用两个例子分别说明用向导创建单表查询与多表查询的步骤。

【例 4-1】建立教师政治面貌查询。

> 该查询仅用到一张表"教师基本信息表"，查询结果显示教师姓名及政治面貌信息。

步骤：

① 在"数据库"窗口中单击"查询"对象。

② 单击"新建"按钮，Access 弹出"新建查询"对话框，如图 4-1 所示。

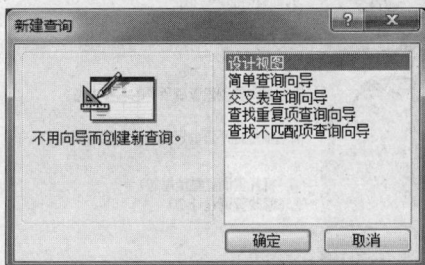

图 4-1　"新建查询"对话框

③ 在"新建查询"对话框中选择"简单查询向导"选项，然后单击"确定"按钮，Access 将弹出第 1 个"简单查询向导"对话框，如图 4-2 所示。

> 双击数据库窗口的"使用向导创建查询"按钮，也可以打开"简单查询向导"对话框。

④ 在第 1 个"简单查询向导"对话框中选择查询所涉及的表和字段。首先在"表/查询"组合框中选择表：教师基本信息表；然后在"可用字段"列表框中选择"姓名"字段并单击">"按钮，Access 将选择的字段添加到"选定的字段"列表中，同样将政治面貌字段添加到"选定的字段"列表中。

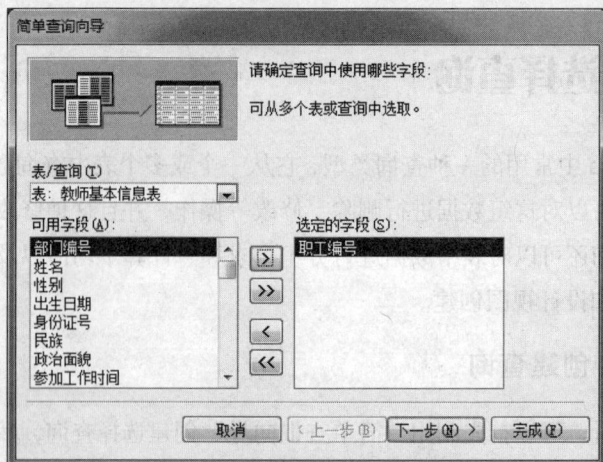

图 4-2 "简单查询向导"对话框之 1

说明 选择">>"按钮,将"教师基本信息表"所有字段添加到"选定的字段"列表中。

⑤ 单击"下一步"按钮,Access 将弹出第 2 个"简单查询向导"对话框,如图 4-3 所示。

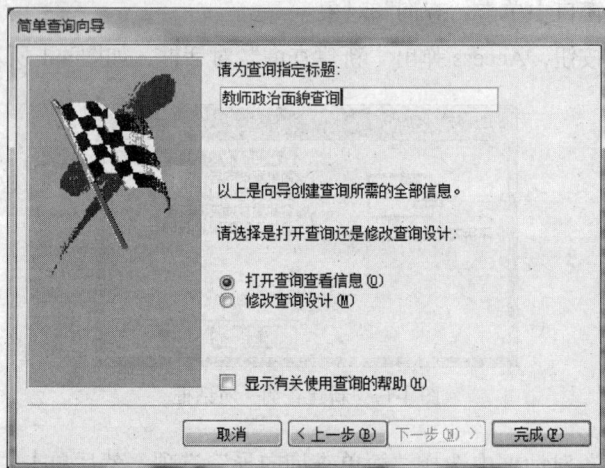

图 4-3 "简单查询向导"对话框之 2

⑥ 在第 2 个"简单查询向导"对话框中,在"请为查询指定标题"文本框中为查询命名:教师政治面貌查询。选择【打开查询查看信息】单选项。

说明 如果要进一步修改查询,应选择"修改查询设计"单选项。

⑦ 单击"完成"按钮,Access 生成查询,显示查询结果如图 4-4 所示。

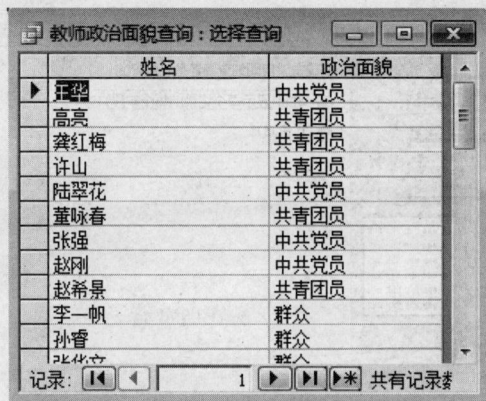

图 4-4 教师政治面貌查询

⑧ 关闭查询窗口后，可在数据库窗口中看到"教师政治面貌查询"对象。以后每次需要查询教师政治面貌时，只需双击"教师政治面貌查询"即可。

【例 4-2】建立教师部门信息查询。

分析：在该查询中用到两张表：教师基本信息表、部门表，显示字段为：姓名，部门名称，电话号码。

步骤：

① 在数据库窗口中双击"使用向导创建查询"按钮，打开"简单查询向导"对话框，分别从"表：教师基本信息表"中选取"姓名"字段，"表：部门表"中选取"部门名称"，"电话号码"字段，如图 4-5 所示。

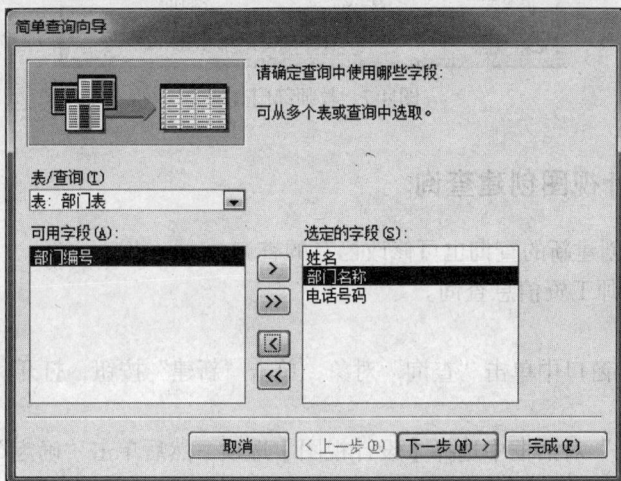

图 4-5 从多个表中选择字段

② 单击"下一步"按钮，选择"明细"，如图 4-6 所示。

③ 单击"下一步"按钮，在查询对话框中输入查询名称"教师部门查询"，单击"完成"后，显示查询结果，如图 4-7 所示。

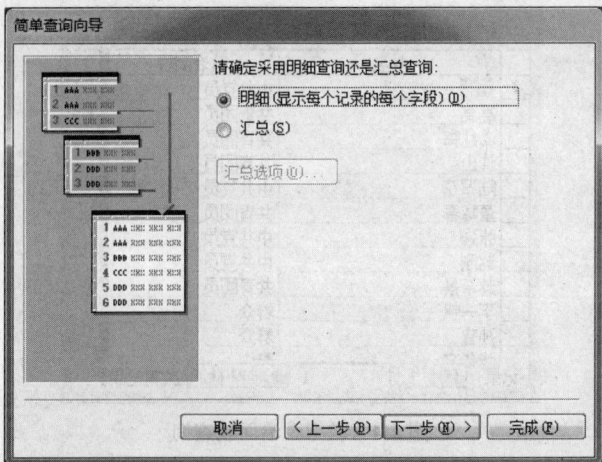

图 4-6 选择"明细"

图 4-7 教师部门查询

（二）使用设计视图创建查询

查询设计视图可创建新的查询也可修改已有的查询。

【例 4-3】建立教师工资信息查询。

步骤：

① 在"数据库"窗口中单击"查询"对象，单击"新建"按钮，打开"新建查询"对话框，如图 4-1 所示。

② 在"新建查询"对话框中选择【设计视图】选项，然后单击"确定"按钮，Access 将打开选择查询设计视图并弹出"显示表"对话框，如图 4-8 所示。

说明　　在数据库窗口双击"在设计视图中创建查询"也可以打开图 4-8 所示的查询设计视图。

③ 在"显示表"对话框中选择"教师基本信息表"，单击"添加"按钮将其添加到选择查询设计视图，按以上步骤添加"工资表"。单击"关闭"按钮，Access 关闭"显示表"对话框并返

回到选择查询设计视图，如图 4-9 所示。

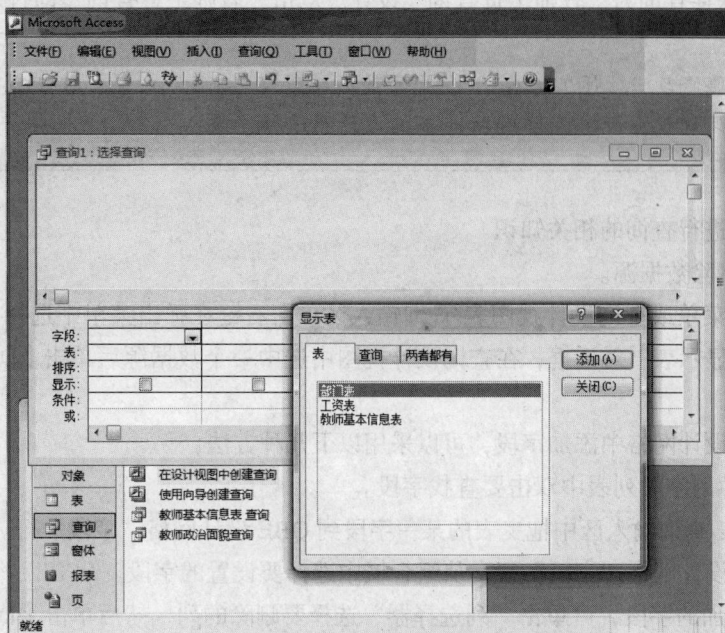

图 4-8 选择查询设计视图和"显示表"对话框

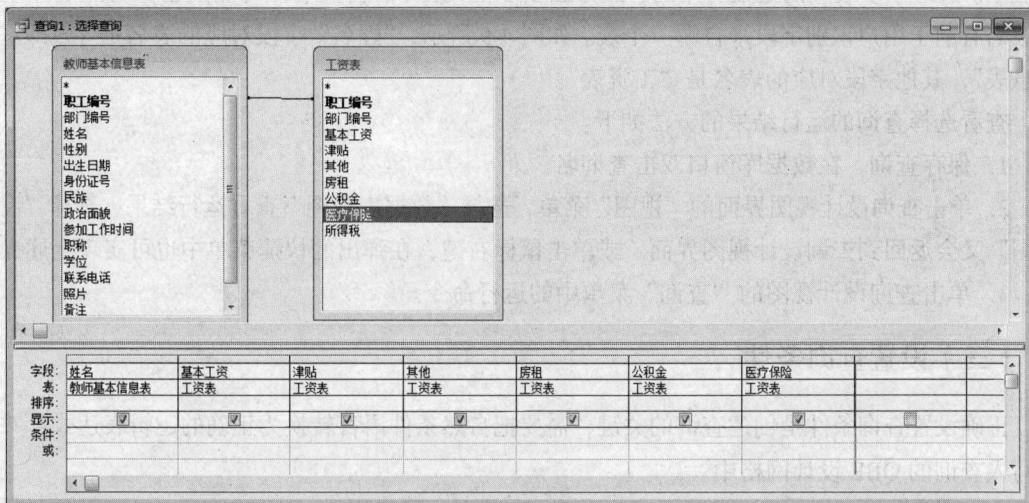

图 4-9 选择查询设计视图

说明 在选择查询设计视图中，若要再添加其他的表或查询，可以随时单击工具栏上的"显示表"按钮，在弹出的"显示表"对话框中加以选择。

④ 查询设计视图分为上下两部分，上半部分称为表/查询输入区，用于显示查询要使用的表或其他查询；下半部分称为范例查询（QBE）设计网格，用于确定动态集所拥有的字段和筛选条件等。在"教师基本信息表"中双击"姓名"，"性别"，"出生日期"，"身份证号"，可将这些字段

加入到 QBE 设计网格中，如图 4-9 所示。

⑤ 关闭并保存查询为"教师工资查询"设计。双击"教师工资查询"即打开查询。

> **说明**　若要修改"教师工资查询"，打开数据库窗口"查询"对象，右击"教师工资查询"选择"设计视图"项，即可打开查询设计器进行修改。

利用设计器进行查询的相关知识。

① 添加或删除数据源。

在"查询"菜单或查询设计视图表/查询输入区单击右键在弹出菜单中选择【显示表…】选项，可以打开"显示表"对话框；在查询设计视图中选中一个数据源后单击【Delete】键就可将其删除。

② 向 QBE 设计网格中添加字段，可以采用以下几种方法：

● 在数据源的字段列表中双击要查找字段。

● 直接在表/查询输入区中拖曳表的某一字段到 QBE 设计网格"字段"行。

● 在 QBE 设计网格"字段"行，从组合框中选择要设置的字段。

若要删除添加的字段，可单击"列选择器"选择要删除的列，然后单击【Delete】键。

在为"字段"行选择字段的同时，Access 自动在"表"行显示用户所选择的字段所归属的表的表名。这对于多表查询是很有用的，因为在多个相关表中，有些字段可能同名，"表"行中显示的表名有助于用户识别字段来自哪一个表。如图 4-9 所示，"姓名"字段对应的表名是"教师基本信息表"，其他字段对应的表名是"工资表"。

查看选择查询的运行结果的方法如下。

1. 保存查询，在数据库窗口双击查询名。

2. 单击查询设计视图界面的"视图"菜单，选择"数据表视图"查看运行结果，选择"设计视图"又会返回到查询设计视图界面。或单击鼠标右键，在弹出的快捷菜单中也可实现上述操作

3. 单击查询设计视图的"查询"菜单中的运行命令。

（三）设置查询条件

正确设置查询条件是创建查询的关键，需要把自然条件语言转换为正确的逻辑表达式，并将它写入查询的 QBE 设计网格中。

设置查询条件需要给出正确的表达式。表达式由操作数和运算符组成，获得某种运算的结果。例如表达式"1+5"中，"+"是运算符，"1"和"5"是操作数。

表达式中的运算符有如下几种。

● 等号运算符：用"="表示。如果要显示或获得表达式的运算结果，则需在表达式前加"="，例如"=1+2"、"B=4+5"等。

● 算术运算符：可进行常见的算术运算，按运算的优先次序为：^（乘方）、-（负号）、*（乘）、/（除）、Mod（求余）、+（加）、-（减）。

● 比较运算符用来比较两个值或表达式之间的关系，=（等于）、<>（不等于）、<（小于）、<=（小于等于）、>（大于）、>=（大于等于）、Between…And(介于)、Like（像其中

一部分）。

比较运算的结果为真或假，运算时没有先后次序。

Between 用于指定一个值的范围。例如：Between 18 And 35，等价于:> =18 And <= 35。两个值之间要用 And 连接，第 1 个值小，第 2 个值大。

Like 用于在"文本"数据类型字段中定义数据的查找匹配模式。?表示该位置可匹配任何一个字符，*表示该位置可匹配任意个字符，#表示该位置可匹配一个数字。方括号描述一个范围，用于确定可匹配的字符范围。例如：［0-3］可匹配数字 0、1、2、3，［A-C］可匹配字母 A、B、C。惊叹号（！）表示除外，例如：［!3-5］表示可匹配除 3、4、5 之外的任何字符。

● 逻辑运算符用于实现逻辑运算，按优先次序排列为：Not(非)、And（与）、Or（或）。

表 4-1 描述了在筛选条件中使用逻辑与（And）运算符的运算规则。从表 4-1 可以总结出只有当逻辑与运算符两边的条件都为真（成立）时，逻辑与运算结果才为真。

表 4–1 　　　　　　　　　　　逻辑与（And）运算规则

X	Y	X And Y
False	False	False
False	True	False
True	False	False
True	True	True

表 4-2 描述了在筛选条件中使用逻辑或（Or）运算符的运算规则。从表 4-2 可以看出，只要逻辑或运算符两边的条件有一边为真（成立），逻辑或运算结果即为真。

表 4–2 　　　　　　　　　　　逻辑或（Or）运算规则

X	Y	X Or Y
False	False	False
False	True	True
True	False	True
True	True	True

表 4-3 描述了在筛选条件中使用逻辑非（Not）运算符的运算规则。

表 4–3 　　　　　　　　　　　逻辑非（Not）运算规则

X	Not X
True	False
False	True

在 QBE 设计网格中设置有一个"条件"行和多个"或"行。在"条件"行和多个"或"行中，用户可以设置记录的筛选条件。相邻行的筛选条件彼此之间存在逻辑或的关系，同一行的筛选条件彼此之间存在逻辑与的关系。

【例 4-4】 查询 2000 年以后参加工作的少数民族教师信息。

建立图 4-10 所示的查询。

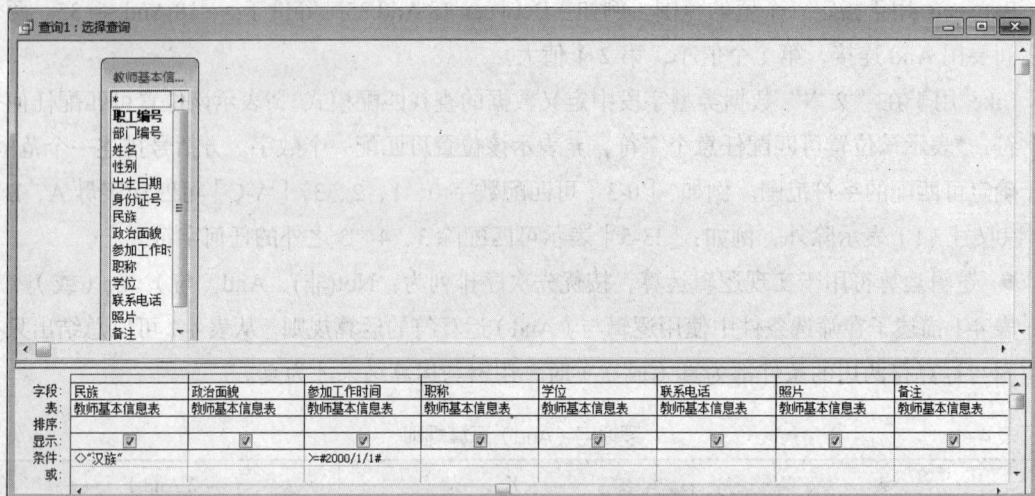

图 4-10 例 4-4 查询设计器

在 "民族" 字段对应的条件行中输入 "<>汉族","参加工作时间" 字段对应条件行中输入 ">=#2000/1/1#",两个条件同时成立。

> **注意** 如果在 QBE 设计网格中为 "日期/时间" 数据类型字段设置筛选条件,需要注意在日期/时间常数的两旁加上英镑(#)符号。

【例 4-5】 查询部门编号为 2434 的且基本工资在 500 ~ 550 元的教师信息。

职工编号的前四位就是部门编号,只要查询职工编号前四位为 2434 的教师信息。查询条件 "like 2434*",基本工资在 500 ~ 550 元可用 "between 500 and 550"。两个条件要同时成立,它们之间是与的关系。建立图 4-11 所示的查询。

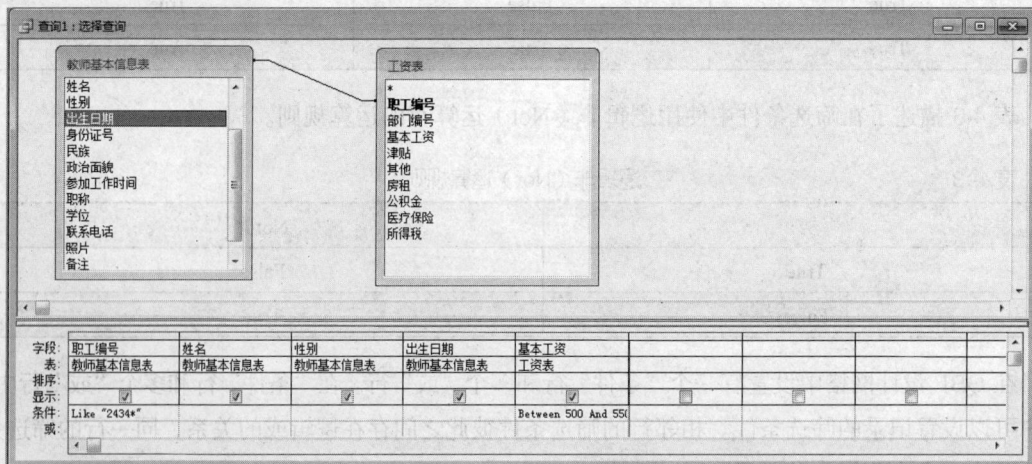

图 4-11 例 4-5 查询设计器

任务二 创建参数查询

在选择查询设计视图的 QBE 设计网格中，"条件"行和"或"行用以输入筛选条件，但有时筛选条件的具体值可能只有在运行查询时才能确定，这样用户就无法在查询设计视图中输入。为了解决这一问题，Access 允许用户在查询设计视图中先输入一个参数，然后当查询运行时，再提示输入筛选条件的具体值。包含有参数的查询称为参数查询。

（一）创建单参数查询

在选择查询设计视图中输入参数的方法是：在"条件"行或"或"行的关系表达式中输入一个放在方括号中的短语。例如，在"姓名"字段的"条件"行中输入：=［请输入教师姓名］。这样，当运行这个选择查询时，Access 将弹出"输入参数值"对话框，要求用户输入要筛选的教师姓名。

【例 4-6】创建教师信息查询—按姓名查询教师信息。

步骤：

① 打开查询设计视图，添加"教师基本信息表"，将表中相关字段添加到 QBE 设计网格中。

② 在"姓名"字段的"条件"行中输入：=［请输入教师姓名］，如图 4-12 所示。

③ 保存为"按姓名查询教师信息"。

④ 数据库窗口双击"按姓名查询教师信息"，Access 将弹出"输入参数值"对话框，如图 4-13 所示。

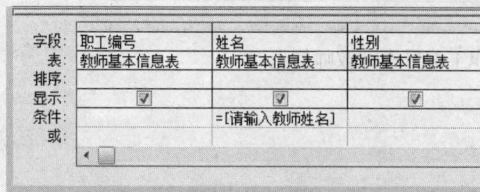

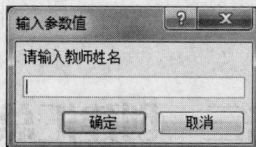

图 4-12 设置参数　　　　　　　　　　　　图 4-13 "输入参数值"对话框

⑤ "输入参数值"对话框中，输入"许山"，单击"确定"按钮，结果如图 4-14 所示。

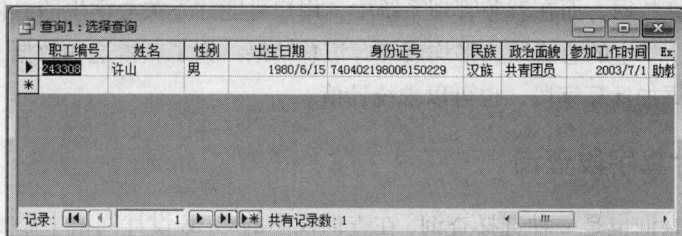

图 4-14 参数查询结果

（二）创建多参数查询

【例 4-7】创建教师信息查询—按姓氏和职称查询教师信息。

题目要求两个条件同时成立，在"姓名"字段的"条件"行中输入：like［请输入教师姓氏］

& "*"；在"职称"字段的"条件"行中输入：=[请输入教师职称]。创建图 4-15 所示的查询。

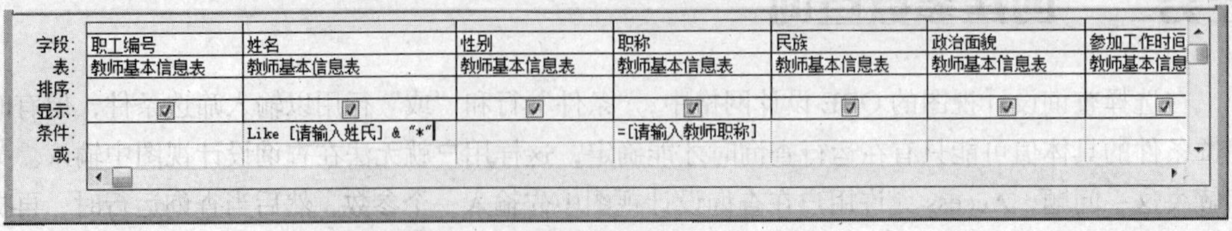

字段	职工编号	姓名	性别	职称	民族	政治面貌	参加工作时间
表	教师基本信息表	教师基本信息表	教师基本信息表	教师基本信息表	教师基本信息表	教师基本信息表	教师基本信息
排序							
显示	☑	☑	☑	☑	☑	☑	☑
条件		Like [请输入姓氏] & "*"		=[请输入教师职称]			
或							

图 4-15　按姓氏和职称查询教师信息

运行查询时会弹出两个输入参数值对话框，分别输入姓氏与职称即可实现查询。

若不要求同时成立，则必须分别在"或"行与"条件"行中输入条件。

【例 4-8】创建教师信息查询——根据部门编号或职工编号查询。

在"职工编号"的"条件"行输入：=[请输入职工编号]，在"部门编号"的"或"行输入：=［请输入部门编号］。创建图 4-16 所示的查询。

> **注意**　不论"条件"行还是"或"行，在同一行的多个条件之间都是逻辑与的关系。只有当一个条件在"条件"行，另一个在"或"行时，它们才是逻辑或的关系。如例 4-7 可以将条件写在两个字段对应的"或"行中，运行结果不变。

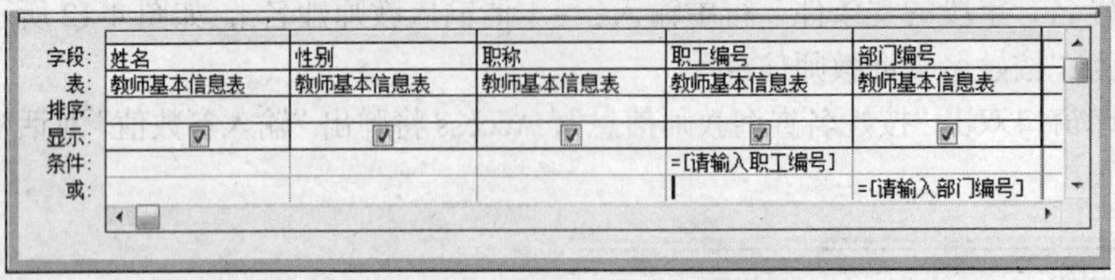

字段	姓名	性别	职称	职工编号	部门编号
表	教师基本信息表	教师基本信息表	教师基本信息表	教师基本信息表	教师基本信息表
排序					
显示	☑	☑	☑	☑	☑
条件				=[请输入职工编号]	
或					=[请输入部门编号]

图 4-16　按部门编号或职工编号查询教师信息

任务三　创建汇总查询

在 Access 应用中，用户可能并不十分关心表中的每一条记录每个字段的值，而是关心记录的汇总结果。例如，在教师工资表中，用户更希望知道，应发工资是多少，合计扣款多少，最后实际能拿到多少等计算数据。而在教务管理系统中，用户可能并不关心学生的具体选课情况及其成绩，而更关心每一个学生的总成绩、平均成绩等汇总结果。为了获得这些数据，需要建立汇总查询。汇总查询可以添加计算字段，也可以求统计值。

（一）添加计算字段查询

添加计算字段查询也是一种选择查询，在查询视图的 QBE 设计网格中添加计算结果作为新的字段，并指定显示标题，格式为：

字段标题：<表达式>

【例 4-9】按部门编号查询教师的应发工资、扣款小计、实发工资。

步骤：

① 打开查询设计视图，添加"教师基本信息表"与"工资表"，在数据源中双击需显示的所

有字段：部门编号、姓名、基本工资、津贴、其他、房租、公积金、医疗保险、所得税，其中"部门编号"可选择不显示。如图4-17所示。

图4-17　添加计算字段查询设计视图

② 在"部门编号"所在的"条件"行输入"[请输入部门编号]"。

③ 在空白列的字段行输入"应发工资: [基本工资]+[津贴]+[其他]"；"扣款小计: [房租]+[公积金]+[所得税]"；"实发工资: [应发工资]−[扣款小计]"添加3个计算字段。如图4-17所示。

④ 关闭查询并保存为"按部门编号查询教师的应发工资"。双击打开该查询，在"输入参数值"对话框中输入"2432"，可显示查询结果。如图4-18所示。

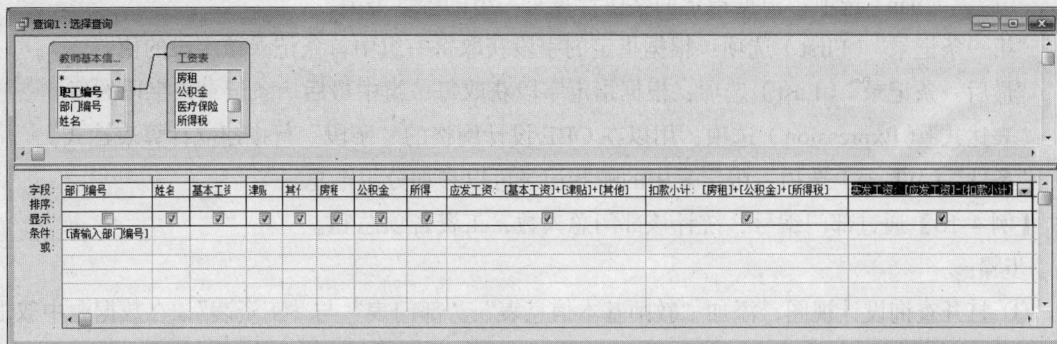

图4-18　添加计算字段查询的结果

（二）实现汇总查询

汇总查询也是一种选择查询，因此建立汇总查询的方法与前面介绍的如何建立选择查询基本上是相同的。唯一不同的是：若要建立汇总查询，应首先在打开的选择查询设计视图中单击工具栏上的"总计"按钮，Access在QBE设计网格中增加"总计"行。

"总计"行用于为参与汇总计算的所有字段设置汇总选项。要进行汇总查询，就必须为查询中使用的每个字段从"总计"行的下拉列表中选择一个选项。"总计"行共有12个选项，分别介绍如下。

"分组"（Group By）选项：用以指定分组汇总字段。例如，若在汇总查询设计视图中为"职工编号字段"设置了"分组"选项，Access将根据"职工编号"字段进行分组汇总，即汇总计算每个职工的应得工资。

"总计"（Sum）选项：为每一组中指定的字段进行求和运算。

"平均值"（Avg）选项：为每一组中指定的字段进行求平均值运算。

"最小值"（Min）选项：为每一组中指定的字段进行求最小值运算。

"最大值"（Max）选项：为每一组中指定的字段进行求最大值运算。

"计数"（Count）选项：根据指定的字段计算每一组中记录的个数。

"标准差"（StDev）选项：根据指定的字段计算每一组的统计标准差。

"方差"（Var）选项：根据指定的字段计算每一组的统计方差。

"第一条记录"（First）选项：根据指定的字段获取每一组中首条记录该字段的值。

"最后一条记录"（Last）选项：根据指定字段获取每一组中最后一条记录该字段的值。

"表达式"（Expression）选项：用以在 QBE 设计网格的"字段"行中建立计算表达式。

"条件"（Where）选项：限定表中的哪些记录可以参加分组汇总。

【例 4-10】通过部门编号，统计该部门总人数，工资各项总和。

步骤：

① 打开查询设计视图，添加"教师基本信息表"、"部门表"与"工资表"，在数据源中双击需显示的所有字段，部门编号，部门名称，姓名，基本工资，津贴，其他，房租，公积金，医疗保险，所得税，其中部门编号可选择不显示。如图 4-16 所示。

② 单击工具栏中的"总计"按钮，或在 QBE 设计网格中单击鼠标右键，在出现的快捷菜单中选择"总计"，QBE 设计网格中就多出一行"总计"。

③ 在"部门编号"所在的总计行选择"分组"，在"姓名"字段的总计行选择"计数"，在"基本工资"的"总计"行选择"平均值"，在"津贴"、"其他"、"房租"、"公积金"、"医疗保险"、"所得税"的"总计"行选择"总计"，如图 4-19 所示。

字段:	部门编号	部门名称	姓名	基本工资	津贴	其他	房租	公积金	医疗保险	应发工资: Sum([基才
表:	部门表	部门表	教师基本信	工资表	工资表	工资表	工资表	工资表	工资表	
总计:	分组	分组	计数	平均值	总计	总计	总计	总计	总计	表达式
排序:										
显示:	□	☑	☑	☑	☑	☑	☑	☑	☑	☑
条件:										
或:										

图 4-19 设置汇总查询总计行

④ 在空白列的字段行输入"应发工资: Sum([基本工资])+Sum([津贴])+Sum([其他])"，"总计"行选择"表达式"。

⑤ 关闭并保存查询。查询运行结果如图 4-20 所示。

部门名称	姓名之计数	基本工资之平均值	津贴之总计	其他之总计	房租之总计	公积金之总计	医疗保险之总计	应发工资
外语系	3	¥528.67	¥455.50	¥683.00	¥33.00	¥544.90	¥54.49	¥2,724.50
中文系	3	¥528.67	¥455.50	¥683.00	¥33.00	¥544.90	¥54.49	¥2,724.50
美术系	6	¥545.83	¥1,067.00	¥1,224.00	¥66.00	¥1,113.20	¥111.32	¥5,566.00
数学系	3	¥540.00	¥535.50	¥723.00	¥33.00	¥575.70	¥57.57	¥2,878.50
电子信息工程系	3	¥574.33	¥691.50	¥1,023.00	¥33.00	¥687.50	¥68.75	¥3,437.50
经济管理系	3	¥563.00	¥611.50	¥762.00	¥33.00	¥612.50	¥61.25	¥3,062.50
体育系	3	¥534.33	¥495.50	¥703.00	¥33.00	¥560.30	¥56.03	¥2,801.50
计算机科学与技	4	¥523.00	¥554.00	¥442.00	¥44.00	¥617.60	¥61.76	¥3,088.00

记录: ◄◄ ◄ 1 ► ►► ►* 共有记录数: 8

图 4-20 汇总查询的查询结果

其中"姓名之计数"、"基本工资之平均值"、"津贴之总计"、"其他之总计"、"公积金之总计"、"医疗保险之总计"、"应发工资"均为计算列。

注意　可以通过在字段名前加标题来设定查询结果中计算列的标题。如图 4-19 中"姓名"字段，将字段名改为"教师人数：姓名"，则在运行查询时，标题中将不再显示"姓名之计数"而显示"教师人数"。如图 4-21 所示。

任务四　创建交叉表查询

交叉表查询也是一种特殊的选择查询。交叉表查询首先对记录作总计、计数、平均值以及其他类型的汇总计算，并将查询结果进行分组显示，一组列在数据表的左侧作为行标题，另一组列在数据表的上部作为列标题，以二维表的形式输出汇总数据，这样可以更加方便地分析数据。

交叉表查询生成的动态集看起来像一个二维表格，在表格中生成汇总计算值。

交叉表查询可通过向导创建也可在设计视图中创建。

图 4-21　修改"姓名"字段标题

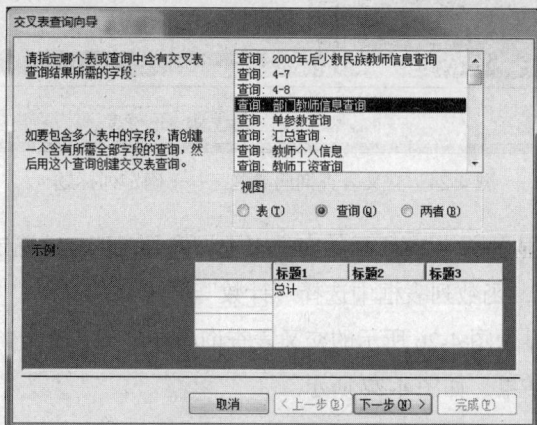

（一）使用向导创建交叉表查询

【例 4-11】 统计各部门不同职称的教师人数及教师总人数。

说明　查询结果要显示部门名称、职称及对教师人数计数，用到"部门表"及"教师基本信息表中"的数据。

① 数据库窗口打开"新建查询"对话框，选择"交叉表查询向导"，打开交叉表查询向导对话框。

② 在"交叉表查询向导"对话框的"视图"中，选择"查询"，并在上方的列表中选择"查询：部门教师信息查询"，如图 4-22 所示。

注意　对于涉及多个表的交叉表查询需建立在已有的查询基础上，因为交叉表的数据源只能来自一个表（或查询）中的字段。

图 4-22　交叉表查询向导之一——选择数据源

③ 单击"下一步"，显示图 4-23 所示的交叉表查询向导之二——确定行标题，选择"部门名称"作为行标题。

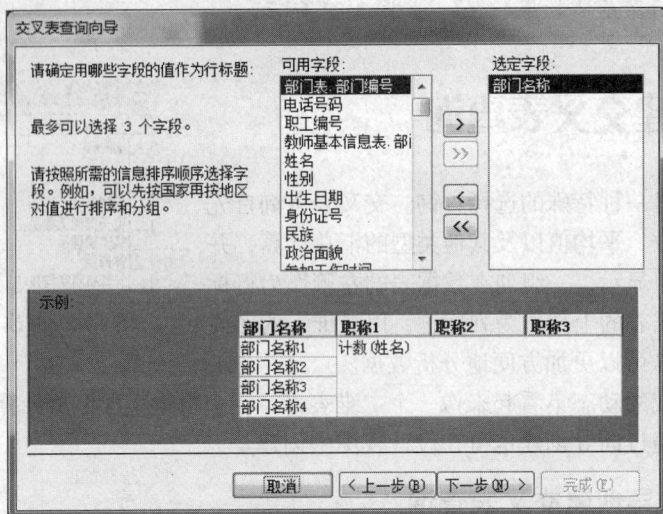

图 4-23　交叉表查询向导之二——确定行标题

④ 单击"下一步"，显示图 4-24 所示的交叉表查询向导之三——确定列标题，选择"职称"作为列标题。

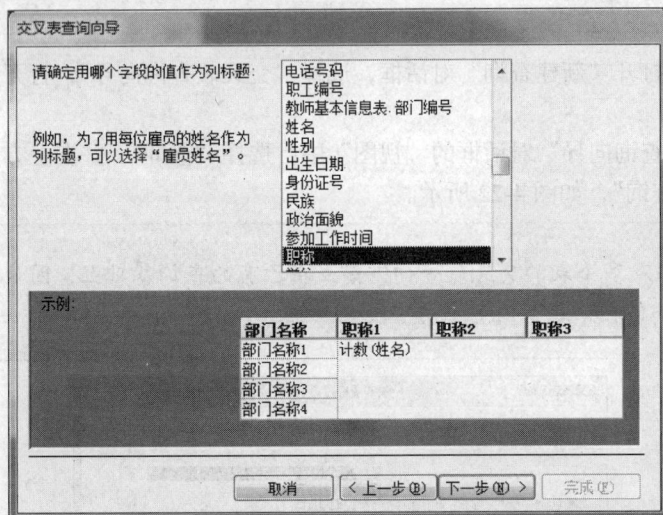

图 4-24　交叉表查询向导之三——确定列标题

⑤ 单击"下一步"，显示图 4-25 所示的交叉表查询向导之四——确定汇总计算值，在字段列表框中选择"姓名"字段，函数列表框中选择"计数"。

⑥ 单击"下一步"，显示图 4-26 所示的交叉表查询向导之五，输入查询名称，选择查看查询。单击"完成"，显示查询结果，如图 4-27 所示。

图 4-25 交叉表查询向导之四——确定汇总计算值

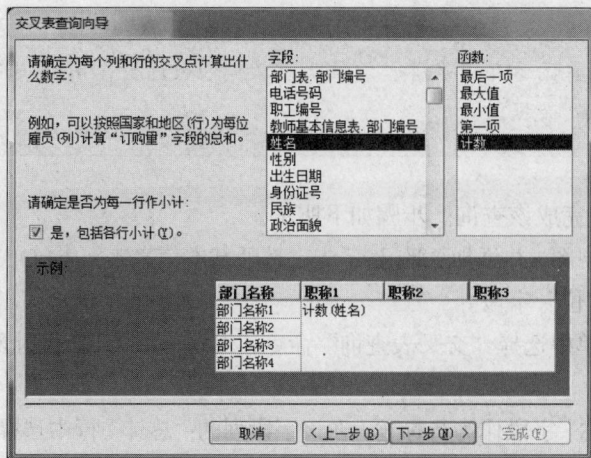

图 4-26 交叉表查询向导之五

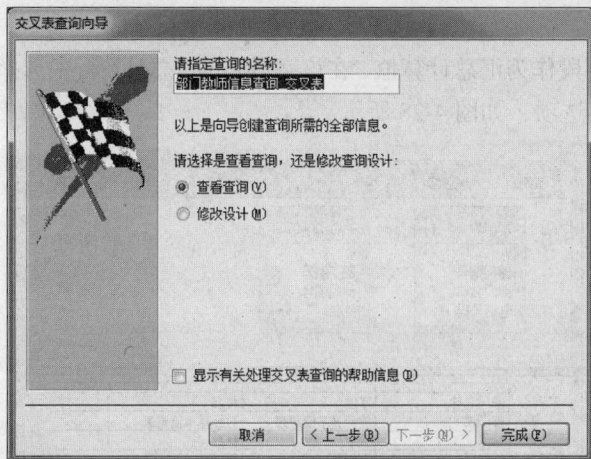

图 4-27 交叉表查询结果

（二）使用设计视图创建交叉表查询

【例4-12】统计各部门中获得不同学位的教师人数。

查询结果要显示部门名称、学位及对教师人数计数，用到"部门表"及"教师基本信息表中"的数据。

使用查询设计视图完成该查询。步骤如下所示。

① 打开查询设计视图，并添加"部门表"与"教师基本信息表"，向 QBE 设计网格中添加"部门名称"、"姓名"、"学位"字段。

② 从"查询"菜单中选择"交叉表查询"命令，Access 在 QBE 设计网格中显示"交叉表"行和"总计"行。

③ 指定"部门名称"字段作为行标题，在该字段列的"总计"行中选择"分组"选项，在"交叉表"行中选择"行标题"选项。

④ 指定"学位"字段作为列标题，在该字段列的"总计"行中选择"分组"选项，在"交叉表"行中选择"列标题"选项。

⑤ 指定"姓名"字段作为汇总计算值，在该字段列的"总计"行中选择"计数"选项，在"交叉表"行中选择"值"选项，如图 4-28 所示。

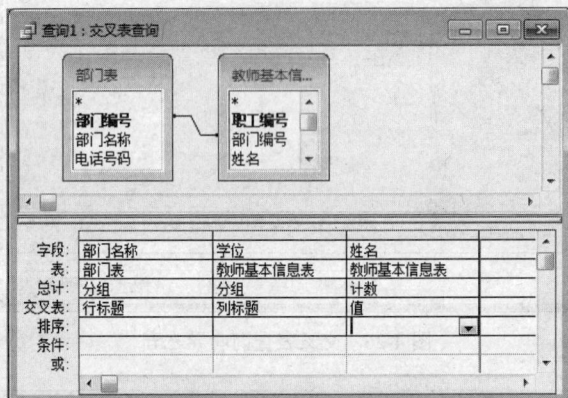

图 4-28　交叉表查询设计视图

⑥ 单击"运行"按钮，Access 显示类似于二维表格的动态集，如图 4-29 所示。

部门名称	工学博士	工学学士	教育学学士	经济学硕士	经济学学士	理学博士	理学学士	文学硕士	文学学士
电子信息工程系	1	2							
计算机科学与技术		2					2		
经济管理系				1	1	1			
美术系									6
数学系	2						1		
体育系			3						
外语系								1	2
中文系									3

记录：|◄ ◄ 　1　► ►| ►* 共有记录数：8

图 4-29　交叉表查询结果

任务五　创建操作查询

操作查询是建立在选择查询基础之上的查询。操作查询不只是从指定的表或查询中根据用户给定的条件筛选记录以形成动态集,还要对动态集进行某种操作并将操作结果返回到指定的表中。操作查询可以从指定的表中筛选记录以生成一个新表或者对指定的表进行记录的添加、更新或删除操作。Access 提供了 4 种操作查询:更新(Update)查询、生成表(Make Table)查询、追加(Append)查询和删除(Delete)查询。

(一)生成表查询

生成表查询就是将查询的结果存在一个新表中,这样就可以使用已有的一个或多个表中的数据创建表。创建一张新表,职称申报表,包含职工编号、姓名、性别、申报职称、审批情况几个字段,审批情况为逻辑型,其他字段与教师基本信息表中字段类型一致。

【例 4-13】生成退休教师情况表。

所有年龄达到 60 周岁的教师信息存入退休教师表中。

步骤:

① 打开查询设计视图及显示表对话框,将"教师基本信息表"添加到视图中,关闭"显示表"对话框。

② 在工具栏的"查询类型"按钮中,选择"生成表查询",显示"生成表"对话框。

③ 在"生成表"对话框中输入新表的名称"退休教师表",如图 4-30 所示,选择当前数据库,然后单击"确定"按钮,关闭"生成表"对话框。

④ 在设计网格中,分别加入所需字段,并在"出生日期"字段下的"条件"行中输入"Between[起始日期] And [结束日期]",关闭并保存查询设计视图,命名为"退休教师信息查询"。

⑤ 双击打开"退休教师信息查询",显示提示对话框,如图 4-31 所示,单击"是",出现输入参数值对话框。输入退休教师的出生日期上下限,如"#1947-1-1#"和"#1951-1-1#"。

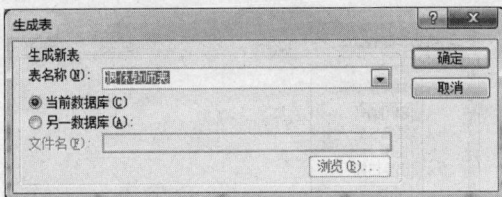

图 4-30　"生成表"对话框　　　　　　　　图 4-31　生成表查询提示信息

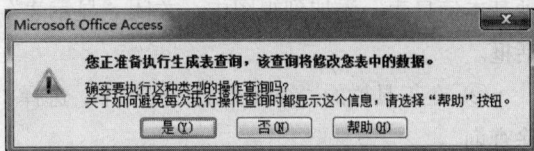

⑥ 系统再次给出提示,将向新表中添加若干条满足条件的记录,如图 4-32 所示。

若不是第一次执行该查询,系统还将弹出如图 4-33 所示的对话框,提示将删除原表。

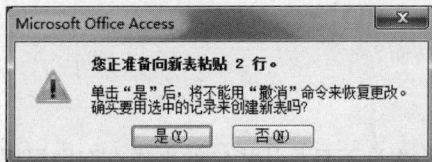

图 4-32　向新表添加满足条件的记录

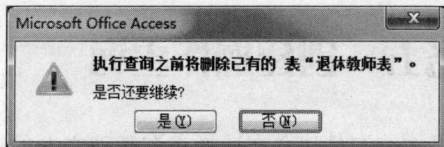

图 4-33　将删除已存在的同名表

⑦ 单击"是"后完成操作。

⑧ 在数据库窗口中选择"表"对象，可以发现，多了一个"退休教师表"。双击打开该表，其中都是满足条件的记录，如图 4-34 所示。

图 4-34　生成表查询结果

注意　退休教师记录更名保存，以免下次执行生成表查询时将其删除。

（二）删除查询

删除查询就是从已有的一个或多个表中删除满足条件的记录。

【例 4-14】创建删除退休教师信息查询。

说明　当教师达到 60 周岁后就将其信息保存到退休教师表中，可创建删除查询在"教师基本信息表"中将退休教师信息删除。

步骤：

① 打开查询设计视图及显示表对话框，将"教师基本信息表"添加到视图中，关闭"显示表"对话框。

② 在工具栏的"查询类型"按钮中，选择"删除查询"。

③ 在设计网格中，选择第一列字段为"教师基本信息表.*"；第二列选择"出生日期"字段作为条件字段；"删除"行第一列，设置内容为"From"表示从"教师基本信息表"中删除；在"出生日期"字段对应的"条件"行输入"<=[出生日期下限]"，如图 4-35 所示。

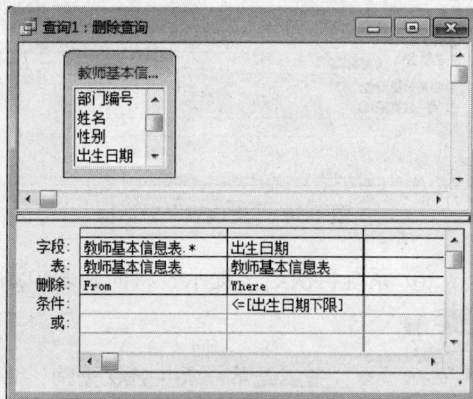

图 4-35　删除查询设计视图

④ 关闭并保存查询设计视图，将查询命名为"删除退休教师信息查询"。

⑤ 确认已备份好退休教师信息，双击"删除退休教师信息查询"，显示提示信息，单击"是"按钮。

⑥ 在"输入参数值"对话框中填入相应的退休教师出生日期下限，显示满足条件的记录数，并提示要删除这些记录，单击"是"执行删除操作。

⑦ 打开教师基本信息表，查看是否已将满足条件的记录删除。

（三）追加查询

追加查询就是将一组记录追加到一个或多个表原有记录的后面。追加查询的结果是向有关表中自动添加记录。

【例4-15】将2004年1月1日前参加工作的职称为助教的教师信息追加到职称申报表中，申报讲师职称。

步骤：

① 打开查询设计视图及显示表对话框，将"教师基本信息表"添加到视图中，关闭"显示表"对话框。

② 在工具栏的"查询类型"按钮中，选择"追加查询"，显示"追加"对话框，如图4-36所示。

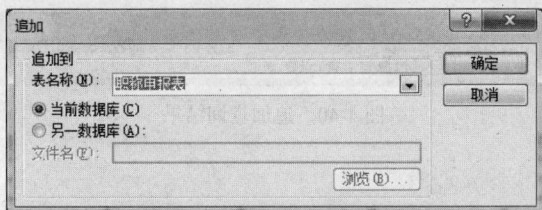

图4-36 "追加"对话框

③ 在"追加"对话框中，选择表名称为"职称申报表"作为追加对象。单击"确定"按钮关闭"追加"对话框。

④ 在设计网格中，分别将"教师基本信息表"对应于"职称申报表"表中有关字段加入，并在"追加到"行中选择"职称申报表"中的相应字段。在"职称"字段的"条件"行中输入：="助教"，在"参加工作时间"字段的条件行中输入"<=#2004-1-1#"，表示只追加2004-1-1前参加工作的助教信息，如图4-37所示。

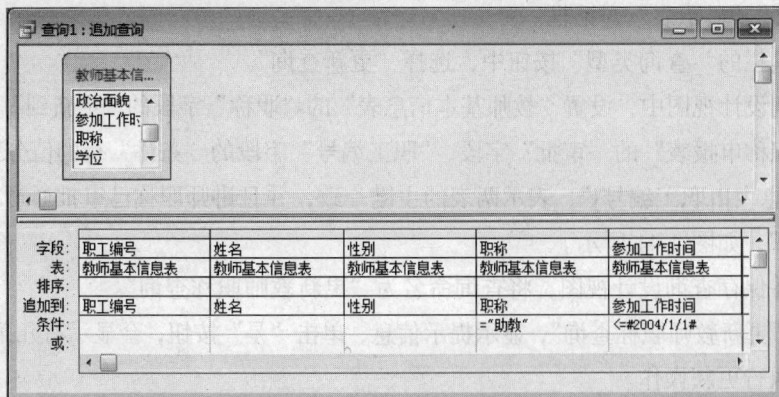

字段	职工编号	姓名	性别	职称	参加工作时间
表	教师基本信息表	教师基本信息表	教师基本信息表	教师基本信息表	教师基本信息表
排序					
追加到	职工编号	姓名	性别	职称	参加工作时间
条件				="助教"	<=#2004/1/1#
或					

图4-37 追加查询设计视图

⑤ 关闭并保存查询设计视图，将查询命名为"追加申报讲师职称查询"。

⑥ 双击"追加申报讲师职称查询"，显示提示对话框，如图 4-38 所示。单击"是"按钮，显示图 4-39 所示对话框，提示将追加记录数，单击"是"执行追加操作。

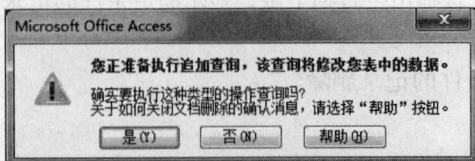

图 4-38　追加查询提示

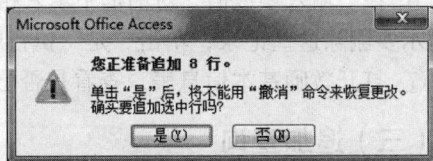

图 4-39　追加查询确认

⑦ 打开"申报职称表"，可以看到新增了几条记录，如图 4-40 所示。

图 4-40　追加查询结果

（四）更新查询

【例 4-16】创建更新职称申报结果查询。

> **说明**　当职称申报通过后，将"教师基本信息表"中 2004-1-1 日前参加工作所有助教的职称改为讲师。

步骤：

① 打开查询设计视图及显示表对话框，将"教师基本信息表"，"职称申报表"添加到查询设计视图中，关闭"显示表"对话框。

② 在工具栏的"查询类型"按钮中，选择"更新查询"。

③ 在查询设计视图中，设置"教师基本信息表"的"职称"字段的"更新到"行的值为"讲师"；设置"职称申报表"的"审批"字段、"职工编号"字段的"条件"行的值分别为："true"，"[教师基本信息表]![职工编号]"，表示两表的主键一致，并且讲师职称已审批通过才能更新"教师基本信息表"，如图 4-41 所示。

④ 关闭并保存查询设计视图，将查询命名为"更新教师职称查询"。

⑤ 双击"更新教师职称查询"，显示提示信息，单击"是"按钮，会显示有几条记录需更新，单击"是"，执行更新操作。

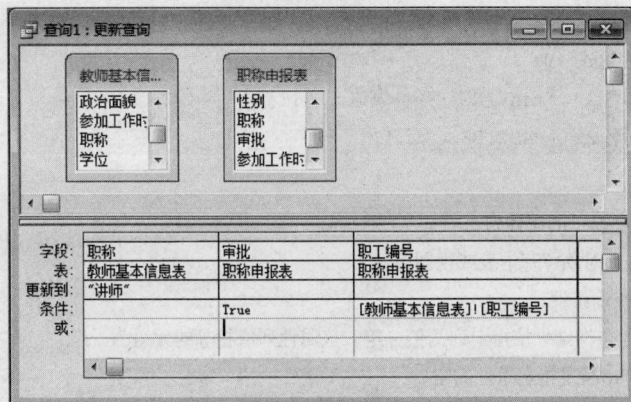

图 4-41 更新查询设计视图

任务六 创建 SQL 查询

SQL 查询是用户使用 SQL 语句自定义创建的查询，它是一个用于显示当前查询的 SQL 语句窗口，在这个窗口用户可以查看和改变 SQL 语句，从而达到查询的目的。

（一）认识 SQL 语言

SQL 是 IBM 实验室于 20 世纪 70 年代后期开发出来的，是 Structured Query Language（结构化查询语言）的缩写，它是一种非过程化的语言，具备创建、维护、检索和控制关系数据库的功能。SQL 语言简洁、方便实用、功能齐全，已成为目前应用最广的关系数据库通用语言。

SQL 语言的功能包括数据定义、数据控制、数据查询和数据操纵 4 个部分。

① 数据定义（Data Definition）。SQL 使用数据定义语言（Data Definition Language，DDL）实现其数据定义功能，可对数据库用户、基本表、视图、索引进行定义、修改和撤销。

② 数据操纵（Data Manipulation）。SQL 使用数据操纵语言（Data Manipulation Language，DML）实现其对数据库数据的操纵功能。数据操纵语句主要包括 INSERT（插入）、UPDATE（修改）和 DELETE（删除）。

③ 数据查询（Data Query）。建立数据库的目的是为了查询数据，数据库的查询功能是数据库的核心功能。SQL 使用 SELECT 语句进行数据库的查询，该语句具有灵活的使用方式和强大的功能。

④ 数据控制（Data Control）。数据库中的数据由多个用户共享，为保证数据库的安全，SQL 提供数据控制语句 DCL（Data Control Language，DCL）对数据库进行统一的控制管理。

在 Access 的实际操作中，大量使用的是 SQL 的数据操纵部分。

1. 数据查询

数据库的查询是数据库的核心操作。SQL 语言提供了 SELECT 语句进行数据库查询，该语句具有灵活的使用方式和强大的功能。

SELECT 语句的一般格式如下：

```
SELECT [ALL|DISTINCT] <目标列表达式>[,<目标列表达式>] …
```

```
FROM <表名或视图名>[, <表名或视图名> ] …
  [ WHERE <条件表达式> ]
  [ GROUP BY <列名1> [ HAVING <条件表达式> ] ]
  [ ORDER BY <列名2> [ ASC|DESC ] ];
```

其中，

```
SELECT 子句：指定要显示的属性列；
 FROM 子句：指定查询对象（基本表或视图）；
 WHERE 子句：指定查询条件；
 GROUP BY 子句：对查询结果按指定列的值分组，该属性列值相等的元组为一组；
 HAVING 短语：筛选出满足指定条件的组；
 ORDER BY 子句：对查询结果表按指定列的值升序或降序排序。
```

SELECT 语句既可以完成简单的单表查询，也可以完成复杂的连接查询和嵌套查询。

在 WHERE 子句中的条件表达式中可出现下列操作符和运算函数：

① 算术比较运算符：<，<=，>，>=，=，<>。

② 逻辑运算符：AND，OR，NOT。

③ 聚合函数：AVG（平均值），MIN（最小值），MAX（最大值），SUM（和），COUNT（计数）。

条件表达式还可以是另一个 SELECT 语句，即 SELECT 语句可以嵌套。

上面只是列出了 WHERE 子句中可出现的几种主要操作，由于 WHERE 子句中的条件表达式可以很复杂，因此 SELECT 句型能表达的语义远比其数学原形要复杂得多。

以下是一些常用的数据查询。

（1）无条件查询。例如，查询所有教师的基本信息，使用以下语句：

SELECT * FROM 教师基本信息表

其中，"*"为通配符，表示查找 FROM 子句中指定表的所有属性值。

（2）条件查询。条件查询即带有 WHERE 子句的查询，所有查询的对象必须满足 WHERE 子句给出的条件。

例如，查找部门编号为 "2432" 且职称为 "讲师" 的所有教师姓名。

```
SELECT 姓名 FROM 教师基本信息表
  WHERE 部门编号="2432" AND 职称="讲师"
```

（3）连接查询。连接查询是指从若干个表中查询所需信息，连接的一般条件是各表中相同字段的值相等。

例如，查询职称为 "讲师" 的所有教师的基本工资和津贴。

```
SELECT 姓名，基本工资，津贴
   FROM 教师基本信息表，工资表
   WHERE 教师基本信息表.职工编号=工资表.职工编号 AND 职称="讲师"
```

（4）排序查询。排序查询是指将查询结果按指定属性的升序（ASC）或降序（DESC）排列，由 ORDER BY 子句指明。

例如，查找教师的基本信息，按参加工作时间排列。

```
SELECT * FROM 教师基本信息表
```

```
ORDER BY 参加工作时间
```

（5）计算查询。计算查询是指通过在语句中使用系统提供的特定函数（聚合函数）而获得某些只有经过计算才能获得的结果。

例如，查找数学系教师人数和基本工资平均值。

```
SELECT COUNT(*), AVG(基本工资)
    FROM 部门表，工资表
    WHERE 部门表.部门编号=工资表.部门编号 AND 部门名称="数学系"
```

2. 数据更新

SQL 中的数据更新包括插入数据、修改数据和删除数据。它们分别由 INSERT、UPDATE、DELETE 语句完成。

（1）INSERT 语句。

语句格式为：

```
INSERET
INTO 表名 [（列名1[,列名2]…）]
VALUES（常量1[,常量2] …）；
```

其功能是将新记录插入指定表中。新记录属性列 1 的值为常量 1，属性列 2 的值为常量 2……

其中，INTO 子句指定要插入数据的表名及属性列，属性列的顺序可与表定义中的顺序不一致；如果没有指定属性列，表示要插入的是一条完整的元组，且属性列属性与表定义中的顺序一致；指定部分属性列，表示插入的元组在其余属性列上取空值。VALUES 子句提供的值的个数和类型必须与 INTO 子句匹配。

例如，向教师基本信息表添加一条新教师信息。

```
INSERT INTO 教师基本信息表(职工编号,部门编号,姓名,性别,参加工作时间)
    VALUES ("243254","2432","夏雨","女",#2011/3/12#)
```

（2）UPDATE 语句

语句的一般格式为：

```
UPDATE 表名
SET 列名=表达式 [,列名=表达式]…
[WHERE 条件]；
```

其功能是修改指定表中满足 WHERE 条件的元组。其中，SET 子句用于指定修改值，即用表达式的值取代相应的属性列值。如果省略 WHERE 子句，则表示要修改表中的所有元组。

例如，为新添加的记录输入出生日期，身份证号，政治面貌，学位，联系电话信息。

```
UPDATE 教师基本信息表
    SET 出生日期=#1988-2-2#，身份证号="321000198802021213"，政治面貌="共青团员"，学位="硕士"，联系电话="18912345678"
    WHERE 姓名="夏雨"
```

（3）DELETE 语句。

语句格式为：

```
DELETE
FROM 表名
```

```
[WHERE 条件];
```

功能是从指定表中删除满足 WHERE 条件的所有元组。如果省略 WHERE 子句，表示删除表中的全部元组。

例如，删除姓名为夏雨的教师信息。

```
DELETE FROM 教师基本信息表 WHERE 姓名="夏雨"
```

（二）创建 SQL 查询

使用 SQL 查询政治面貌为"中共党员"的教师所在部门名称。

步骤如下。

① 打开查询设计视图，关闭"显示表"窗口中。

② 从"视图"菜单中选择"SQL 视图"，在查询编辑文本框中使用 SQL 语句进行查询编辑，输入 SELECT 语句，如图 4-42 所示。

③ 完成编辑后，关闭 SQL 视图，保存查询，并命名为"部门查询"。

④ 双击"部门查询"，查看查询结果，如图 4-43 所示。

图 4-42　SQL 查询设计视图

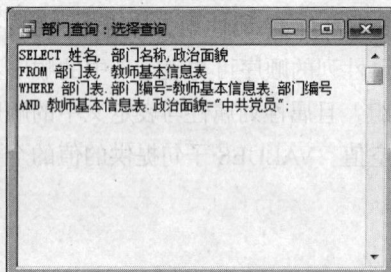

图 4-43　SQL 查询结果

项目实训

实训一　为教务管理系统创建学生选课成绩的查询

1. 使用向导创建简单选择查询，显示学生姓名，课程名称，成绩。
2. 打开查询设计视图，创建参数查询，要求输入学生姓名，显示该生的选课成绩。
3. 创建生成表查询，生成学生选课成绩表。

实训二　创建 SQL 查询，查询各系科学生的选课情况

1. 利用 SQL 语句，查询每个学生及其选修课程的情况，包括学生表所有字段与课程表所有字段。
2. 利用 SQL 语句，统计每门课程的选课人数。
3. 利用 SQL 语句，查询未选修任何课程的学生的系科名称，学号，姓名。

项目总结

本项目主要对 Access 提供的六种查询（选择查询、操作查询、交叉表查询、参数查询、汇总查询、SQL 查询）做了较为全面的阐述，同时结合大量的实例介绍了利用向导或设计器为各类查询添加条件、创建新的计算字段的方法。

SQL 是目前使用最广泛的关系数据库查询语言，有数据定义、查询、操纵等多种功能，本章也结合实例对该语言做了简单介绍。

习 题

一、选择题

1. Select 命令中用于返回查询的非重复记录的关键字是_____。
   A. TOP   B. GROUP   C. DISTINCT   D. ORDER
2. 如果在数据库中已有同名的表，_____查询将覆盖原有的表。
   A. 交叉表   B. 追加   C. 更新   D. 生成表
3. 在查询中要统计记录的个数，应使用的函数是_____。
   A. SUM   B. COUNT（列名）
   C. Count（*）   D. AVG
4. 若要计算每个学生的年龄（取整），那么正确的计算公式是_____。
   A. Date（）-[出生日期]/365
   B. (Date（）-[出生日期])/365
   C. Year(Date（）)-Year([出生日期])
   D. Year([出生日期])/365

二、填空题

1. 操作查询共有 4 种类型，分别是删除查询、更新查询、_____和生成表查询。
2. 在 SQL 的 Select 语句中，用于实现选择运算的短语是_____。
3. 创建交叉表查询，必须对行标题和_____进行分组操作。

三、问答题

1. 什么是查询的 3 种视图？各有什么作用？
2. SQL 中的数据更新包括哪几种？它们的语句格式分别是什么？
3. 选择查询、交叉表查询和参数查询有什么区别？

项目五

窗体的创建与设计

【项目目标】

窗体是 Access 的重要对象。通过本项目的学习，读者可以通过窗体方便地输入数据、编辑数据、显示和查询数据，利用窗体可以将数据库中的对象组织起来，形成一个功能完整、风格统一的数据库应用系统。

【项目要点】

1. 认识窗体
2. 创建窗体
3. 设计窗体
4. 创建子窗体

【项目任务】

在教务管理系统数据库中创建学生信息浏览窗体，并通过子窗体来显示学生的信息和选课成绩数据。

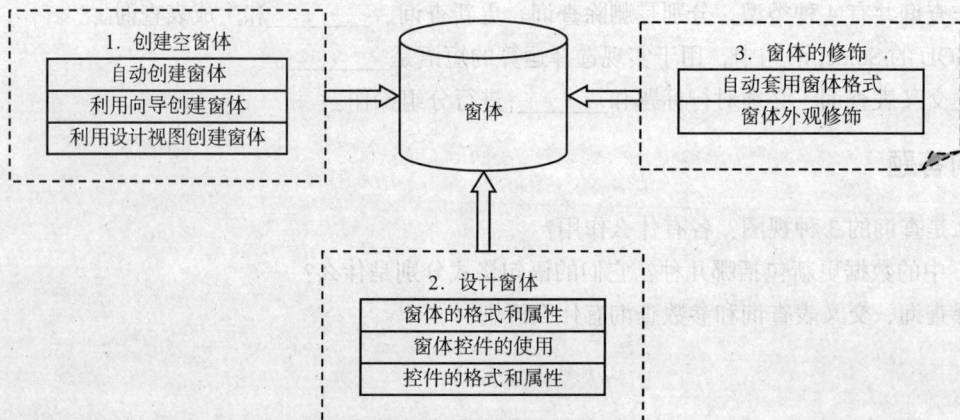

图 5-0　项目流程

任务一 创建窗体

（一）认识 Access 中的窗体

窗体实际上就是用户界面，本身并不存储数据，但应用窗体可以使数据库中数据的输入、修改和查看变得更加直观、容易。同时窗体中也包含了各种控件，通过这些控件可以打开报表或其他窗体、执行宏或 VBA 编写的代码程序。总之，对数据库的所有操作都可以通过窗体来集成。

1. 窗体的作用

窗体是应用程序和用户之间的接口，是创建数据库应用系统最基本的对象，用户通过使用窗体来实现数据维护、控制应用程序流程等人机交互的功能。窗体的作用主要包括以下几个方面。

（1）数据的显示和打印。窗体可以显示或打印来自多个数据表中的数据，可以显示警告或解释信息。此外，用户可以利用窗体对数据库中的相关数据进行添加、删除和修改，并可以设置数据的属性。用窗体来显示并浏览数据比用表和查询显示更加灵活。

（2）数据输入和编辑。用户可以根据需要设计窗体，作为数据库中数据输入或编辑的接口，这种方式可以节省数据录入或修改的时间并提高数据的准确度。窗体的数据输入和编辑功能，是它与报表的主要区别。

（3）控制应用程序流程。Access 2003 中的窗体可以与函数、子程序相结合。在每个窗体中，用户可以通过编写宏或 VBA 代码完成各种复杂的控制功能。

2. 窗体的类型

Access 提供了 7 种类型的窗体，分别是纵栏式窗体、表格式窗体、数据表窗体、主/子窗体、图表窗体、数据透视表窗体和数据透视图窗体。

① 纵栏式窗体。在纵栏式布局中，每次仅能看到一个记录。文本框及所附标签并排显示在两栏中。标签显示在每个文本框的左面并标识文本框中的数据，如图 5-1 所示。

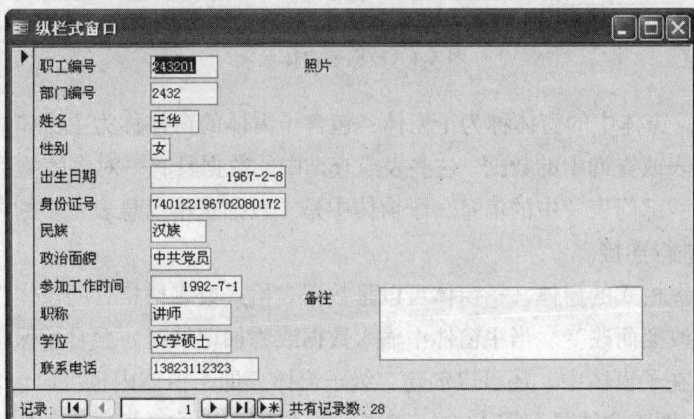

图 5-1　纵栏式窗体示例

② 表格式窗体。通常，一个窗体在同一时刻只显示一条记录。如果一条记录内容比较少，单

独占用一个窗体空间，就显得十分浪费。而在表格式布局里，标签显示于窗体顶端，各字段的值则出现在标签下方的表格里，可同时显示多条记录，如图 5-2 所示。

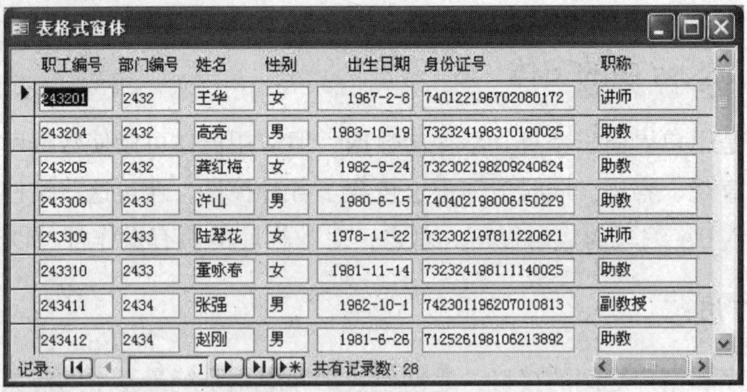
表格式窗体

职工编号	部门编号	姓名	性别	出生日期	身份证号	职称
243201	2432	王华	女	1967-2-8	740122196702080172	讲师
243204	2432	高亮	男	1983-10-19	732324198310190025	助教
243205	2432	龚红梅	女	1982-9-24	732302198209240624	助教
243308	2433	许山	男	1980-6-15	740402198006150229	助教
243309	2433	陆翠花	女	1978-11-22	732302197811220621	讲师
243310	2433	董咏春	女	1981-11-14	732324198111140025	助教
243411	2434	张强	男	1962-10-1	742301196207010813	副教授
243412	2434	赵刚	男	1981-6-26	712526198106213892	助教

记录: 1 共有记录数: 28

图 5-2　表格式窗体示例

③ 数据表窗体。数据表窗体布局同样以行和列的形式显示数据，所以窗体类似于在数据表视图下显示的表，纵栏式和表格式布局中的一些窗体格式在数据表布局里无法使用。数据表窗体的主要功能是用来作为一个窗体的子窗体，如图 5-3 所示。

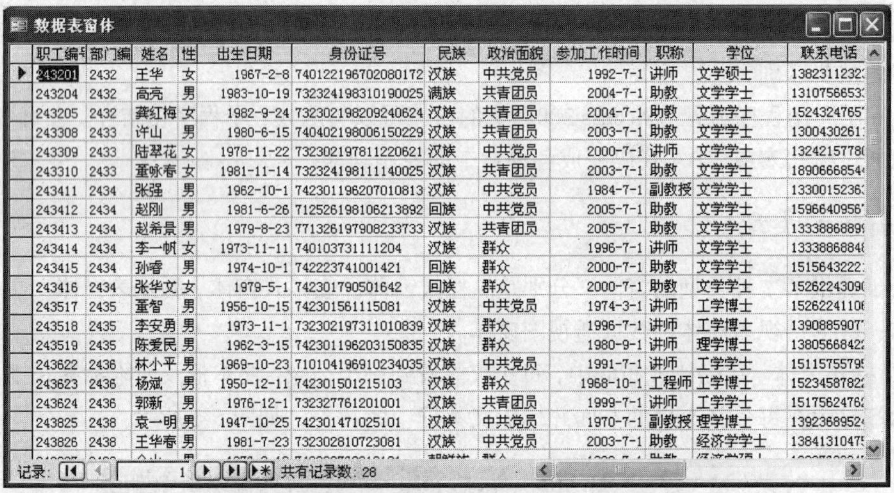
数据表窗体

职工编号	部门编	姓名	性	出生日期	身份证号	民族	政治面貌	参加工作时间	职称	学位	联系电话
243201	2432	王华	女	1967-2-8	740122196702080172	汉族	中共党员	1992-7-1	讲师	文学硕士	1382311232
243204	2432	高亮	男	1983-10-19	732324198310190025	满族	共青团员	2004-7-1	助教	文学学士	1310756653
243205	2432	龚红梅	女	1982-9-24	732302198209240624	汉族	共青团员	2004-7-1	助教	文学学士	1524324765
243308	2433	许山	男	1980-6-15	740402198006150229	汉族	共青团员	2003-7-1	助教	文学学士	1300430261
243309	2433	陆翠花	女	1978-11-22	732302197811220621	汉族	中共党员	2000-7-1	讲师	文学学士	1324215778
243310	2433	董咏春	女	1981-11-14	732324198111140025	汉族	共青团员	2003-7-1	助教	文学学士	1890666854
243411	2434	张强	男	1962-10-1	742301196207010813	汉族	中共党员	1984-7-1	副教授	文学学士	1330015236
243412	2434	赵刚	男	1981-6-26	712526198106213892	回族	中共党员	2005-7-1	助教	文学学士	1596640956
243413	2434	赵希景	男	1979-8-23	771326197908233733	汉族	共青团员	2005-7-1	助教	文学学士	1333886889
243414	2434	李一帆	女	1973-11-11	740103731111204	汉族	群众	1996-7-1	讲师	文学学士	1333886884
243415	2434	孙睿	男	1974-10-1	742223741001421	回族	群众	2000-7-1	助教	文学学士	1515643222
243416	2434	张华文	女	1979-5-1	742301790501642	回族	群众	2000-7-1	助教	文学学士	1526224309
243517	2435	董智	男	1956-10-15	742301561115081	汉族	中共党员	1974-3-1	讲师	工学博士	1526224110
243518	2435	李安勇	男	1973-11-1	732302197311010839	汉族	群众	1996-7-1	讲师	工学博士	1390885907
243519	2435	陈爱民	男	1962-3-15	742301196203150835	汉族	群众	1980-9-1	讲师	理学博士	1380566842
243622	2436	林小平	男	1969-10-23	710104196910234035	汉族	中共党员	1991-7-1	讲师	工学学士	1511575579
243623	2436	杨斌	男	1950-12-11	742301501215103	汉族	群众	1968-10-1	工程师	工学博士	1523458782
243624	2436	郭新	男	1976-12-1	732327761201001	汉族	共青团员	1999-7-1	讲师	工学学士	1517562476
243825	2438	袁一明	男	1947-10-25	742301471025101	汉族	中共党员	1970-7-1	副教授	理学博士	1392368952
243826	2438	王华春	男	1981-7-23	732302810723081	汉族	中共党员	2003-7-1	助教	经济学学士	1384131047

记录: 1 共有记录数: 28

图 5-3　数据表窗体示例

④ 主/子窗体。窗体中的窗体称为子窗体，包含子窗体的窗体称为主窗体。主窗体和子窗体通常用来显示多个表或查询中的数据，这些表或查询中的数据具有一对多的关系。如图 5-4 所示，主窗体中显示的是"部门表"中的信息，子窗体中是"教师基本信息表"中的内容，两张表通过"部门编号"字段进行连接。

主窗体只能是纵栏式的窗体，子窗体可以是数据表格式或表格格式的窗体。子窗体显示的内容会随着主窗体的改变而改变。当主窗体中输入数据或添加记录时，会自动保存每一条记录到子窗体对应的表中。在子窗体中，还可以创建二级子窗体，即子窗体内也可以包含子窗体。

⑤ 图表窗体。图表窗体是利用 Microsoft Graph 以图表方式来显示表中的数据，如图 5-5 所示。可以单独使用图表窗体，也可以在子窗体中使用图表窗体来增加窗体的功能。图表窗体的数据源可以是数据表或查询。

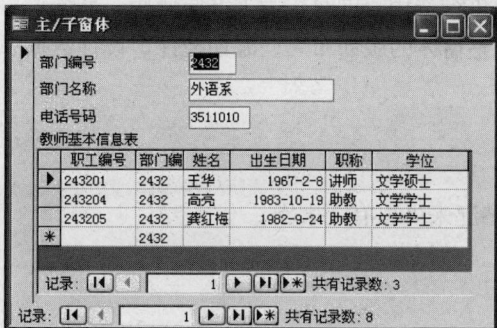

图 5-4 主/子窗体示例

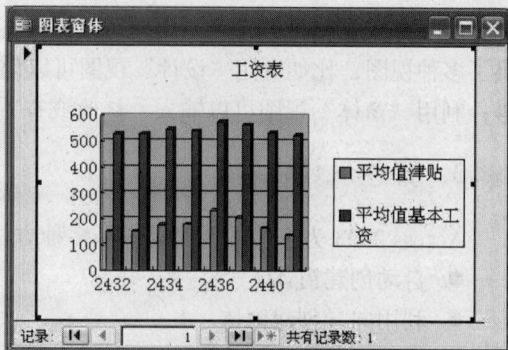

图 5-5 图表窗体示例

⑥ 数据透视表窗体。数据透视表窗体是 Access 为了产生一个针对于数据源的 Excel 分析表而建立的一种窗体形式,如图 5-6 所示。数据透视表窗体允许用户对表格内的数据进行操作,用户也可以改变透视表的布局,以满足不同的需求。

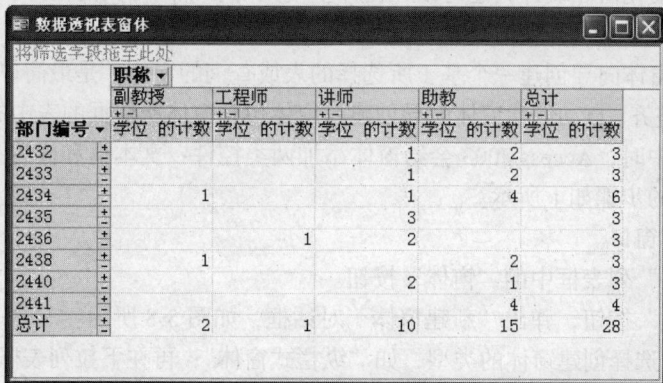

图 5-6 数据透视表窗体示例

⑦ 数据透视图窗体。数据透视图类似于透视表,主要用来显示数据表和窗体中数据的图形分析窗体,如图 5-7 所示。数据透视图窗体允许用户拖动字段和项或通过显示和隐藏字段的下拉列表项,查看不同级别的详细信息或指定布局。

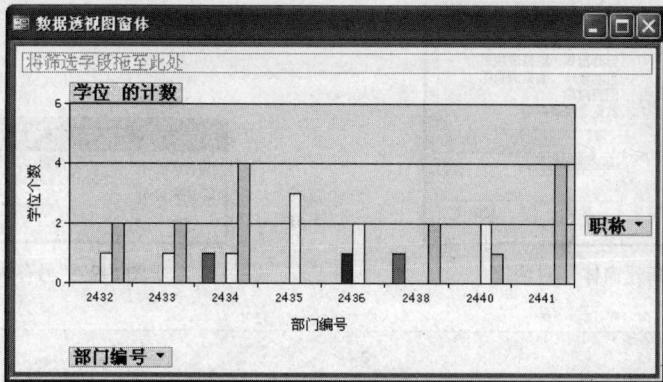

图 5-7 数据透视图窗体示例

Access 中窗体种类较多，用户可以根据实际需要进行选用。同时，为了方便使用，系统还提供了多种视图，比如利用"设计"视图可以创建和调整窗体的版面布局、添加控件、设计数据源等；利用"窗体"视图可以输入、修改或查看数据等。

3. 窗体设计方法

Access 2003 为窗体的创建提供了多种方法，归纳起来可以有 3 大类。

● 自动创建窗体。
● 利用向导创建窗体。
● 利用设计视图创建窗体。

（二）自动创建窗体

在 Access 2003 中，表是由字段和记录构成的。类似地，窗体的基本构件就是"控件"。控件比构成表的字段和记录更灵活些，它能包含数据，运行一项任务，或是通过添加诸如直线或矩形之类的图形元素来强化窗体设计，还可以在窗体上使用许多不同种类的控件，包括复选框、矩形块、文本框、分页符、选项按钮、下拉列表框等。

使用自动创建窗体向导创建一个基于所选择的表或查询的窗体，是最简单的一种创建方法，其布局结构简单、整齐。自动创建窗体向导创建的窗体包含窗体所依据的表中的所有字段的控件。当字段显示在窗体中时，Access 2003 会给窗体添加两类控件：文本框和标签。

自动创建窗体的步骤如下所示。

① 打开数据库窗口。
② 单击"对象"列表框中的"窗体"按钮。
③ 单击"新建"按钮，弹出"新建窗体"对话框，如图 5-8 所示。
④ 在图 5-8 中选择创建窗体的类型，如"纵栏式窗体"；再在下拉列表框中选择表对象或查询对象，如"教师基本信息表"。单击"确定"按钮，屏幕上立即显示图 5-1 所示的纵栏式窗体。
⑤ 单击工具栏的"保存"按钮 ![保存图标]，打开"另存为"对话框，在"窗体名称"框内输入窗体的名称，如图 5-9 所示，单击"确定"按钮。

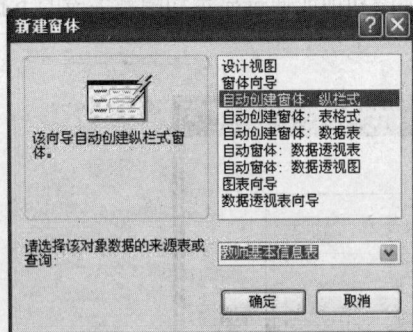

图 5-8 "新建窗体"对话框　　　　　　　　　　图 5-9 "另存为"对话框

注意　　几种自动窗体显示记录的形式虽不同，但创建步骤是一样的。另外在"数据库"窗口中先选中数据表，再单击【插入】|【自动窗体】，系统也可以自动生成窗体。

（三）使用向导创建窗体

使用"自动窗体"或"自动创建窗体"创建窗体虽然简单、方便、快捷，但是内容和形式都受到限制，不能满足更为复杂的要求。使用"窗体向导"可以更灵活、全面地控制数据来源和窗体格式。

根据查询所需的数据源以及显示的窗体格式不同，本节主要介绍 3 种创建的方法。

① 创建基于单一数据源的窗体。

② 创建基于多个数据源的主/子窗体。

③ 创建图表窗体。

1. 创建基于单一数据源的窗体

基于单一数据源的窗体数据主要来源于一个表或查询。打开向导的方法与"自动创建窗体"的方法相同，在图 5-8 所示的"新建窗体"对话框中选择"窗体向导"，选定数据源后单击"确定"按钮，系统弹出图 5-10 所示的"窗体向导"对话框。

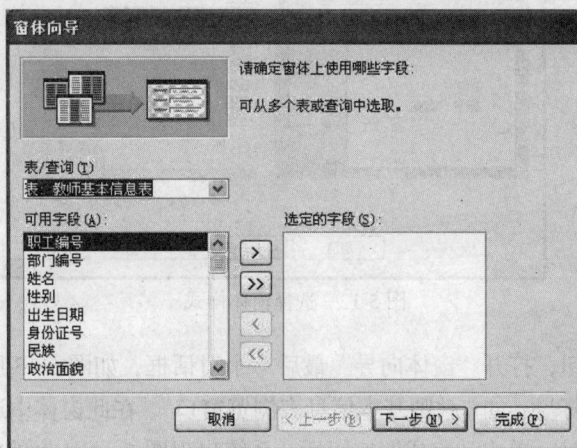

图 5-10　"窗体向导"对话框

在"表/查询"下拉列表中，列出了窗体可用的数据来源，用户可重新进行选择。如选择"教师基本信息表"，在"可用字段"列表框中则显示了选定的数据源中的所有字段。选择需要显示的字段，单击 > 按钮将该字段移至右侧的"选定的字段"列表中。

> **注意**
>
> 　　如果要选择所有字段，可直接单击 >> 按钮。

单击"下一步"按钮，打开"窗体向导"第 2 个对话框。在该对话框里，共有 6 种窗体格式，选择"纵栏表"单选按钮，此时可以在左侧看到所建窗体的布局，如图 5-11 所示。

单击"下一步"按钮，打开"窗体向导"第 3 个对话框。在对话框右侧列表框中列出了窗体的若干样式，选中的样式在对话框左侧显示。此处选择"标准"样式，如图 5-12 所示。

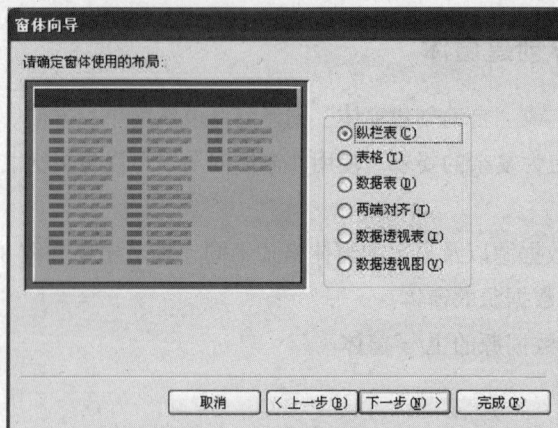

图 5-11　选择窗体布局

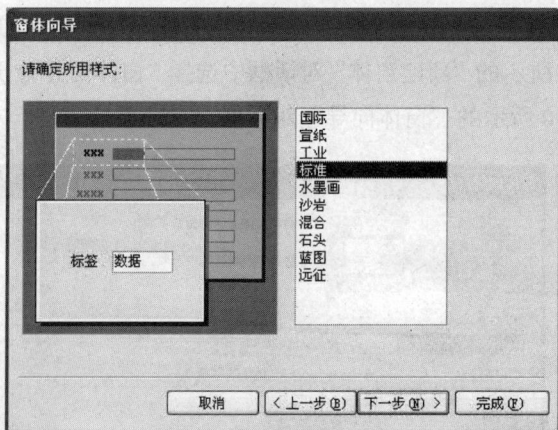

图 5-12　选择窗体样式

单击"下一步"按钮，打开"窗体向导"最后一个对话框，如图 5-13 所示。在此对话框中可为所建的窗体输入一个标题，如"教师基本信息表浏览窗口"。在此窗体中还可以进一步选择是打开窗体还是修改窗体设计。单击"完成"按钮后，系统出现图 5-14 所示的窗体。单击"保存"按钮，该窗体就被保存在数据库中了。

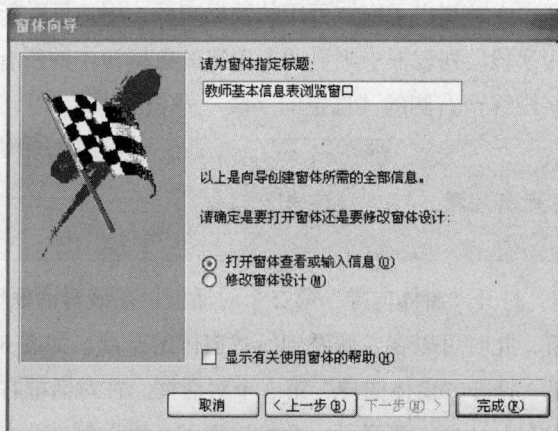

图 5-13　"窗体向导"最后一个对话框

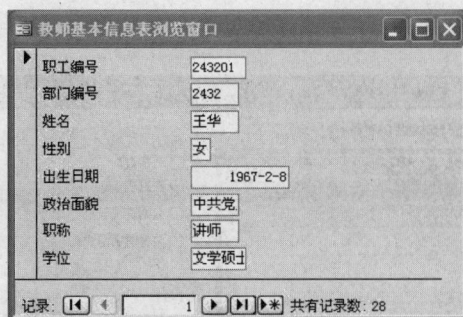

图 5-14　教师基本信息表浏览窗口

2. 创建基于多个数据源的窗体

使用窗体向导可以创建基于多个表或查询的窗体，即主/子窗体，创建方法与基于一个表的窗体向导的创建方法大致相同，唯一有区别的是在选择数据源时需要选择多个表/查询，并且主窗体的数据源与子窗体的数据源之间要存在着一对多关系。下面以"部门表"和"教师基本信息表"为数据源来介绍主/子窗体的操作步骤。

① 在"数据库"窗口的"窗体"对象下，双击"使用向导创建窗体"选项，打开"窗体向导"第 1 个对话框，如图 5-10 所示。

② 在"表/查询"下拉式列表框右侧的向下箭头按钮中选择"表：部门表"，单击 >> 按钮选择所有字段。再单击"表/查询"下拉式列表框右侧的向下箭头按钮中选择"表：教师基本信息表"，选择部分字段，单击 > 按钮将选中的字段移至"选定的字段"对话框中。

③ 单击"下一步"按钮，打开"窗体向导"第 2 个对话框，如图 5-15 所示。由于数据来源于两个表，所以该对话框要求确定窗体查看数据的方式，此处可以选择"通过部门表"，同时再单击"带有子窗体的窗体"选项。此时就可以决定以"部门表"作为最终显示的主窗体，"教师基本信息表"为子窗体，并且主窗体与子窗体的关系是嵌入式的。

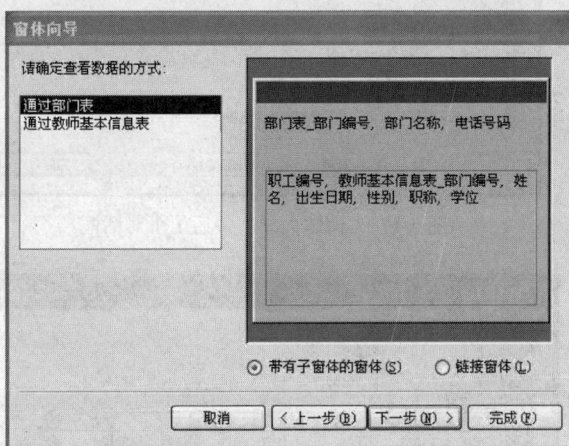

图 5-15　"窗体向导"第 2 个对话框

④ 单击"下一步"按钮，打开"窗体向导"的第 3 个对话框，如图 5-16 所示。该对话框要求选择子窗体的显示样式，共有 4 种："表格"、"数据表"、"数据透视表"、"数据透视图"。此处

选择"数据表"格式。

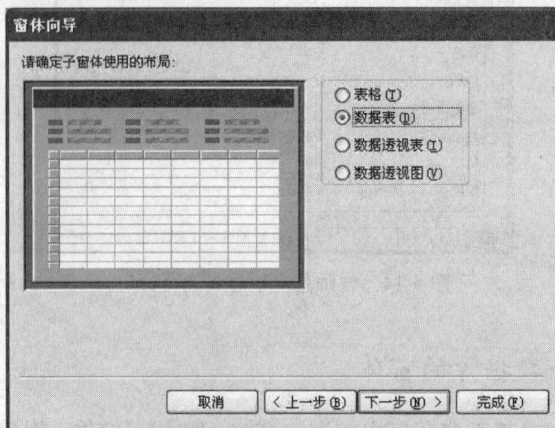

图 5-16   "窗体向导"第 3 个对话框

⑤ 单击"下一步"按钮，打开"窗体向导"第 4 个对话框，如图 5-12 所示。选择窗体需要显示的样式。

⑥ 单击"下一步"按钮，打开"窗体向导"最后 1 个对话框，如图 5-17 所示。在该对话框中分别输入主、子窗体的标题名，选择窗体打开的方法后单击"完成"按钮，所建的主窗体和子窗体则会同时显示在屏幕上，如图 5-18 所示。

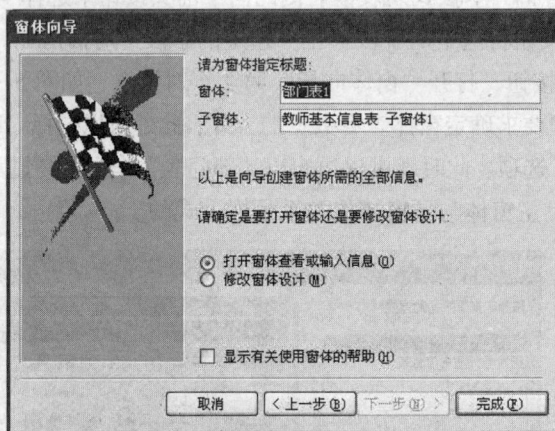

图 5-17   "窗体向导"最后 1 个对话框

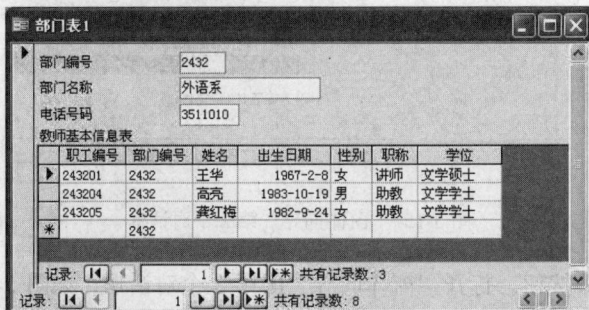

图 5-18   嵌入式主/子窗体

至此，已基本完成了利用向导创建基于多个数据源的窗体工作。创建链接式的主/子窗体方法与创建嵌入式的主/子窗体方法基本相同，只要在第 3 步的图 5-15 中选择"链接窗体"单选按钮即可，链接式的主/子窗体效果如图 5-19 所示。

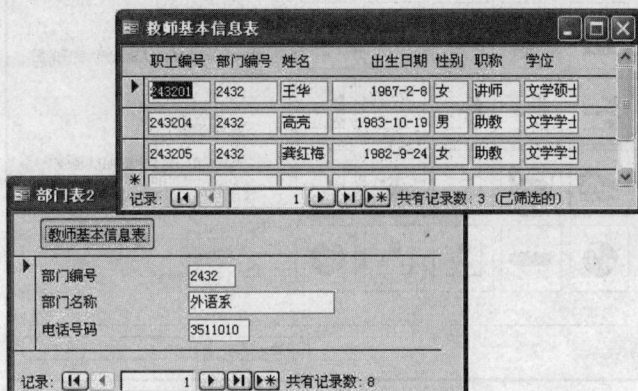

图 5-19   链接式主/子窗体

3. 创建图表窗体

以上所创建的窗体，大都以数据形式为主。为了使窗体更形象，或为了特殊需要，可以使用图表向导来创建带有图表的窗体。带有图表的窗体也大致分为 3 类：图表窗体、数据透视表窗体、数据透视图窗体。

① 图表窗体的建立。利用图 5-8"新建窗体"中的"图表向导"功能，再选择合适的数据源（如"工资表"）后，就可以打开"图表向导"的第 1 个对话框，如图 5-20 所示。在"可用字段"列表中分别选择需要用图表表示的字段，如"部门编号"、"基本工资"，单击 ⊡ 按钮，将字段放入"用于图表的字段"列中，单击"下一步"按钮，弹出图 5-21 所示的对话框。

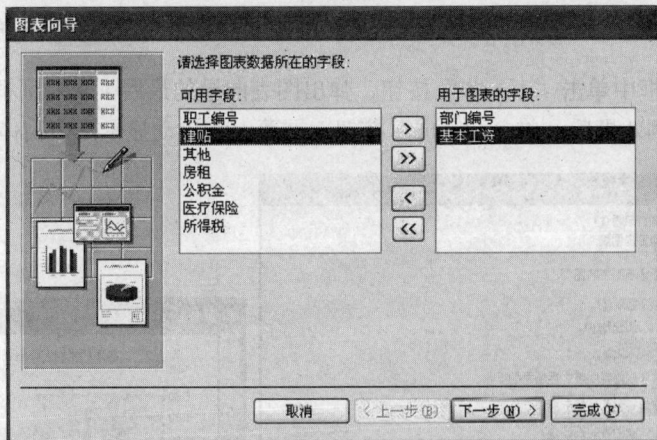

图 5-20   选择图表字段的对话框

选择合适的图表类型，如"三维柱形图"。单击"下一步"按钮后，出现图 5-22 所示的对话框。在此对话框中用户可以将右侧显示的字段按钮直接拖曳到示例图表中，以改变窗体布局。也可以直接双击左上角的"求和基本工资"按钮，弹出图 5-23 所示的对话框，进行选择后改变数据汇总的方式，如选择"平均值"后单击"确定"按钮退出，此时生成的图表则反映了各部门基本工资的平均水平。单击"预览图表"按钮可以查看图表效果。

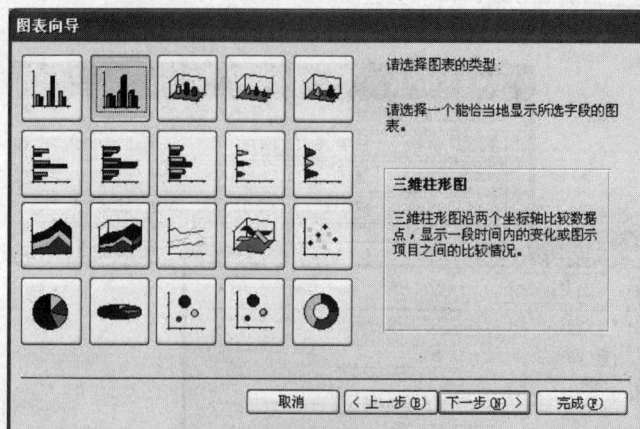

图 5-21　选择图表类型的对话框

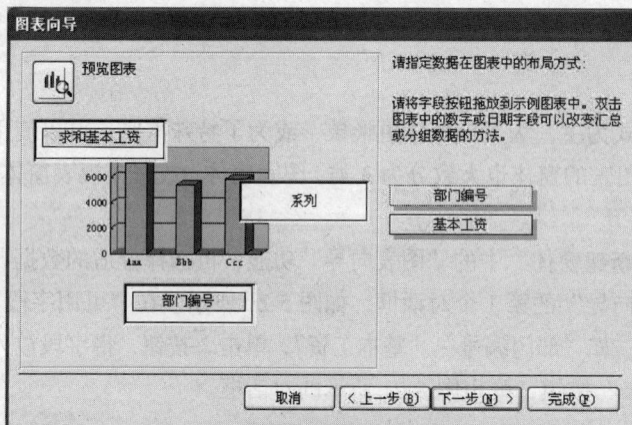

图 5-22　图表布局方式对话框

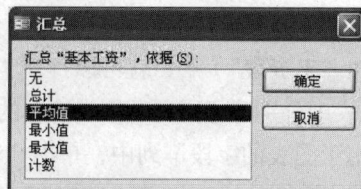

图 5-23　选择汇总方式对话框

在图 5-22 对话框中单击"下一步"按钮，弹出图表向导的最后 1 个对话框，如图 5-24 所示。修改图表标题和图例效果后，单击"完成"按钮，屏幕上将自动显示图表窗体，如图 5-25 所示。

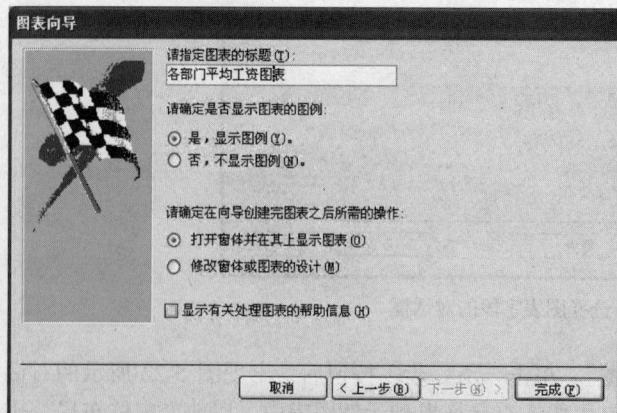

图 5-24　"图表向导"最后一个对话框

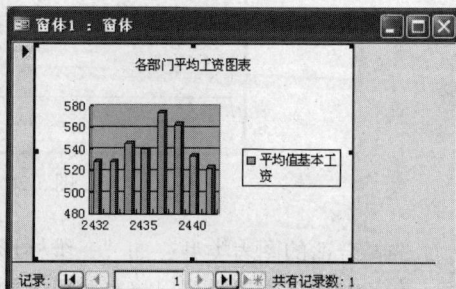

图 5-25　图表窗体

② 数据透视表窗体的建立。数据透视表主要用来对多个数据项进行汇总表示，建立时可用自动窗体功能，也可用向导功能。以下简单介绍利用向导功能建立数据透视表窗体的方法。

通过"新建窗体"选择"数据透视表向导"功能和数据源"教师基本信息表"，"确定"后出现透视表的介绍界面，单击"下一步"按钮后选择字段，如"部门编号"、"职称"、"学位"。单击"完成"后，出现图 5-26 所示的窗体。将"部门编号"拖曳到"行字段"处，"职称"拖曳到"列字段"处，"学位"拖曳到中间的"汇总或明细数据"处。最终效果如图 5-27 所示。在数据透视表中也可以对汇总项进行"计数"、"求和"等操作。

图 5-26　数据透视表向导对话框

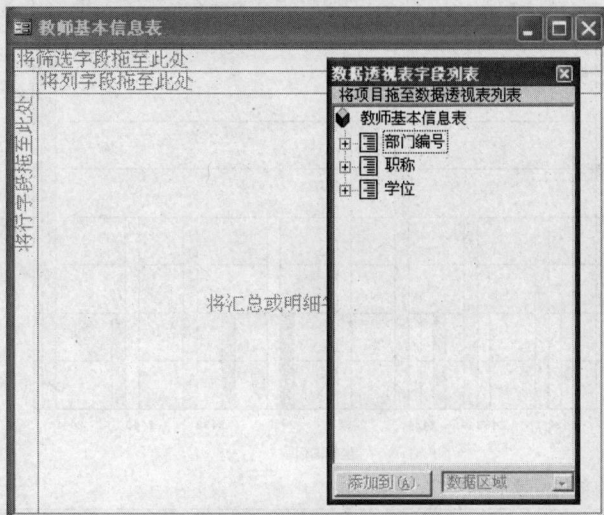

图 5-27　数据透视表窗体

③ 数据透视图窗体的建立。数据透视图与透视表功能差不多，只不过是将汇总项以图表的形式来显示。在上例中，单击菜单【视图】|【数据透视图视图】，将"部门编号"和"职称"分别作为分组项，将"学位"字段拖曳到图表中间，用来统计其个数，最终数据透视图效果如图 5-28 所示。鼠标右键单击"坐标轴标题"，选择"属性"命令，还可以修改坐标轴的标题内容。

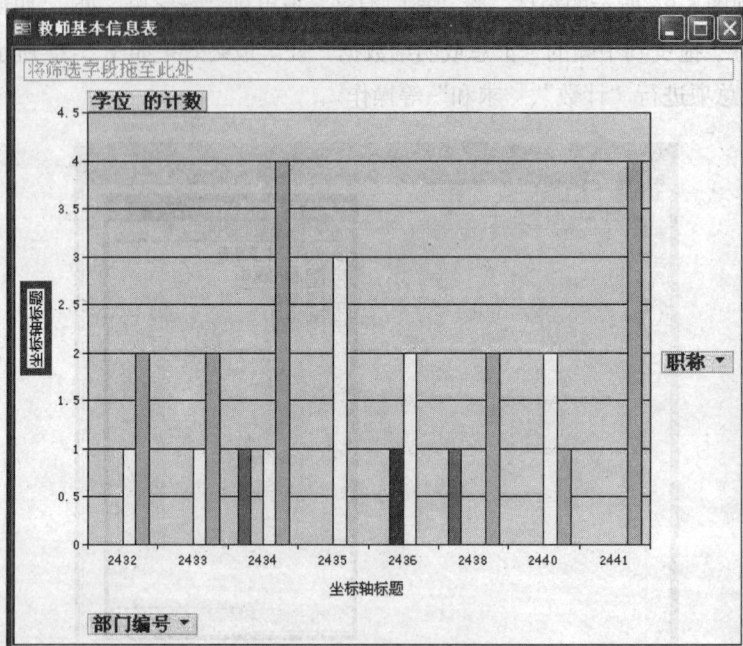

图 5-28　数据透视图窗体

（四）使用设计视图创建窗体

在创建窗体时，可以使用窗体向导，也可以使用设计视图。由于采用窗体向导创建的窗体样式比较单一，当需要设计一些复杂的、功能强大的窗体时，窗体向导就不能胜任了，此时可通过设计视图来实现。同时，使用设计视图也可以修改已经创建好的窗体。熟练掌握和使用设计视图，可以随心所欲地设计出具有 Windows 风格的各种用户界面。

1．窗体设计视图

进入设计视图的步骤如下所示。

① 打开要创建窗体的数据库，在"对象"列表中选择"窗体"选项，再选择"在设计视图中创建窗体"项。

② 单击该窗口的"新建"按钮，弹出"新建窗体"对话框。

③ 在数据的来源表或查询列表中选择与窗体关联的表或查询（如"教师基本信息表"），选择"设计视图"选项，单击"确定"按钮。

④ 弹出空白窗体，进入设计视图，如图 5-29 所示。

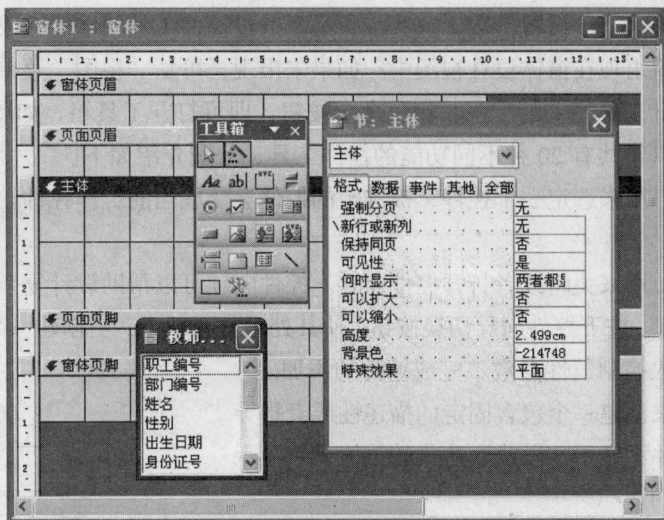

图 5-29　窗体设计视图

> **注意**　双击已建好的窗体，选择【视图】|【设计视图】，也可切换到设计视图状态，此时用户可以对窗体布局进行修改。

窗体设计视图除了主菜单和工具栏外，主要有窗体工作区、控件工具箱、属性窗口、字段列表 4 个部分组成。

2. 窗体工作区

窗体工作区由"主体"节、"窗体页眉"节、"窗体页脚"节、"页面页眉"节和"页面页脚"节构成。系统总是默认显示"主体"节。如果要显示其他的节，应从"视图"菜单中选择"窗体页眉/页脚"命令或"页面页眉/页脚"命令。

窗体页眉中显示的信息对每个记录而言都是一样的，例如显示窗体标题。在"窗体"视图中，窗体页眉出现在屏幕的顶部，而在打印的窗体中，窗体页眉出现在第 1 页的顶部。

页面页眉在每张打印页的顶部显示诸如标题或列表头的信息，页面页眉只出现在打印的窗体中。

主体节是窗体的主要组成部分，用于显示数据表的记录，或其他与数据表相关的信息或控件。主体节可以在屏幕或页面上显示一条记录，也可以根据屏幕或页面的大小显示多条记录。窗体设计的大部分工作都是在主体节中进行。

页面页脚在每张打印页的底部显示诸如日期或页号等信息。页面页脚只出现在打印的窗体中。

窗体页脚中显示的信息对每个记录而言都是一样的，其中包括命令按钮或窗体的使用说明等。在"窗体"视图中，窗体页脚出现在屏幕的底部；而在打印窗体时，窗体页脚出现在最后一条主体之后。

3. 窗体控件工具箱

在窗体的设计过程中，使用最频繁的是控件工具箱。在窗体设计视图上，挑选合适的控件、将控件放在窗体工作区上、设置参数，这些步骤都要通过控件工具箱才能完成。首次进入窗体设计视图时，工具箱将出现在窗体设计视图中。如果未出现，可从"视图"菜单中选择"工具箱"选项或单击窗体设计工具栏上的"工具箱"命令按钮，即可打开工具箱，如图 5-30 所示。

窗体的控件工具箱共有 20 种不同功能的控件工具，分别介绍如下。

（1）选择对象：用来选定一个控件，被选定的控件会变成当前工作控件。选择对象是打开工具箱时默认工具。

（2）控件向导：用来关闭或者打开控件向导。控件向导可以帮助设计复杂的控件，例如选项组、列表框和组合框。按下控件向导切换按钮，使其处于打开状态，当创建一个新的复杂控件时，控件向导将帮助输入控制属性参数，完成控件的添加。

（3）标签：用来创建一个包含固定的描述性或者指导性文本的框。标签并不显示字段或表达式的数值，它显示的内容是固定不变的。

（4）文本框：用来创建一个可以显示和编辑文本数据的框。如果文本框与某个字段中的数据相绑定，这种文本框类型称为绑定文本框，反之则称为未绑定文本框。例如，可以创建一个未绑定文本框来显示计算的结果或接收用户所输入的数据。在未绑定文本框中的数据不保存。

（5）选项组：用来创建一个大小可调整的框。在这个框中可以放入切换按钮、选项按钮或者复选框。选项组分别赋予组框中每一个对象一个特定的数值内容，使用其来

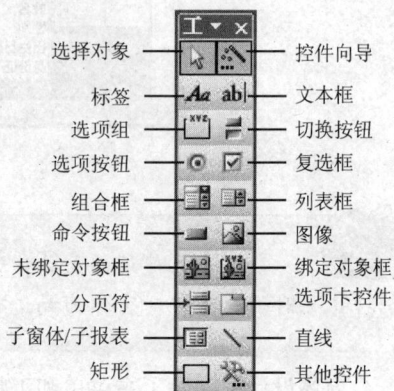

图 5-30　控件工具箱

显示一组限制性的选项值。选项组可以使选择变得很容易，因为只要单击所需的值即可。

（6）切换按钮：创建一个在单击时可以在开和关两种状态之间切换的按钮。开的状态对应于 Yes（-1），而关的状态对应于 No（0）。当在一个选项组中时，切换一个按钮到开的状态将导致以前所选的按钮切换到关的状态。可以使用切换按钮让用户在一组值中选择其中的一个，使数据的输入和显示更直接、容易。

（7）选项按钮：其行为和切换按钮相似，可以利用它在一组相互排斥值中进行选择，选项按钮作为单独的控件来显示基础记录源的"是/否"值。选项按钮是选项组中最常用的一种按钮。

（8）复选框：作为单独控件来显示基础表、查询或 SQL 语句中的"是/否"值。复选框是一个小方框，与选项按钮的区别是，选项按钮一次只能选择一组中的一项，复选框一次可以选择一组中的多项。

（9）组合框：用来创建一个带有可编辑文本框的组合框。组合框包含了一个可以编辑的文本框和一个含有可供选择的数据列表框。

（10）列表框：用来创建一个下拉列表。列表框和组合框非常相似，不同的是，列表框有固定的尺寸。列表框中的列表是由数据行组成的，列表框中可以有一个或多个字段，每栏的字段标题可以有也可以没有。

（11）命令按钮：用来创建一个命令按钮。当单击这个按钮时将触发一个事件，执行一个宏或 Access VBA 事件处理过程。例如，可以创建一个命令按钮来打开另一个窗体。

（12）图像：用来在窗体或者报表上显示一幅静态的图形，将其放置在窗体上后便无法对其进行编辑。该图形对象的内容可以来自一个表对象或查询对象，也可以是其他的数据来源。

（13）未绑定对象框：利用未绑定对象可以将具有"对象链接嵌入"（OLE）功能的声音、图像或图形的数据放入当前的窗体中，且此对象只是属于窗体的一部分，并不和窗体中其他对象有所关联。

（14）绑定对象框：可以将具有"对象链接嵌入"功能的声音、图像或图形的数据放入当前的窗体中，并和窗体中某一表对象或查询对象的数据有所关联。

（15）分页符：使打印机在窗体或者报表上分页符所在的位置开始新页。在窗体或者报表的运行模式下，分页符是不显示的。

（16）选项卡：插入一个选项卡控件，将创建带选项卡的窗体（选项卡控件看上去就像在属性窗口或者对话框中看到的标签页）。在一个选项卡控件的页上还可以包含其他绑定或未绑定控件。

（17）子窗体/子报表：分别用于向主窗体或报表添加子窗体或子报表。在使用该控件之前，要添加的子窗体或子报表必须已经存在。主要用来显示具有一对多关系的表或查询中的数据。

（18）直线：创建一条直线，可以重新定位和改变直线的长短。使用格式工具栏中的按钮或者属性对话框，还可以改变直线的颜色和粗细。

（19）矩形：创建一个矩形，可以改变其大小和位置。其边框颜色、宽度和矩形的填充色都可以用调色板中的选择来改变。矩形控件用于将一组相关的控件组织在一起，突出数据在窗体中的显示。

（20）其他控件：单击这个工具将打开一个可以在窗体或报表中使用的 ActiveX 控件的列表。

设置控件的操作十分简单，只需单击所选控件，将鼠标指针中的"+"字形状部分对准窗体区域，按住鼠标左键拖动即可在工作区加入控件。

4. 属性窗口

设计窗体的大多数工作是在窗体或窗体控件的属性窗口中完成的，因此用户必须熟悉属性窗口的各个组成部分及其功能和设置方法。在窗体的设计视图中如果没有出现窗体的属性窗口，可以单击窗体设计工具栏上的"属性"按钮，即可出现属性窗口，如图 5-31 所示。

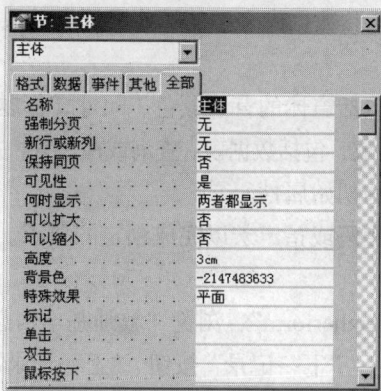

图 5-31　属性窗口

在属性窗口中，有 5 个选项卡，各选项卡的含义如下。

"格式"设置：显示所选对象的布局格式属性。

"数据"设置：显示所选对象如何显示和操作数据的方法。

"事件"设置：显示所选对象的方法程序和事件过程。

"其他"设置：显示与窗体相关的工具栏、菜单、帮助信息等属性。

"全部"设置：显示所选对象的全部属性、事件和方法程序的名称。

在页框选项卡的下面有一个属性设置框，当在属性列表框选择不同的属性时，该属性的值就显示在属性设置框中，在该框中可以更改属性的值。由于每一个属性的值都不相同，用户可单击属性设置框右边的按钮，从中选择或输入一个符合要求的属性值。

对于不同的窗体和控件对象，在属性窗口将显示当前对象所有的属性值和事件的当前设置值。默认情况下事件都空白显示，如果已为事件编写了程序代码或指定了宏，则显示内容为"（事件过程）"或宏名。

5. 字段列表

在设计视图状态下，当用户创建于某个表或查询的窗体时，通常要在窗体中显示相关表或查询的字段，如图 5-32 所示。

在新建窗体的设计视图状态下，当选定数据来源后，Access 2003 会根据用户的选择，自动弹出数据源列表，也可以单击窗体设计工具栏中的"字段列表"按钮 显示。如果要在窗体内创建一个控件来显示字段列表中的某一文本型字段的数据时，只要将该字段拖曳到窗体内，窗体便自动创建一个文本框控件与此字段关联。

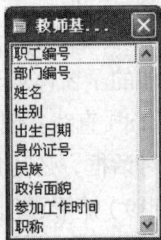

图 5-32　数据源字段列表

> 注意　只有当窗体绑定了数据源后，"字段列表"才有效。

6. 利用设计视图建立简单窗体

在设计窗体时，一般按照下面的步骤进行设计。

① 分析窗体需要实现的功能和数据库表中的哪些数据有关系，需要使用哪些控件来实现这些功能。

② 创建窗体，设置外观，包括窗体的背景颜色、尺寸、标题等。

③ 在窗体上添加所需要的对象，包括数据表、查询或控件等，并调整其位置、大小和整体布局。

④ 利用属性窗口设置对象的初始属性。

⑤ 为对象的事件编写程序代码或指定宏以完成预定的要求。

⑥ 保存窗体。

【例 5-1】创建一个窗体"teacherform"，浏览"教师基本信息表"中的内容。在窗体的下部有 4 个命令按钮："首记录"按钮、"下一记录"按钮、"上一记录"按钮和"尾记录"按钮，最终效果如图 5-33 所示。

设计步骤如下所示。

① 在数据库的对象列表中选择"窗体"选项。

② 单击"新建"按钮，系统弹出"新建窗体"对话框。在"新建窗体"对话框中选择"设计视图"，并在"请选择该对象数据的来源表或查询"组合框中选择"教师基本信息表"表，最后单

击"确定"按钮，进入窗体设计视图。

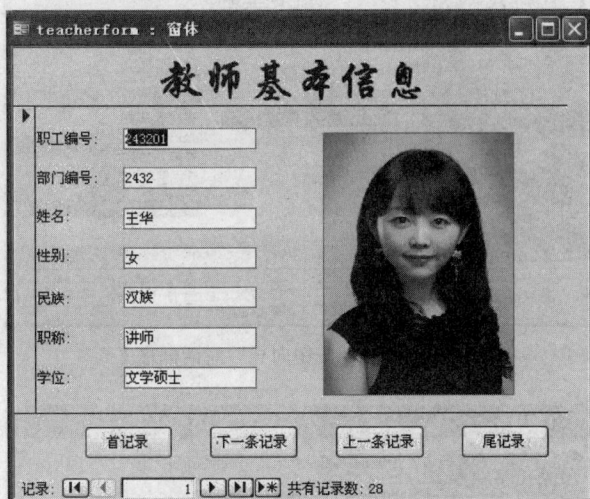

图 5-33　"teacherform"窗体

③ 在窗体设计视图中，拖曳字段列表窗口中的部分字段到窗体中，并利用"格式"菜单中的"对齐"和"大小"菜单项使其对齐并调整大小，鼠标右键单击窗体，选择"窗体页眉/页脚"命令。单击"工具箱"中的"标签"控件，在页眉中拖曳鼠标，拉出矩形框，在其中输入"教师基本信息"，并调整其大小，如图 5-34 所示。

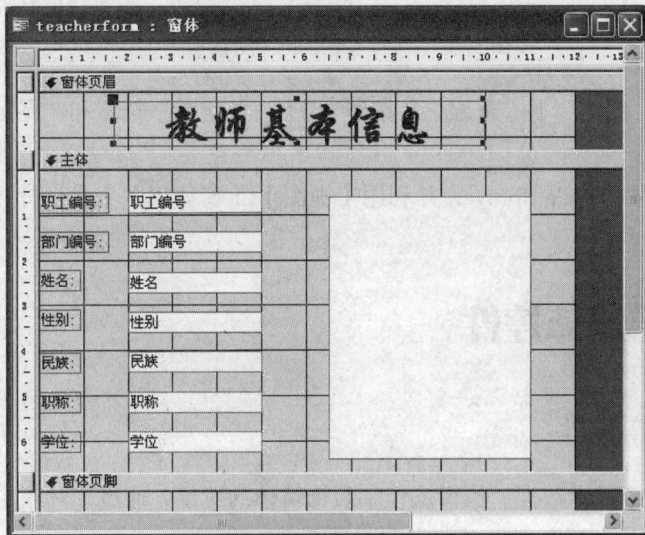

图 5-34　设计视图窗体

④ 在工具箱上选择"命令按钮"控件，在窗体的"窗体页脚"部分单击，系统弹出"命令按钮向导"的第 1 个对话框，如图 5-35 所示。在"类别"列表框中选择"记录导航"，在"操作"列表框中选择"转至第一项记录"，单击"下一步"按钮，系统弹出"命令按钮向导"的第 2 个对话框，如图 5-36 所示。选择"文本"单选项，并在右边的文本框中输入"首记录"，最后单击"完成"按钮，在窗体上即创建"首记录"命令按钮。

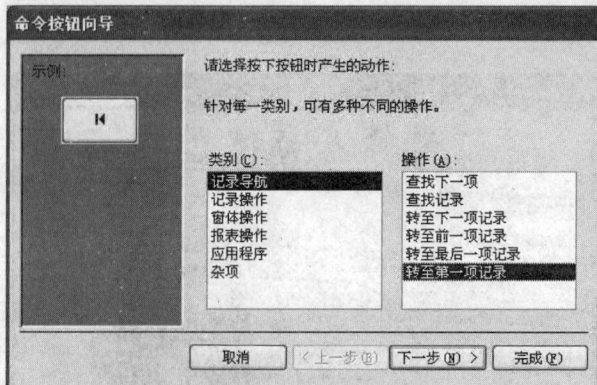

图 5-35 "命令按钮向导"对话框之 1

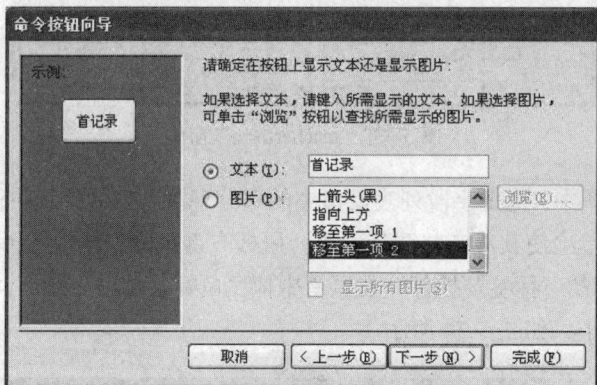

图 5-36 "命令按钮向导"对话框之 2

⑤ 重复步骤④，创建"下一条记录"按钮、"上一条记录"按钮和"尾记录"按钮，调整其位置使其对齐。

⑥ 保存该窗体为"teacherform"，并利用【视图】|【窗体视图】命令打开该窗体，查看设计效果。

任务二　使用窗体控件

（一）认识常用控件

控件是窗体上用于显示数据、执行操作、装饰窗体的对象，通过工具箱（见图 5-30）可以进行访问。控件的种类分为绑定型、未绑定型与计算型 3 种。

添加绑定型控件只需将字段列表框中相应的字段拖曳到窗体设计区的相应位置即可，窗体中便添加了文本框和标签。文本框包含表或查询字段中的数据，而标签提供数据的说明，通常使用字段的名称。一般该类控件用来显示、输入、更新数据库中的字段。

未绑定型控件没有数据来源，可以用来显示信息。添加该类控件要使用工具箱。在工具箱中选择相应的控件后，将鼠标指针拖到指定的位置即可。未绑定型控件包括直线、矩形、按钮、标签等控件。

　　计算型控件用表达式作为数据源，表达式可以利用窗体或报表所引用的表或查询字段中的数据，也可以是窗体或报表上的其他控件中的数据。表达式以等号开始，并使用最基本的运算符。添加计算型控件有两种方式，如果控件是文本框，可直接在控件中输入计算表达式；另一种方式是用表达式生成器来完成。

　　下面对 Access 2003 中常用的控件进行一些介绍。

1．标签控件

　　标签控件主要用来在窗体或报表上显示说明性文本。标签不显示字段或表达式的数值，没有数据来源，属于未绑定型控件。它常用的属性有下面 3 种。

　　标题：用来表示标签中所显示的内容。

　　背景样式：用来表示标签的显示效果。

　　字体、字号：用来表示标签中的字体效果。

2．文本框控件

　　该控件主要用来输入或编辑数据，是一种交互式控件。它可以与数据源绑定，也可单独使用。单击工具箱中的 [ab] 按钮，在窗体合适的位置拖动，就会产生文本框向导，如图 5-37 所示。根据向导的提示进行相应的属性设置，完成后，窗体中将会出现图 5-38 所示的控件对象。此时系统会自动添加标签控件，用来说明文本框的内容。单击标签控件左上角的黑色方块，选中标签，可单独对标签进行处理，如移动或删除。鼠标右键单击文本框控件，选择属性，可对文本框进行修改。

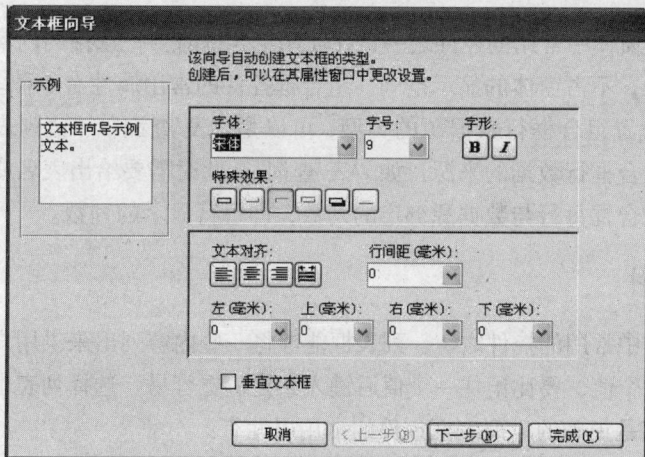

图 5-37　文本框向导

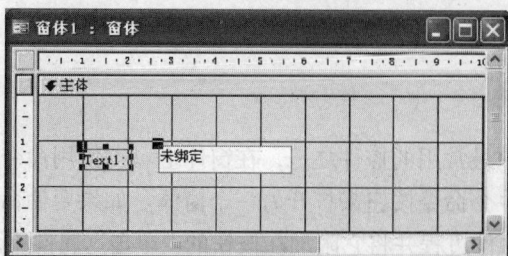

图 5-38　文本框控件

91

文本框常用的属性有 2 种。

格式：用来修改文本框的显示格式。

控件来源：主要用来绑定数据源或通过"表达式生成器"输入表达式。

3. 复选框、切换按钮、选项按钮控件

复选框、切换按钮、选项按钮是作为单独控件来显示表或查询中的"是"或"否"的值。当选中复选框或选项按钮时，设置为"是"，如不选则为"否"。对于切换按钮，如果按下切换按钮，其值为"是"，否则为"否"。

4. 选项组控件

选项组控件是窗体中常用的控件之一，使用选项组来显示一组限制性的选项值。选项组可以使选择值变得很容易，因为只要单击所需的值。在选项组中每次只能选择一个选项。选项组控件包含一个组框和一系列复选框、选项按钮和切换按钮。选项组常用的属性有：

控件来源：设置与选项组绑定的表字段，即数据源。注意只有组框架本身绑定到此字段，组框架内的复选框、选项按钮或切换按钮并不绑定数据源。

选项值：选项组所绑定的字段值只能为数字，因为选项组的值只能是数字，而不能是文本。

默认值：设置在默认情况下选项组的值。

特殊效果：设置选项组的外观样式，有平面、蚀刻、凹陷、凸起和阴影 5 种效果。

5. 组合框控件

组合框控件也是窗体中常用的控件之一，在使用组合框时要把选择的内容列表显示出来，平时则将内容隐藏起来，不占窗体的显示空间。组合框控件的常用属性有 3 种。

行来源类型：设置组合框行数据源的类型，可以是"表/查询"、"值列表"或"字段列表"。

行来源：设置组合框行数据的来源，如"表/查询"，此时需要给出表名或查询。

绑定列：设置组合框每行与数据源绑定的列数，即每行显示的列数。

6. 列表框控件

列表框也是窗体中常用的控件之一，列表框能够将一些内容列出来供用户选择。在许多情况下，从列表中选择一个值，要比记住一个值后键入它更快更容易。选择列表也可以帮助用户确保在字段之中输入的值是正确的。列表框控件的常用属性有：

行来源类型：设置列表框行数据源的类型，可以是"表/查询"、"值列表"或"字段列表"。

行来源：设置列表框行数据来源，如果是"表/查询"，需要给出表名或查询。

列数：设置列表框每行显示的列数。

7. 命令按钮的功能

命令按钮控件是窗体中最常用的控件之一，在窗体上可以使用命令按钮来执行某个操作或某些操作。例如，可以创建一个命令按钮来打开另一个窗体。如果要使命令按钮执行窗体中的某个事件，可编写相应的宏或事件过程并将它附加在按钮的"单击"属性中。Access 2003 在命令按钮向导中提供了 6 种类别 30 多种操作的命令按钮。命令按钮的常用属性有 3 种。

标题：设置命令按钮上的显示文本。

是否有效：命令按钮能否使用。

单击：指定单击命令按钮时应执行的事件过程或宏。

8. 选项卡控件

当窗体中的内容较多无法在一页全部显示时，可以使用选项卡进行分页，操作时只需要单击选项卡上的标签，就可以在多个页面间进行切换。

（二）布局窗体控件

窗体的布局主要取决于窗体中的控件。Access 2003 将窗体中的每个控件都看作是一个独立的对象，用户可以使用鼠标单击控件来选择它，被选中的控件四周将出现小方块状的控制句柄。在窗体中的添加了控件后，有时需要对控件进行更改和设置，从而达到更完美的效果。在窗体中，对控件可做如下操作。

- 移动控件或改变控件大小：将鼠标放置在控件左上角的移动控制句柄上拖曳来移动控件或在控制句柄上拖曳以调整控件的大小。
- 删除控件：选中要删除的控件，按 Del 键，或单击"编辑"菜单下的"删除"命令。如果只想删除控件中附加的标签，可以只单击该标签，然后按 Delete 键。
- 通过属性窗口修改控件的相关属性：选中控件，鼠标右键单击选择"属性"命令。

在窗体或控件的属性窗口，有很多属性在设计窗体和创建控件时需要根据实际情况进行设置，下面介绍一些窗体和窗体控件的常用属性。

1. 窗体常用属性

- 标题：它指定出现在窗体标题栏中的标题。在使用窗体向导创建窗体时，要改变窗体标题栏中的标题，必须在该属性中更改标题名。
- 记录源：设置窗体的数据来源，也就是绑定的数据表或查询。
- 默认视图：设置窗体的显示形式，有"单一窗体"、"连续窗体"、"数据表"。
- 滚动条：设置窗体是否具有滚动条，有"两者均无"、"只水平"、"只垂直"和"两者都有"4 个属性值。
- 记录选择器，导航按钮，分割线，自动居中：分别设置是否显示记录选择器，是否显示导航按钮，是否显示分割线，是否显示在桌面的中间。
- 允许编辑，允许添加，允许删除：设置窗体是否允许修改、添加和删除操作。
- 数据输入：设置为"是"，则打开的窗体显示一条空记录。设置为"否"，则显示已有记录。

2. 控件常用属性

- 名称：设置控件的名称。一般采用英文，使用有意义的缩写。
- 控件来源：该属性告诉控件在什么地方可得到控件中显示的数据源。也可以直接为控件来源属性输入表达式，或鼠标右键单击该属性并从快捷菜单中选择"生成器"来显示出"表达式生成器"。
- 输入掩码：可以使用该属性确定"输入掩码"，即将数据输入到控件中时必须采用的格式。

- 默认值：使用该属性可以定义控件的默认值。当新记录被添加到窗体时，默认值就出现在由控件使用的字段中，用户可以根据需要对它进行修改或者直接使用，也可以在表设计阶段建立默认值，这些默认值将一直有效。
- 可见性，可用：设置控件是否可见，是否可用。
- 何时显示：该属性决定对象或整个窗体部分在何时显示或打印。可以把这些属性值设置成"两者都显示"、"只打印显示"或"只屏幕显示"。
- 是否有效/是否锁定：可以用这些属性来决定是否接受"焦点"（就是用户可将插入点移到控件中）以及用户是否可以编辑控件中的数据。把"是否有效"属性设置为"是"，可以允许把焦点放到控件中，反之不允许把焦点放到控件中。当"是否锁定"属性被设置成"是"时，该属性就不允许在控件中编辑数据。
- 可以扩大和可以缩小：该属性用于确定是否允许控件根据需要增大或缩小以适应控件中的数据。把"可以扩大"属性设置为"是"，可使控件增大尺寸以适应数据；把"可以缩小"属性设置成"是"，可在控件中的数据不能充满整个控件时缩小控件尺寸。
- 图片：设置控件的背景图片。
- 宽度，高度：分别设置控件的宽度和高度。
- 前景色，字体名称，字号，字体粗细，倾斜字体，下划线：分别设置控件中的字体颜色、字体名称、大小、粗细、是否倾斜字体、文字是否有下划线。

3. 窗体和控件的事件

窗体和控件都有各种可触发的事件，可以通过窗体和控件的"属性"窗口中的"事件"选项设置。

常用的窗体和控件事件。

① 键盘事件：通过键盘操作所触发的事件。
- "键按下"：当窗体或者控件获得焦点时，按下任何键触发事件。
- "键释放"：当窗体或者控件获得焦点时，松开按下的任何键触发事件。

② 鼠标事件：通过鼠标操作所触发的事件。
- "单击"：通过鼠标在窗体或控件上单击触发事件。
- "双击"：通过鼠标在窗体或控件上双击触发事件。
- "鼠标按下"：当鼠标在窗体或者控件上时按下左键触发事件。
- "鼠标释放"：当鼠标在窗体或者控件上时，松开按下的鼠标键触发事件。

③ 操作事件：通过对数据的操作所触发的事件。
- "删除"：当通过窗体删除记录时触发。
- "插入前"：当通过窗体插入记录时，键入第一个字符时触发。
- "插入后"：当通过窗体插入记录时，记录保存到数据库中后触发。

（三）设置窗体控件属性

利用窗体的"设计"视图进行设计时，需要用到各种各样的控件。下面结合实例介绍如何创建控件。

【例 5-2】利用窗体的"设计"视图，创建一个窗体"教师信息浏览"。要求分两页，一页能浏览"教师的基本信息",另一页能浏览"教师的工资情况"。窗体的最终效果如图 5-39 和图 5-40 所示。

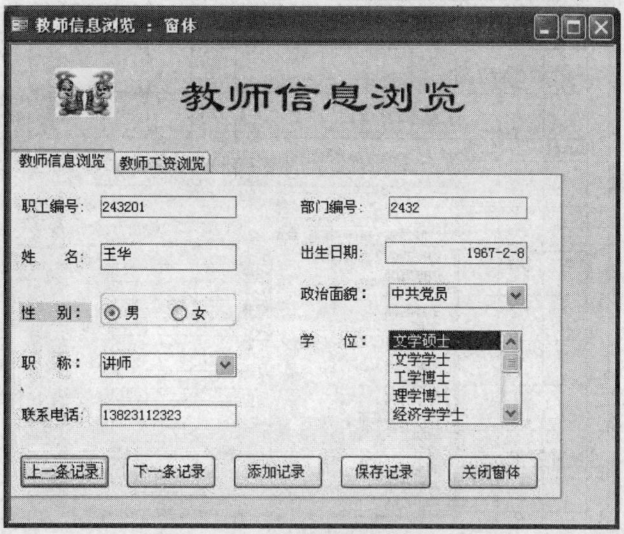

图 5-39 "教师信息浏览"窗体 1

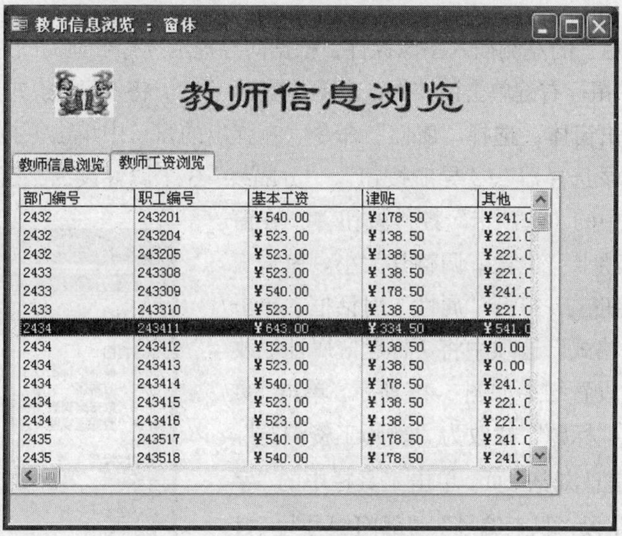

图 5-40 "教师信息浏览"窗体 2

设计步骤如下所示。

（1）打开"教师信息"数据库，单击"窗体"对象，单击"新建"按钮，打开"新建窗体"对话框。在该对话框中选择"设计视图"选项，在"请选择该对象数据的来源表或查询"列表中选择"教师基本信息"，然后单击"确定"按钮，打开窗体"设计"视图。确保工具箱中的"控件向导"工具 已按下，此时使用控件时就会出现向导提示。

（2）在"主体"节上鼠标右键单击，选中"窗体页眉/页脚"，调整各部分的大小。

（3）单击"标签"控件，在窗体页眉中拖曳鼠标，拉出矩形框，输入文字"教师信息浏览"。选中该控件，鼠标右键单击，利用【属性】窗口设置字体为"隶书"、字号"30"、文本对齐为"居中"，如图 5-41 所示。

图 5-41 标签控件的属性设置

（4）在"窗体页眉"的左侧插入图像控件，根据向导提示选择合适的图片（也可在属性窗口的"图片"属性中选择）。鼠标右键单击该控件，选择"属性"命令，将"缩放模式"属性修改为"缩放"。

（5）鼠标右键单击窗体，选择"属性"命令。在弹出的窗口中单击下拉列表，选择"窗体"。将"格式"中的"记录选择器"、"导航按钮"、"分隔线"3 个属性设为"否"，如图 5-42 所示。

（6）单击工具箱中的"选项卡"控件按钮，在窗体上单击要放置"选项卡"位置，调整其大小。单击工具栏中的"属性"按钮，打开"属性"对话框。单击选项卡"页 1"，在"格式"选项中将"标题"属性栏改为"教师信息浏览"，设置结果如图 5-43 所示。单击"页2"，用同样的方法将"标题"栏改为"教师工资浏览"。

（7）选择"教师信息浏览"页。单击工具栏中的"字段列表"按钮，将字段"职工编号"、"部门编号"、"姓名"、"出生日期"、"联系电话"拖曳到窗体的合适位置。

（8）单击"选项组"按钮，在"主体"节的合适位置处拉出矩形框，系统弹出"选项组向导"，如图 5-44所示。

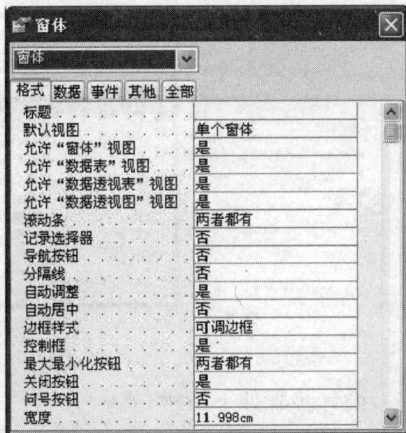

图 5-42 窗体属性设置

（9）单击"下一步"按钮，选择"男"为窗体的默认选项。单击"下一步"按钮，为每个选项赋值，此处将"男"选项值改为 0、"女"选项值改为 1，如图 5-45 所示。

> **注意**
> 此处的选项值应与数据表的记录值一致。如果数据表中"性别"字段采用的是中文汉字表示（如"男"或"女"），用选项组表示时将不能正常显示，此时需要将数据表中的字段进行修改。

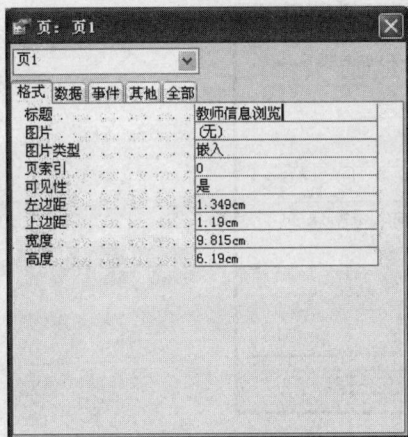

图 5-43　"页"格式属性设置

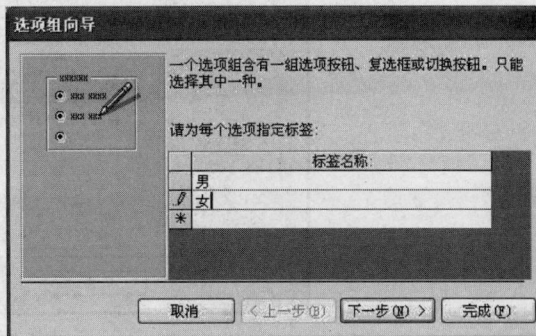

图 5-44　"选项组"控件向导 1

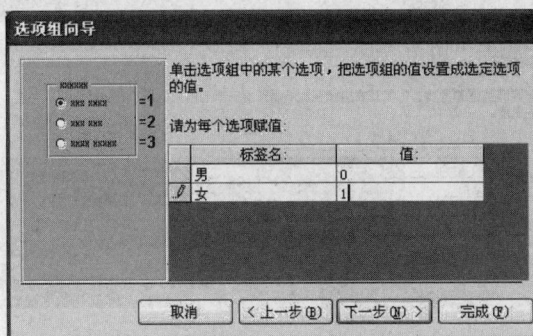

图 5-45　"选项组"控件向导 2

（10）"下一步"后选择用"性别"字段保存该选项的值，如图 5-46 所示。单击"下一步"按钮后，选择选项组中的控件类型和样式。"下一步"后为选项组指定标题名"性别"，单击"完成"按钮后，窗体上出现选项按钮，将其调整位置和大小。

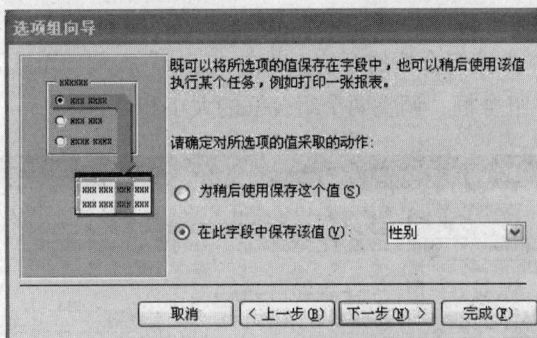

图 5-46　"选项组"控件向导 3

（11）单击"组合框"控件按钮，在窗体上单击要放置"组合框"的位置，打开"组合框向导"的第 1 个对话框，如图 5-47 所示。在该对话框中，选择"自行键入所需的值"。

（12）单击"下一步"按钮，打开"组合框向导"的第 2 个对话框。在"第 1 列"列表中依次输入"中共党员"、"共青团员"、"群众"，每输完一个值，按 Tab 键。设置后的结果如图 5-48 所示。

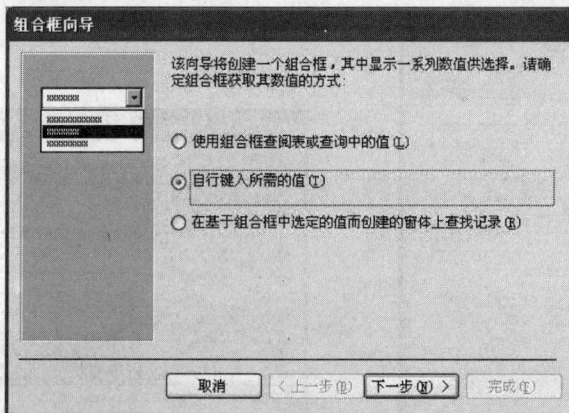

图 5-47   "组合框"控件向导 1

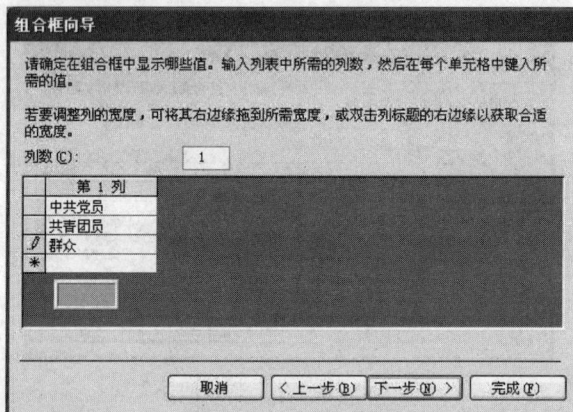

图 5-48   "组合框"控件向导 2

（13）单击"下一步"按钮，打开"组合框向导"的第 3 个对话框，选择"将该数值保存在这个字段"单选按钮，并单击右侧向下箭头按钮，从打开的下拉列表中，选择"政治面貌"字段，设置结果如图 5-49 所示。单击"下一步"按钮，在打开的对话框的"请为组合框指定标签"文本框中输入"政治面貌"，作为该组合框的标签。单击"完成"按钮。至此，组合框创建完成。利用同样的方法创建"职称"组合框，调整两个组合框的大小和位置。

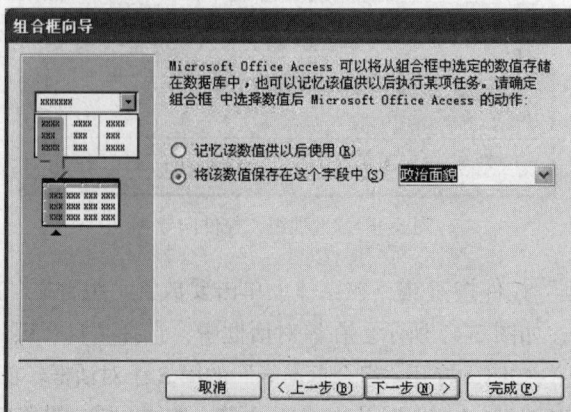

图 5-49   "组合框"控件向导 3

（14）单击工具箱中的"列表框"工具按钮，在窗体上单击要放置的列表框的位置，打开"列表框向导"第 1 个对话框，界面如组合框向导，选择"自行输入所需的值"单选按钮。单击"下一步"按钮后，在列表中输入各位教师的学位"文学硕士"、"文学学士"、"工学博士"、"理学博士"、"经济学学士"、"经济学硕士"、"教育学学士"、"理学学士"、"工学学士"，如图 5-50 所示。

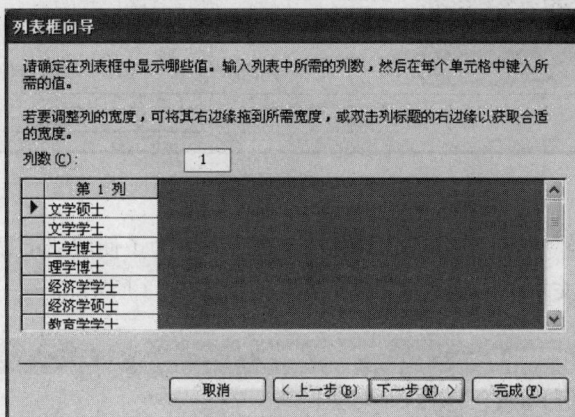

图 5-50　"列表框"控件向导

（15）单击"下一步"按钮，将该值保存在"学位"字段中，然后再为列表框指定标签："学位"，单击"完成"后即可。创建效果如图 5-51 所示。

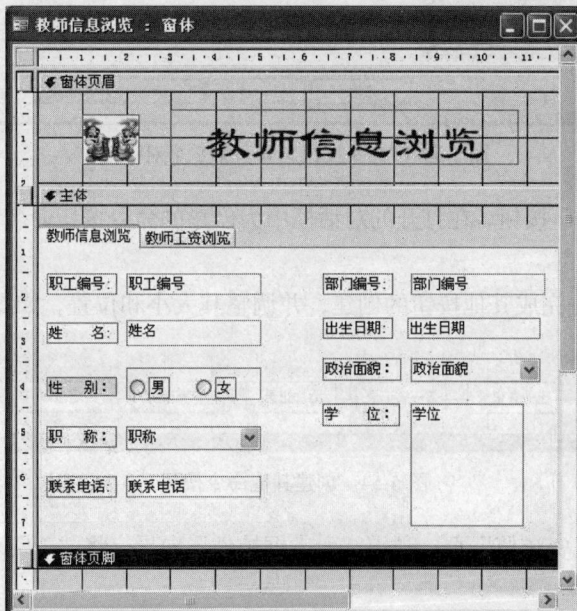

图 5-51　创建"列表框"

（16）单击工具箱中的"命令按钮"，在窗体合适的位置处单击，打开"命令按钮"向导，如图 5-52 所示。先在"类别"框中选择"记录操作"，再在"操作"框中选择"添加新记录"。

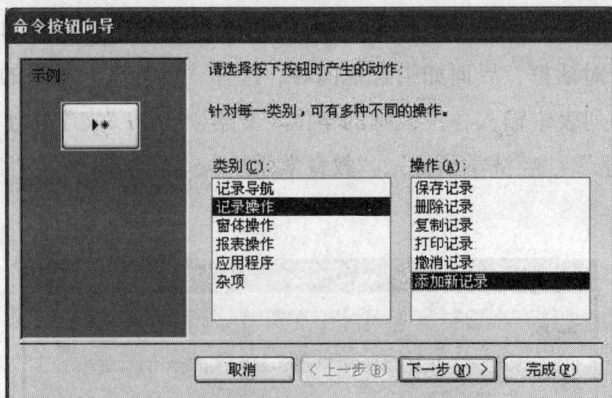

图 5-52　"命令按钮向导"第 1 个对话框

（17）单击"下一步"按钮，打开第 2 个向导对话框。为了使按钮上显示文本，单击"文本"单选按钮，并在其后的文本框内输入"添加记录"，如图 5-53 所示。

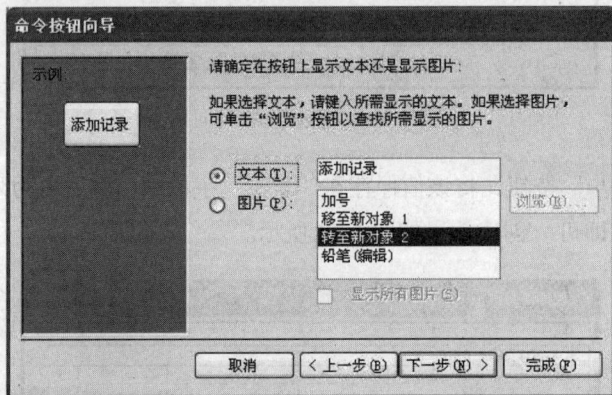

图 5-53　"命令按钮向导"第 2 个对话框

（18）单击"下一步"按钮，在打开的对话框中为创建的命令按钮命名，以便编程时引用。单击"完成"按钮创建结束。

（19）用同样的方法完成其他按钮的创建，并调整其大小和位置，如图 5-54 所示。

图 5-54　创建其他命令按钮

（20）单击"教师工资浏览"页，利用"列表框控件"向导，将"工资表"中的内容显示在该页中，如图 5-55 所示。

（21）删除列表框的标签"部门编号 1"，并适当调整列表框的大小。如果希望将列表框中的列标题显示出来，单击"属性"对话框中的"格式"选项卡，在"列标题"属性行中选择"是"，如图 5-56 所示。

（22）单击工具栏上的"窗体视图"按钮 ▦▾ 切换到"窗体"视图，显示如图 5-39、图 5-40 所示的设计效果。如果不满意，可单击"设计视图"按钮 ⬚▾ 切换到"设计"视图继续修改，否则单击保存按钮，弹出图 5-57 的"另存为"对话框，将窗体名称改为"教师信息浏览"，单击"确定"按钮，该窗体将被保存。至此，整个窗体设计工作完成。

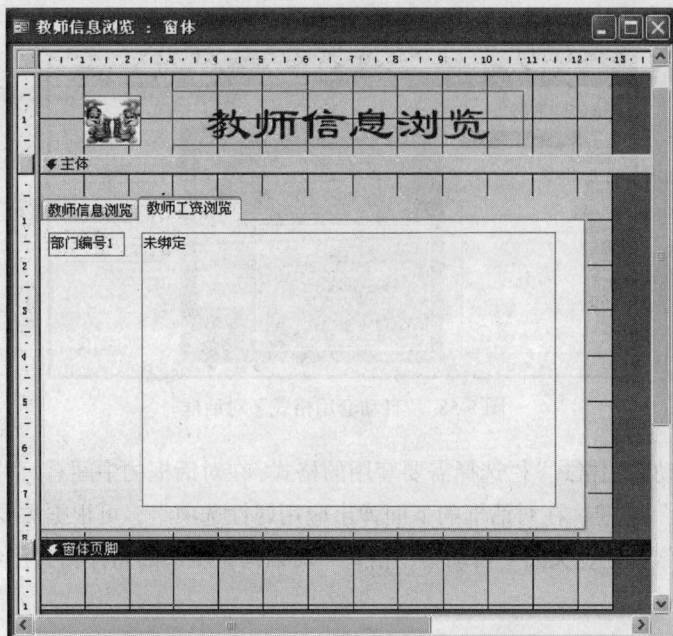

图 5-55 "教师工资浏览"页中的"列表框"创建

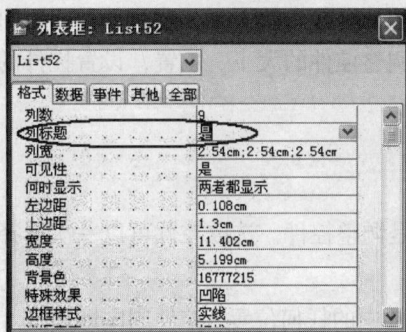

图 5-56 "列表框控件"的属性

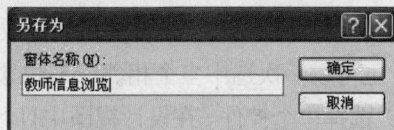

图 5-57 "另存为"对话框

任务三 修饰窗体

（一）使用自动套用格式

Access 2003 提供了 10 种窗体的主题格式，包括窗体的背景、前景颜色，控件的字体、颜色和边框。用户在创建窗体时可以直接套用某个主题的全部格式或套用某个主题的部分格式，如窗体的背景、控件的字体和边框等。为了创建统一格式的多个窗体，用户也可以自己创建一种窗体格式，在创建窗体时套用自己创建的格式，就可以把多个窗体创建成某种自定义的统一格式。

使用自动套用格式的步骤如下所示。

① 用设计视图打开需要套用格式的窗体。

② 选择"格式"菜单中的"自动套用格式"选项，弹出"自动套用格式"对话框，如图 5-58 所示。

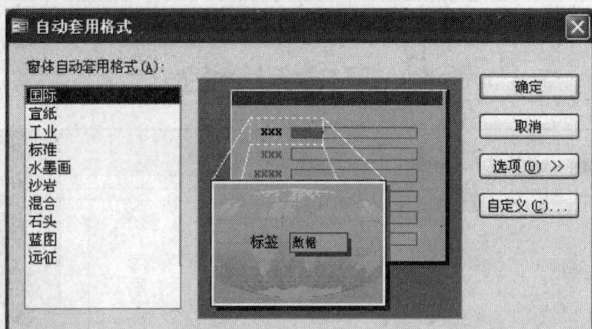

图 5-58　"自动套用格式"对话框

③ 在"窗体自动套用格式"栏选择需要套用的格式，在对话框的中间有每种格式的预览效果。

④ 单击"选项"按钮，在对话框的下面弹出应用属性选项组，可根据需要选择套用的格式。

⑤ 单击"确定"按钮，关闭"自动套用格式"对话框，所选的窗体格式已经被修改为套用的格式。

（二）修饰窗体的外观

在使用设计视图完成窗体的初步设计后，窗体中的控件可能参差不齐，这时就需要对窗体的外观进行修饰，使其美观大方、有立体感。下面将介绍调整控件的大小、位置，设置控件的特殊效果以及文字的方法。

1. 调整控件的大小和位置

调整控件的大小和位置首先需要选取控件，其次才是调整控件。选取控件可以一次选择一个控件，也可以一次选中多个相邻或不相邻的控件。

① 选择单个控件。在设计视图中打开窗体。单击控件中的任何位置，控件周围即出现 8 个黑色的控制块，表示该控件被选中。

② 选择多个相邻的控件。在设计视图中打开窗体。从控件以外的任何一点开始，按下鼠标拖曳成一个矩形，使要选取的控件包含在矩形之中，多个相邻的控件即被选中。

③ 选择多个不相邻的控件。

在窗体的设计视图中，按下【Shift】键，再用鼠标逐个单击需要被选中的控件，多个不相邻的控件即被选中。

④ 调整控件的大小。在窗体的设计视图中，选择要调整的控件，将鼠标指针放在 8 个控制块的某个块上，当光标变成双箭头时，拖曳控制块即可以调整控件的大小。

⑤ 移动控件。选中控件之后，可以拖曳控件调整控件的布局。拖曳控件时可以将控件及其附属的标签一块移动，也可以单独移动。有以下两种移动控件的方法：

● 选中控件，待出现 8 个控制块后，将鼠标放在控件左上角的定位块上，当光标形状变成向上指的形状时，可拖曳定位块来调整单个控件的位置。

● 选中控件，待出现 8 个控制块后，将鼠标指针放在控件的边框上，当光标变成张开的手掌时，可直接拖曳包括附属标签在内的整个控件到合适的位置。

⑥ 对齐控件。当需要精确地调整控件之间的相对位置时，手动调整不但费时，而且也不容易调整精确，Access 2003 提供的自动对齐控件功能可以帮助快速调整控件的位置。

选中控件。单击"格式"菜单中的"对齐"选项，有 5 种对齐方式可供选择，如图 5-59 所示。

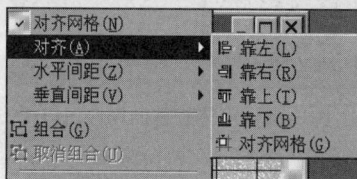

图 5-59 控件的"对齐"菜单项

此外，在"格式"菜单的"水平间距"子菜单中，Access 2003 也提供了 3 种方式，即"相同"、"增加"或"减少" 3 项来调整控件之间的水平距离。在"格式"菜单中的"垂直间距"子菜单中，Access 2003 也提供了 3 种方式，即"相同"、"增加"或"减少" 3 项来调整控件之间的垂直距离。

2. 修饰控件外观

① 设置控件的特殊效果。Access 为控件提供了凹陷、凸起、平面、蚀刻、阴影和凿痕 6 种不同的特殊显示效果供用户选择。

在窗体的设计视图中选中控件，单击鼠标右键。在弹出的快捷菜单中选择"特殊效果"级联菜单中的一种，如图 5-60 所示。

② 更改控件边框的宽度。在窗体的设计视图中选中控件。在"格式（窗体/报表）"工具栏中，单击"线条/边框宽度"旁的向下箭头按钮，弹出线条和边框级联菜单，如图 5-61 所示，选择一种线条宽度即可。

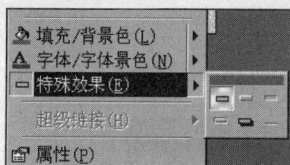

图 5-60 控件的"特殊效果"菜单项

图 5-61 线条/边框宽度列表

3. 美化文字

在窗体中，控件的字体、字号、颜色和对齐方式等是可以根据需要设置和改变的，其操作步骤如下所示。

① 选定控件。

② 选择"视图"菜单的"属性"选项，弹出控件的属性窗口。

③ 在属性窗口中选择"格式"选项卡，调整垂直滚动条，即可看到控件的"字体名称"、"字体大小"、"字体粗细"等属性，如图 5-62 所示，即可以根据需要设置控件的字体属性。

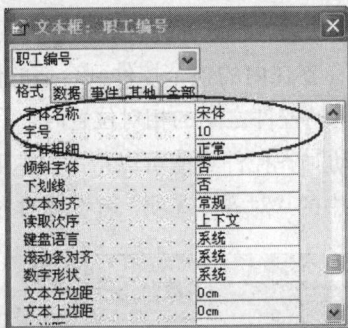

图 5-62　窗体控件的属性窗口

项目实训

实训一　创建学生信息浏览窗体

打开数据库"教务管理系统.mdb"，通过设计视图创建"学生信息浏览"窗体，如图 5-63 所示。主要操作步骤如下：

1. 利用设计视图创建一个空白窗体，为窗体设置"记录源"为"学生表"。

2. 在窗体中添加字段并调整控件位置和大小。

3. 设置窗体属性：窗体标题为"学生信息浏览窗体"；设置窗体其他属性如："滚动条"属性设置为"两者均无"；"记录选定器"、"导航按钮"、"分隔线"、"最大最小化按钮"、"关闭按钮"属性都设置为"无"。

4. 在窗体页眉中创建标签控件，将标签控件的标题属性改为"学生信息浏览"；并设置其字体等相关属性。

5. 打开控件工具箱，在窗体加入矩形框，如图 5-63 所示（框住所有控件），并将矩形控件的"特殊效果"属性设为"凸起"。

6. 在窗体页脚中也加入一个矩形框控件，如图 5-63 所示。

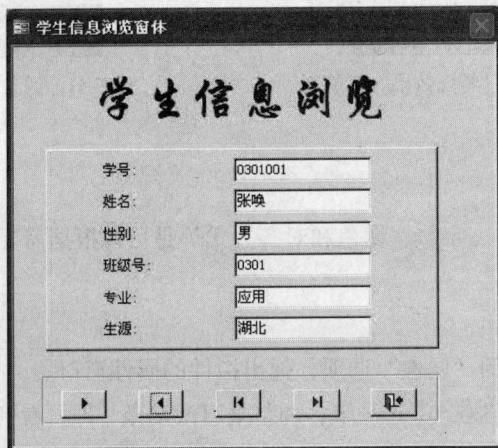

图 5-63　实训一窗体的最终效果

7．使控件向导处于选中状态，在矩形框中创建命令按钮，在"命令按钮向导"对话框中选择"记录导航"类别，选择"转至下一项记录"操作，选图片样式。

8．用同样的方法创建其他四个命令按钮。

9．保存窗体为"学生信息浏览"。

实训二　创建子窗体显示学生的选课成绩

复制实训一中的"学生信息浏览"窗体，并粘贴为"学生信息主窗体"。利用工具箱中的"子窗体/子报表"控件添加"成绩表"的子窗体，最终效果如图 5-64 所示。主要操作步骤如下所示。

1．在设计视图打开"学生信息主窗体"窗体。

2．将窗体页眉中的标签控件的标题属性改为"学生选课成绩浏览"。

3．调整窗体主体节的大小。

4．使控件向导处于选中状态；在读者信息的下面添加"子窗体/子报表"控件，在"子窗体向导"中选择"使用现有表或查询"，单击下一步；在"从一个表或多个表中选择字段"中，分别在"学生成绩表"中选择"学号"和"成绩"；在"课程表"中选择"课程名"；按照向导步骤完成。最后将子窗体命名为"学生成绩表子窗体"。

5．修改子窗体的属性，调整控件的位置和大小。

6．保存窗体。

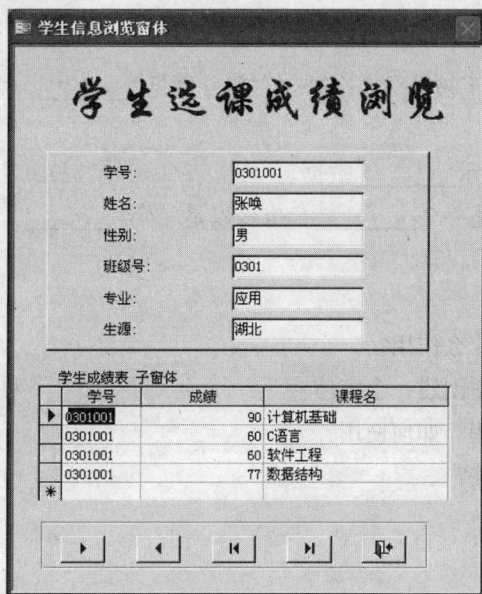

图 5-64　实训二窗体的最终效果

项目总结

在 Access 2003 中，窗体是用户操作数据库的主要界面，也是用户与数据库进行交互的主要桥梁。窗体提供了表数据输入和维护的另外一种方式，即用户可以利用窗体界面每次显示一个记录浏览编辑数据。

通过本章的学习，读者应该对利用窗体向导、窗体设计器来创建窗体或修改、完善窗体有一个全面的认识，从而熟练掌握各种窗体的创建方法。

习　题

一、选择题

1. 在窗体中，要将 Photo 字段存储的学生照片在不失真的情况下完整显示出来，应将"缩放模式"属性设置为_____。

    A. 放大　　　　　　B. 缩小　　　　　　C. 拉伸　　　　　　D. 缩放

2. 在下列选项中，_____控件能够显示与记录相关的动态数据。

    A. 标签　　　　　　B. 图像　　　　　　C. 绑定对象框　　　D. 未绑定对象框

3. 在下列选项中，_____不是控件。

    A. 文本框　　　　　B. 对象框　　　　　C. 组合框　　　　　D. 复选框

4. 在窗体设计视图中，对控件不能进行_____操作。

    A. 调整控件的大小和位置　　　　　　B. 设置控件的特殊效果

    C. 合并控件　　　　　　　　　　　　D. 对齐控件

二、填空题

1. Access 2003 窗体由上而下被分为 5 个节，它们分别是_____、页面页眉、_____、页面页脚、_____。

2. "标签"控件通常用于显示_____数据。

3. 窗体对象的数据源可以是一个_____，也可以是一个_____。

三、问答题

1. 窗体有几种视图，各有什么作用？

2. 如何使用窗体的设计视图创建一个窗体？

3. 窗体中常用的控件有哪些？如何使用？

4. 如何给窗体添加绑定控件？

项目六

报表的应用

【项目目标】

报表是 Access 提供的一种对象。它可以将数据库中的数据以格式化的形式显示或打印输出。报表的数据来源与窗体相同，可以是已有的数据表、查询或新建的 SQL 语句，但报表只能查看数据，不能通过报表修改或输入数据。通过本项目的学习，读者可以通过向导自动建立报表、学会报表的编辑和打印。

【项目要点】

1. 自动报表
2. 报表向导
3. 报表编辑
4. 创建子报表

【项目任务】

在教务管理系统数据库中创建报表统计学生的选课情况和各专业学生选课的平均成绩。

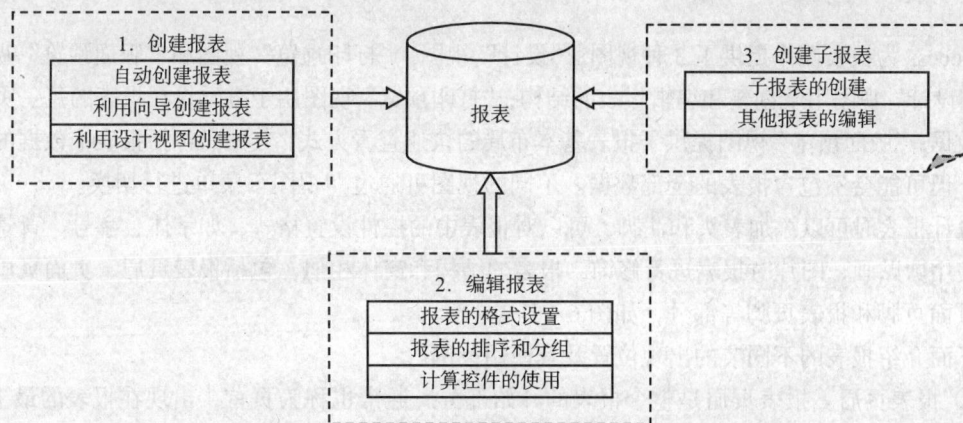

图 6-0　项目流程

任务一 创建报表

（一）认识 Access 中的报表

数据库应用系统一般都应给用户配置完善的打印输出功能。在传统的关系数据库开发环境中，程序员必须通过繁琐的编程实现报表的打印。在 Access 关系数据库中，报表对象允许用户不用编程，仅通过可视化的直观操作就可以设计报表的打印格式。

1. 报表的功能和特点

报表是以打印的格式表现用户的数据的一种有效的方式。因为用户控制了报表上每个对象的大小和外观，所以可以按照所需的方式显示信息以方便查看。报表中大多数信息来自基础的表、查询或 SQL 语句（它们是报表数据的来源）。报表中的其他信息存储在报表的设计中。

在报表中，通过使用控件可以建立报表及其记录来源之间的链接。控件可以是显示名称及编号的文本框，也可以是显示标题的标签，还可以是装饰性的直线，它们以图形化的形式显示数据，从而使得报表更加吸引人。

报表和窗体的主要区别在于它们的输出目的不同，窗体主要通过屏幕进行数据的输入和输出，而报表既可以用屏幕的形式也可以用硬拷贝的形式输出数据。窗体上的计算字段通常是根据记录中的字段计算总数，而报表中的计算字段是根据记录分组形式对所有记录进行计算处理。报表除了不能进行数据的输入之外，可以完成窗体的所有工作。

报表的主要功能主要包括以下几个方面。

- 用于数据分组，单独提供各项数据和执行计算。
- 将报表制成各种丰富的格式，便于阅读和理解。
- 可以使用剪贴画、图片或者扫描图像来美化报表的外观。
- 通过页眉和页脚，可以在每页的顶部和底部打印标识信息。
- 可以利用图表和图形来帮助说明数据的含义。

2. 报表的组成

Access 为报表操作提供了 3 种视图："设计"视图、"打印预览"视图和"版面预览"视图。其中"设计"视图用于创建和编辑报表的结构；"打印预览"视图用于查看将在报表的每一页上显示的数据；"版面预览"视图提供了报表基本布局的快速查看方式，其中只包括报表中数据的示例预览，但可能会不包含报表的全部数据。不同的视图可通过"视图"菜单进行切换。

设计报表时可以添加表头和注脚，可以对报表中的控件设置格式，如字体、字号、背景等，也可使用剪贴画、图片对报表进行修饰。报表的结构和窗体相似，包括报表页眉、页面页眉、主体、页面页脚和报表页脚等部分，如图 6-1 所示。

下面介绍报表的不同节的出现位置及其使用范围。

① 报表页眉。报表页眉是整个报表的开始部分。通常也称为页首，出现在报表的最上方。通常只在报表的第一页的头部打印一次，利用它可以显示徽标、报表标题或报表的打印日期或时间等。

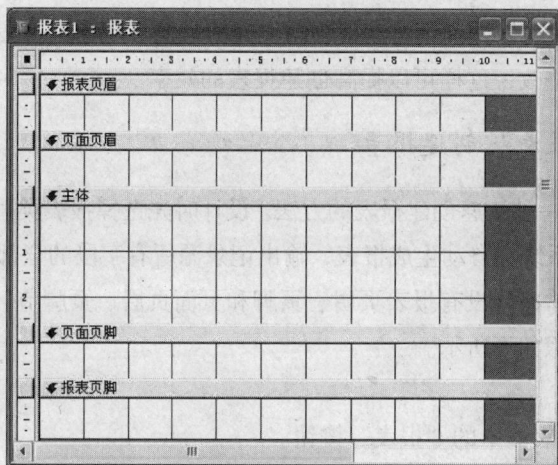

图 6-1 报表的组成区域

② 页面页眉。页面页眉位于报表页眉之下，出现在报表每一页的顶部，页面页眉主要显示列名称，如字段名，也可以显示表中所列的数据的单位。

③ 主体。报表的主体是显示数据的主要区域，可以使用工具箱放置各种控件到报表的主体段，或将报表中的数据源字段直接拖曳到主体段中显示数据内容。根据主体节内字段数据的显示位置的不同，报表又可以划分为 4 种类型：纵栏式报表、表格式报表、图表报表和标签报表。

④ 页面页脚。页面页脚存放的数据出现在报表的每一页的底部，主要用来显示页号、制作人员、打印日期等其他和报表相关的信息。

⑤ 报表页脚。报表页脚只在整个报表结尾出现一次。其中存放的数据位于末页的页面页脚之前。报表属性中包含有显示报表页脚和隐藏页眉页脚的选项。

如果创建的是分组汇总报表，则在报表设计视图中会出现组页眉和组页脚。选择"视图"|"排序与分组"命令，弹出"排序与分组"对话框。选定分组字段后，对话框下端会出现"组属性"选项组，将"组页眉"和"组页脚"框中的设置改为"是"，在工作区即会出现相应的组页眉和组页脚。

组页眉通常用于设置分组汇总字段。例如，在统计每个部门平均工资时，首先要将"部门编号"字段设置为分组汇总字段，该字段可以放置在组页眉中，用以显示每位教师的部门编号。组页脚通常用于设置分组汇总结果。例如，将统计的每个部门的平均工资放置在组页脚中。在一个报表中，Access 最多允许对 10 个字段或表达式进行分组。

用户可以将设计的报表保存起来，以便反复使用。一旦用户保存了报表的设计，尽管每次运行的都是同一个报表设计，但每次用户打印报表时获得的都是当前库中的最新数据。如果用户的报表需要修改，则仅仅是调整报表的设计，或者是建立一个与原报表类似的报表。

（二）创建报表

Access 2003 主要提供了 3 种创建报表的方式。

- 使用"自动报表"功能创建报表。
- 使用向导功能创建报表。
- 在设计视图中创建报表。

和窗体的操作相似，可以先利用自动报表功能或报表向导创建出报表，然后在报表设计视图中对其进一步的完善和修改，这样可以提高创建报表的效率。

1. 使用"自动报表"创建报表

"自动报表"功能是一种快速创建报表的方法。设计时先选择报表类型，然后选择表或查询作为报表的记录源，最后系统会自动生成报表，输出记录源所有字段的全部记录。这种方法创建的报表比较简单，只有主体区，没有报表页眉、页脚和页面页眉、页脚节区。

自动创建报表的步骤如下所示。

① 打开数据库窗口。

② 单击"对象"列表框中的"报表"按钮。

③ 单击"新建"按钮，弹出"新建报表"对话框，如图 6-2 所示。

④ 在图 6-2 中选择自动创建报表的类型，如"自动创建报表：纵栏式"；再在下拉列表框中选择数据来源表或查询，如"教师基本信息表"，单击"确定"按钮即生成报表。

⑤ 选择"文件"菜单中的"保存"命令，输入报表名称。

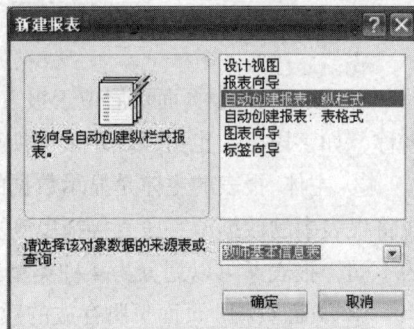

图 6-2　"新建报表"对话框

Access 提供了两种自动创建的报表：纵栏式和表格式。纵栏式报表是把每个字段单独列在一行上显示出来，由两列组成，左边一列显示字段的标题，右边一列显示字段的数据值，如图 6-3 所示；而表格式报表跟数据表十分相似，由行或列组成，每行显示一条记录，如图 6-4 所示。

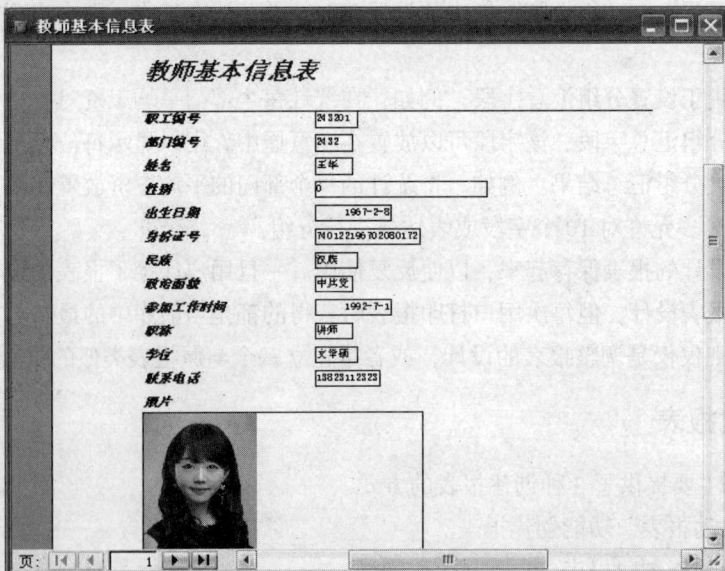

图 6-3　纵栏式报表

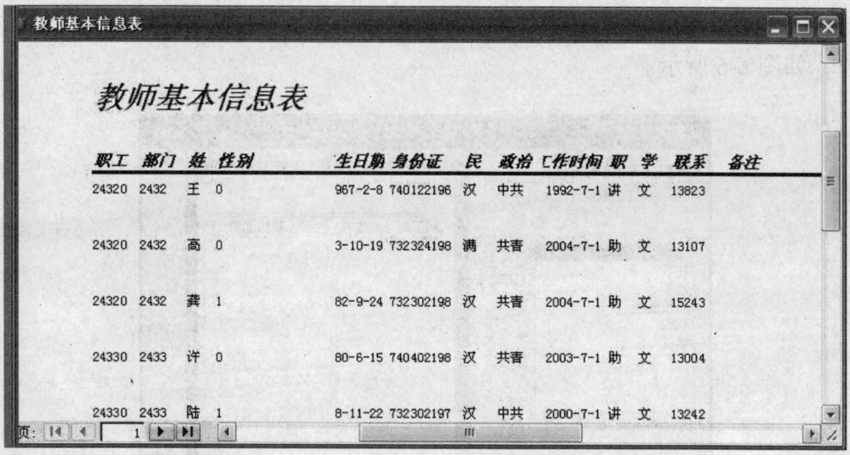

图 6-4 表格式报表

2. 使用向导创建报表

（1）利用"报表向导"创建报表。

报表中常常包含很多数据，对于数据的布局也有各种不同的要求，利用自动创建虽然快捷方便，但格式单调；另一方面若完全人工设定每一个控件也非常繁琐。使用报表向导则成为创建报表的最简单的方法。

在报表向导中，需要选择在报表中出现的信息，并从多种格式中选择一种格式以确定报表外观。与自动报表向导不同的是，用户可以用报表向导选择希望在报表中看到的指定字段，这些字段可来自多个表和查询，向导最终会按照用户选择的布局和格式，建立报表。

使用向导创建报表的步骤如下所示。

① 打开要创建报表的数据库，如"教师信息.mdb"。在数据库的对象列表中选择"报表"选项。

② 单击"报表"窗口上的"新建"按钮，弹出"新建报表"对话框。

③ 在"新建报表"对话框中选择"报表向导"，在"请选择该对象数据的来源表或查询"组合框中选择"教师基本信息表"，单击"确定"按钮，系统弹出第 1 个"报表向导"对话框，选取所需的字段添加到"选定字段"栏中，如图 6-5 所示。

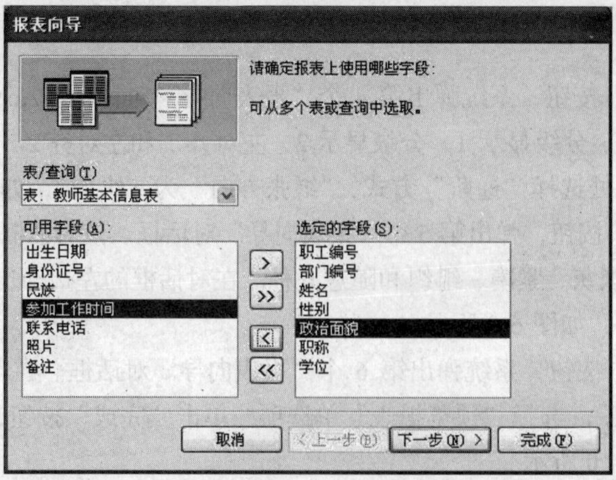

图 6-5 "报表向导"对话框 1

④ 单击"下一步"按钮，弹出第 2 个"报表向导"对话框，选择并添加"部门编号"字段为分组字段，如图 6-6 所示。

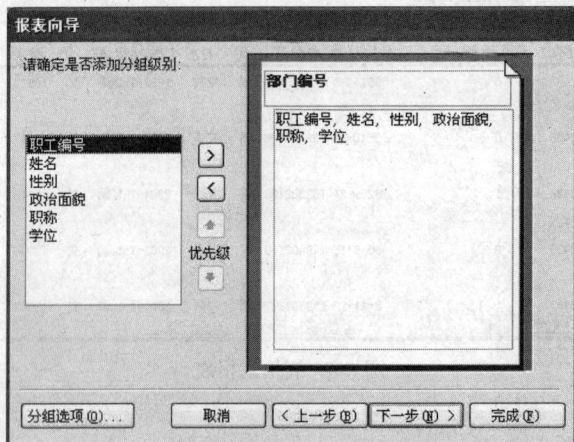

图 6-6 "报表向导"对话框之 2

⑤ 单击"下一步"按钮，弹出第 3 个"报表向导"对话框，选择排序字段为"职工编号"字段，排序顺序为升序排列，如图 6-7 所示。

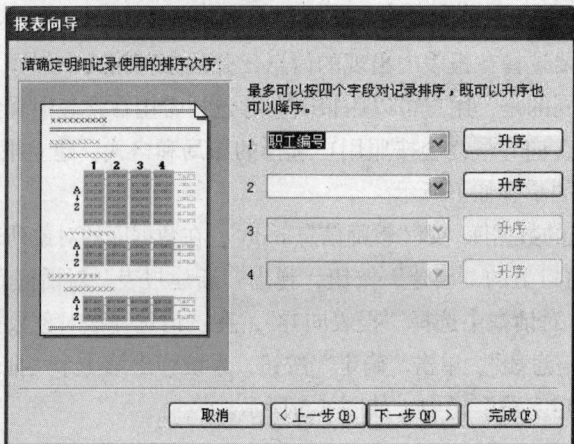

图 6-7 "报表向导"对话框之 3

⑥ 单击"下一步"按钮，系统弹出第 4 个"报表向导"对话框。Access 提供了 6 种报表的布局方式，即递阶、块、分级显示 1、分级显示 2、左对齐 1 和左对齐 2。在对话框的左边给出了每一种布局的预览，此处选择"递阶"方式，"纸张方向"为"纵向"，如图 6-8 所示。

⑦ 单击"下一步"按钮，弹出第 5 个"报表向导"对话框。该对话框主要提供了 6 种报表的样式，即大胆、正式、淡灰、紧凑、组织和随意 6 种。在对话框的左边给出了每一种样式的预览，本例选择"淡灰"样式，如图 6-9 所示。

⑧ 单击"下一步"按钮，系统弹出第 6 个"报表向导"对话框。在"为报表指定标题"栏输入"教师基本信息表"，选择"预览报表"单选项。单击"完成"按钮，保存新建的报表，并打开预览，效果如图 6-10 所示。

图 6-8　"报表向导"对话框之 4

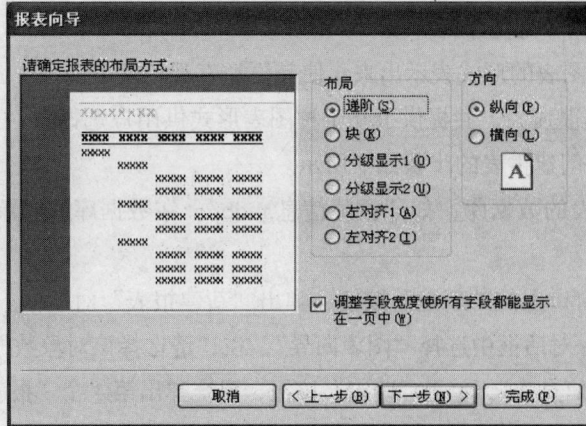

图 6-9　"报表向导"对话框之 5

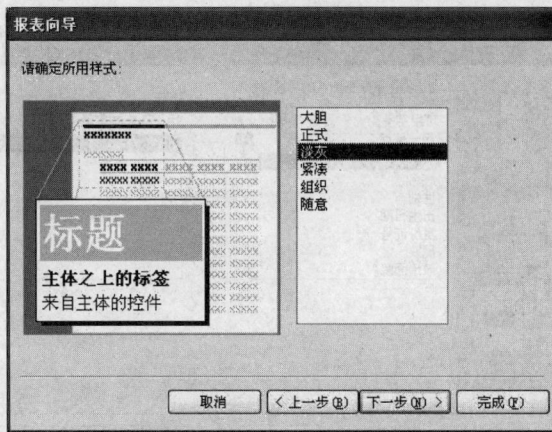

图 6-10　"教师基本信息"报表预览

（2）利用"图表向导"创建报表。

如果需要将数据以图表的形式表示出来，使其更加直观，就可使用"图表向导"创建报表。Access 的图表向导功能很强大，共提供了几十种图表形式供用户选择。

使用"图表向导"创建报表的步骤如下所示。

① 打开要创建报表的数据库，如"教师信息.mdb"。在数据库的对象列表中选择"报表"选项。

② 单击"报表"窗口上的"新建"按钮，弹出"新建报表"对话框。

③ 在"新建报表"对话框中选择"图表向导"，在"请选择该对象数据的来源表或查询"组合框中选择"教师基本信息表"，单击"确定"按钮，系统弹出第 1 个"报表向导"对话框，选取所需的字段添加到"选定字段"栏中。此例是为了生成一张以教师职称为统计对象的柱形图，故选择"职称"字段，如图 6-11 所示。

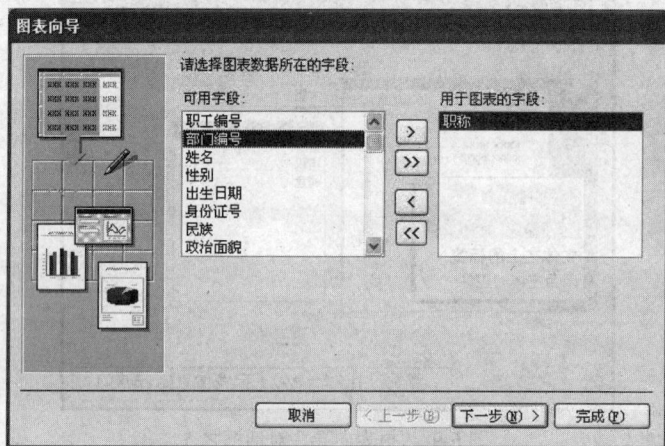

图 6-11 "图表向导"对话框之 1

④ 单击"下一步"按钮，弹出第 2 个"报表向导"对话框，选择图表的类型"柱形图"，如图 6-12 所示。

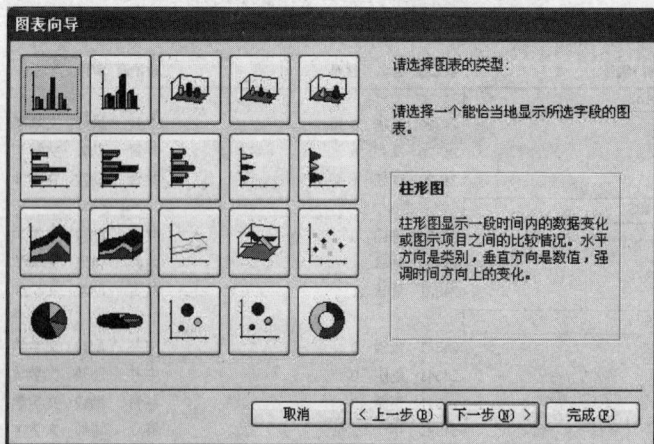

图 6-12 "图表向导"对话框之 2

⑤ 单击"下一步"按钮，确定图表数据的布局方式。若要以"职称"为横坐标，以"计数职称"为纵坐标，只要按住右侧"职称"按钮，将它拖曳到纵坐标"数据"框中，如图 6-13 所示。

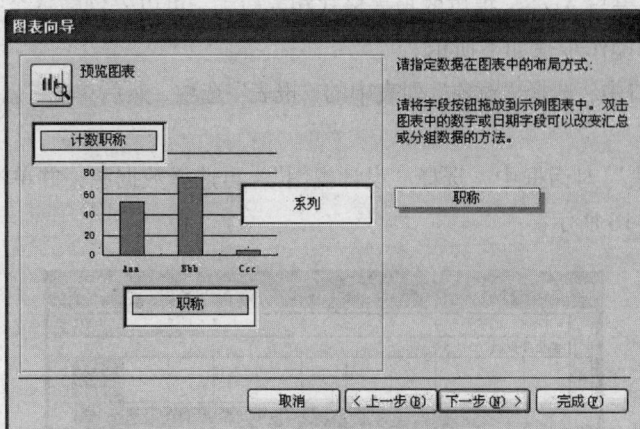

图 6-13　"图表向导"对话框之 3

⑥ 单击"下一步"按钮，指定图表的标题，如"职称统计图"，如图 6-14 所示。单击"完成"按钮，系统就会立即显示如图 6-15 所示的设计结果。

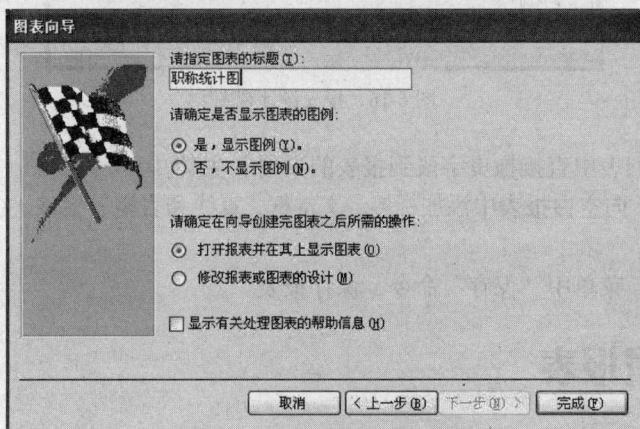

图 6-14　"图表向导"对话框之 4

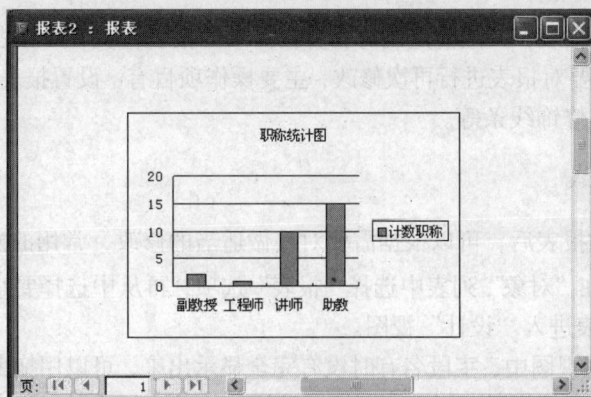

图 6-15　图表报表效果图

3. 使用"设计"视图创建报表

如果要创建的报表与 Access 提供的报表格式相差较大，可以先创建一个空白报表，在空白报表中添加内容。具体操作步骤如下所示。

① 在数据库窗口中，选择"对象"列表中的"报表"选项，然后单击"新建"按钮，弹出"新建报表"对话框。

② 在"新建报表"对话框中，选择"设计视图"，再选择数据源，并单击"确定"按钮，弹出空白报表，如图 6-16 所示。

图 6-16　报表设计视图

③ 分别从字段列表中直接拖曳字段到报表的页眉、主体中。

④ 打开工具箱，向空白报表中添加标签、文本框、直线和表格等控件，在控件的属性窗口设置控件的属性。

⑤ 单击"文件"菜单中"保存"命令，保存报表。

任务二　编辑报表

（一）设置报表格式

利用报表向导创建报表，一般能定制符合自己需求的报表，但有时报表的内容和格式仍然不能满足需要，这时就需要对报表进行再次修改，主要操作项目有：设置报表格式，添加背景图案、时间日期、页码及各类修饰线条等。

1. 设置报表格式

利用报表向导创建报表后，可以根据需要对其做适当的修改，常用的操作步骤如下所示。

① 打开数据库，在"对象"列表中选择"报表"选项，再从中选择要修改的报表，然后单击"设计"按钮，打开报表进入"设计"视图。

② 在报表"设计"视图中，字段名有时没有完全显示出来，可以用拖曳的方法解决，如拖曳定位块调整字段在版面中的位置，拖曳控制块调整控件的尺寸，或者利用【Shift】键选定多个控件，再使用"格式"菜单中的"对齐"选项进行调整等。

③ 打开报表或控件的属性窗口，对其属性进行修改。

④ 单击工具栏上的"自动套用格式"按钮或打开"格式"菜单选择"自动套用格式"选项，在打开的"自动套用格式"对话框中选择一种格式，如图 6-17 所示。Access 提供了 6 种预定义的报表格式，通过这些自动套用格式，可以一次性的更改报表中的所有文本的字体字号及线条粗细等外观属性。单击"选项"或"自定义"按钮，用户可以对系统提供的格式做进一步的修改。

⑤ 保存修改内容。

2. 添加背景图案

报表的背景可以添加图片以增强显示效果，具体操作如下所示。

① 使用"设计"视图打开报表，通过报表选择器，打开报表"属性"窗体。

② 在"格式"选项卡中选择"图片"属性进行背景图片的设置，如图 6-18 所示。

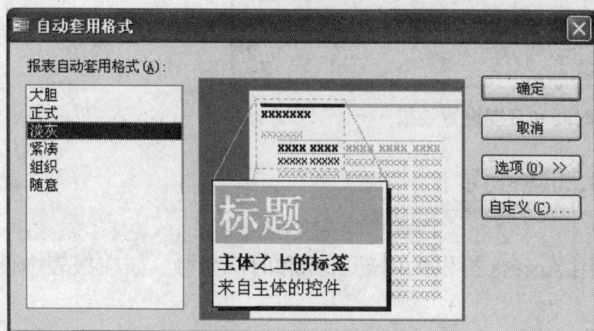

图 6-17 "自动套用格式"对话框

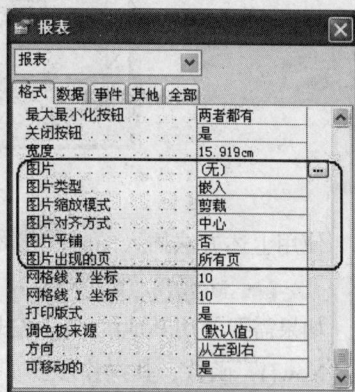

图 6-18 报表的背景图片设置对话框

③ 背景图片的其他属性如图 6-18 所示，主要有"图片类型"是"嵌入"还是"链接"；"图片缩放模式"是"剪裁"、"拉伸"还是"缩放"等。用户可根据实际需要进行相应的设置。

3. 在报表中添加日期和时间

报表输出时，经常需要在打印的报表中加入日期和时间，具体操作步骤如下所示。

① 打开已经设计好的报表，单击页面页脚。

② 单击"插入"菜单中"日期和时间"命令，弹出"日期和时间"对话框，如图 6-19 所示。

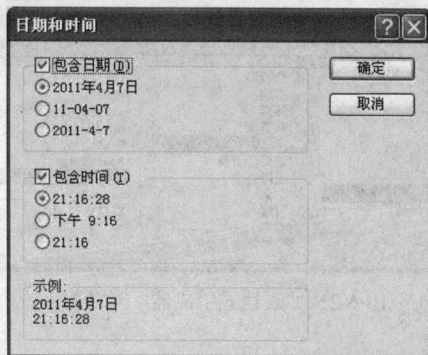

图 6-19 "日期和时间"对话框

③ 选择所需要的日期和时间格式的单选项，在对话框的下面有示例。单击"确定"按钮，设置的结果如图 6-20 所示。

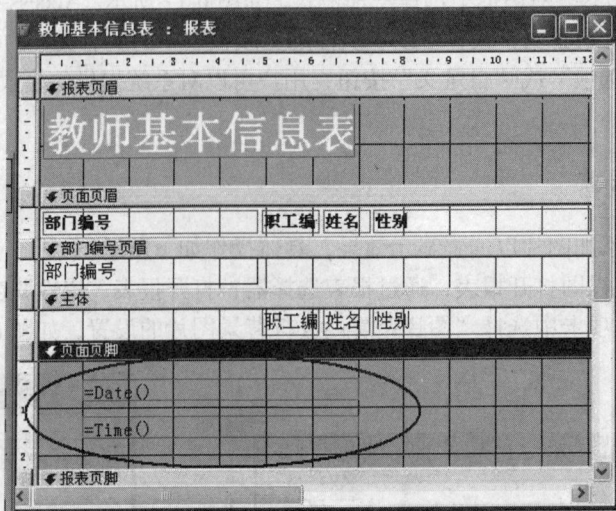

图 6-20　时间和日期设置效果

使用上述方法插入的时间格式是固定的，其格式如下：

```
=Format(Date(),"长日期") & " " & Format(Time(),"中时间")
```

如果需要使用其他的时间格式，可以使用 Access 提供的内部日期和时间函数，如在报表中使用"Now()"函数，其操作步骤如下所示。

① 打开报表，单击工具箱的"文本框"按钮，在页面页脚中画一个矩形框，删除前面的标签，只留文本框。

② 单击"视图"菜单的"属性"命令，打开该文本框的属性窗口，单击其"控件来源"属性旁的"---"按钮，弹出"表达式生成器"对话框。

③ 在"表达式生成器"对话框中，单击"="按钮，打开"函数"下的"内置函数"，双击"日期与时间"函数组中的"Now()"函数，如图 6-21 所示。

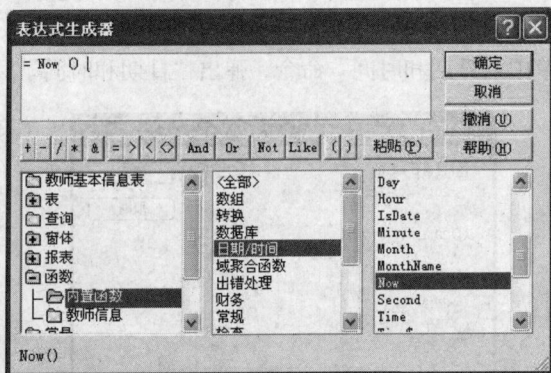

图 6-21　"表达式生成器"对话框

④ 单击"确定"按钮，返回属性对话框，设置结果如图 6-22 所示。

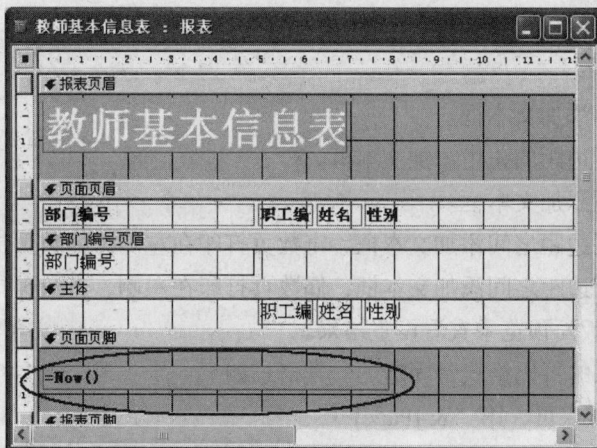

图 6-22 设置报表时间

⑤ 单击工具栏中的"版面预览"按钮，运行结果如图 6-23 所示。

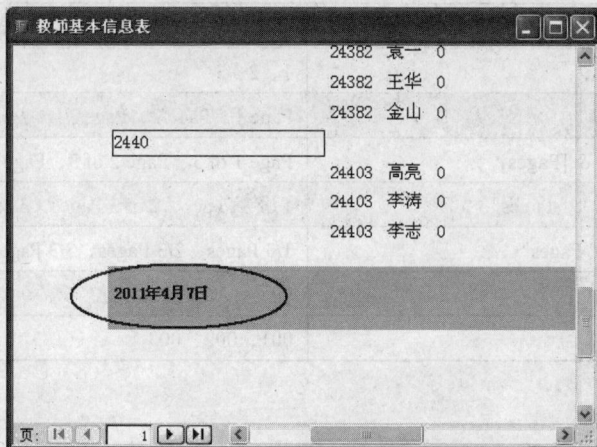

图 6-23 版面预览结果

4. 在报表中添加页码

报表中的页码是必不可少的，在报表中添加页码的具体步骤如下所示。

① 打开已设计好的报表，选择页面页脚节。

② 单击"插入"菜单中的"页码"命令，弹出"页码"对话框，如图 6-24 所示。

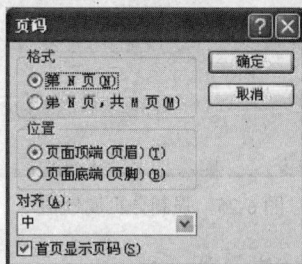

图 6-24 "页码"对话框

③ 在"页码"对话框中，根据需要选择相应的页码格式、位置和对齐方式。对于对齐方式，有下列可选选项。

"左"：在左页边距添加文本框。

"中"：在左、右页边距的正中添加文本框。

"右"：在右页边距添加文本框。

"内"：在左、右页边距之间添加文本框，奇数页打印在左侧，偶数页打印在右侧。

"外"：在左、右页边距之间添加文本框，偶数页打印在左侧，奇数页打印在右侧。

④ 保存设置，在版面预览中查看设置结果。

使用上述方法加入的页码格式是固定的。其格式如下：

="共 " & [Pages] & " 页，第 " & [Page]

表 6-1 列出了用户在窗体设计视图或报表设计视图中可以使用的页码表达式示例，以及在其他视图中可以见到的结果，可以将双引号的内容换成中文，结果就显示中文内容。

表 6-1　　　　　　　　　　　　页码表达式示例

表　达　式	结　　果
=[Page]	1、2、3
="Page " & [Page]	Page 1、Page 2、Page 3
="Page " & [Page] & " of " & [Pages]	Page 1 of 3、Page 2 of 3、Page 3 of 3
=[Page] & " of " & [Pages] & " Pages"	1 of 3 Pages、2 of 3 Pages、3 of 3 Pages
=[Page] & "/"& [Pages] & " Pages"	1/3 Pages、2/3 Pages、3/3 Pages
=[Country] & "–" & [Page]	UK - 1、UK - 2、UK - 3
=Format([Page],"000")	001、002、003

5．添加分页符

在报表中进行分组后，可以在一组记录后加入分页符，强制下一组记录从新的一页开始。加入分页符的操作非常简单，只需要在主体节的格式中设置"强制分页"属性，如图 6-25 所示。

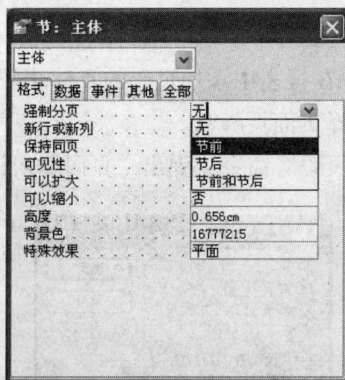

图 6-25　强制分页属性值

"强制分页"属性有以下 4 个选项值。

● "无"：表示不强制分页，为默认设置。

● "节前"：表示有新的数据出现时，在新的一页顶部开始打印当前一组记录。

● "节后"：表示有新的数据出现时，在新的一页顶部开始打印下一组记录。

● "节前和节后"：是"节前"和"节后"两种效果的综合。

另外，也可以直接在报表的相应位置加入"分页符"控件 来实现强制分页效果。

6. 在报表中添加直线控件

直线控件是一种在报表中比较常用的控件。直线控件允许给报表增加直线，这些线可以是水平线、垂直线和任何角度的线。要使报表以自定义的表格输出，必须使用直线控件。在报表中添加表控件的步骤如下所示。

① 在报表设计视图中打开报表，在工具箱中单击"直线"按钮 。

② 将鼠标放在报表中需要添加线控件的位置，拖曳鼠标到该线结束的位置。如果要强制这条线是水平线或垂直线，在拖曳鼠标的同时按住【Shift】键即可。

③ 选定所画的线，单击"视图"菜单中的"属性"按钮，打开该线的属性窗口，可以通过修改其"宽度"属性来设置线的宽度。

如同添加到报表中的其他控件一样，放置线控件的位置确定了线在报表中出现的位置。如果将一个线控件加到一个分组标题中，则该线就出现在报表的分组标题中。

（二）实现排序和分组

为了更容易在报表中找到信息和标识记录之间的关系，用户可以对报表中的数据进行排序和分组。排序是根据记录中域值的大小来决定在报表中的浏览顺序，例如可以对教师姓名按拼音的顺序进行排列，这对浏览数据是很有用的。分组是根据报表中域的数据发生的变化来进行的，它可以将相关的记录放在一组里。用户可采用分组来计算每一组的摘要信息，如总计和百分比等。在分组之前，用户对报表中至少一个字段指定排序顺序。

1. 数据排序

在用户打印报表时，通常希望以某个顺序来组织数据（记录）。如用户要打印教师的工资表，希望按照各个部门教师的编号来排序，这时用户在创建报表时可以按教师编号设置排序，其步骤如下所示。

① 在设计视图中，将已建好的报表打开。

② 从"视图"菜单中选择"排序与分组"命令，系统弹出"排序与分组"对话框，如图6-26所示。

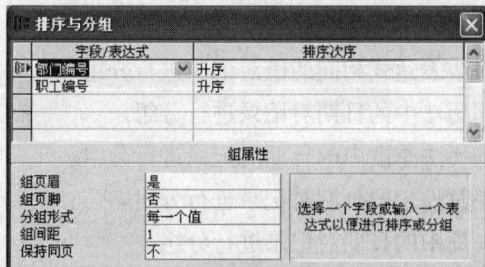

图6-26 "排序与分组"对话框

③ 在"排序与分组"对话框中，上半部分是为报表中的记录设置排序次序，最多可指定 10 个排序字段或表达式。下半部分是用来指定分组的"组属性"，具体功能将在"数据分组汇总"部分进行介绍。

"字段/表达式"用于指定排序的字段或表达式，第 1 行为第 1 排序次序，第 2 行为第 2 排序次序。"排序次序"指定字段或表达式是按升序还是按降序排列。系统默认的排序顺序为升序排列。

2. 数据分组汇总

一个分组是相关记录的集合。报表通过分组，通常可提高用户对报表中数据的理解，这是因为分组的报表不仅将相似的记录显示在一起，而且可以为每一个分组显示概要和记录的汇总信息。

一个组由组标头、组的文本和组脚注组成，可在创建报表时通过报表向导创建分组汇总，也可以在报表设计视图中使用报表的"排序与分组"对话框（如图 6-26 所示）创建分组报表。

当需要对数据进行分组时，可以先在"字段/表达式"列中选择要设置分组属性的字段或表达式，然后设置其组属性。最多可对 10 个字段和表达式进行分组。

下面对"排序与分组"对话框中的各项参数进行说明。

- "组页眉"：用来控制是否为当前字段添加该组的页眉，通常用来显示分组后的字段信息，出现在每个分组的顶端。
- "组页脚"：用来控制是否为当前字段添加该组的页脚，通常用来显示分组后的汇总值，显示在每个分组的底端。它和组页眉不一定要成对出现。
- "分组形式"：用来选择分组时所采用的依据。
- "组间距"：用于组的字符间隔或数目。
- "保持同页"：用来设置是否保持在同一页中打印同一组中的所有内容。

下面对不同的分组情况进行介绍。

① 按日期/时间字段分组记录，如图 6-27 所示。

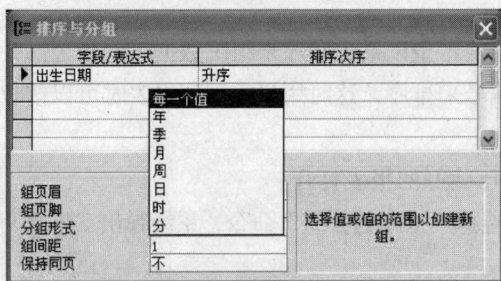

图 6-27 按"日期/时间字段"分组记录

- 每一个值　按照字段或表达式相同的值对记录进行分组。
- 年　　　　按照相同历法中的日期对记录进行分组。
- 季　　　　按照相同历法季度中的日期对记录进行分组。
- 月　　　　按照同一月份中的日期对记录进行分组。
- 周　　　　按照同一周中的日期对记录进行分组。
- 日　　　　按照同一天的日期对记录进行分组。

● 时　　　　按照相同小时的时间对记录进行分组。

● 分　　　　按照同一分钟的时间对记录进行分组。

② 按文本字段分组记录，如图 6-28 所示。

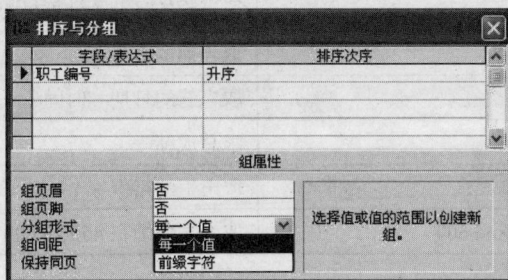

图 6-28　按"文本字段"分组记录

● 每一个值　　按照字段或表达式相同的值对记录进行分组。

● 前缀字符　　按照字段或表达式中前几个字符相同的值对记录进行分组。

③ 按自动编号、货币字段或数字字段分组记录，如图 6-29 所示。

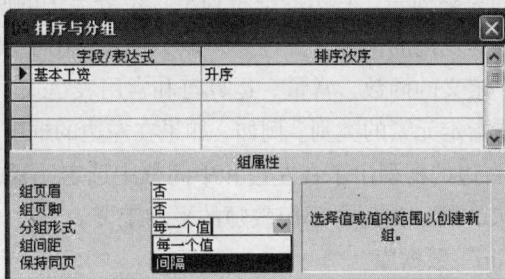

图 6-29　按"数字字段"分组记录

● 每一个值　　按照字段或表达式中相同数值对记录进行分组。

● 间隔　　　　按照位于指定间隔中的值对记录进行分组。

（三）使用计算控件

在利用 Access 完成相应的工作时，往往会用到表达式，如在报表中计算小计、总计、筛选打印记录等都会用到表达式。在 Access 中，用户可以用表达式来做数字运算和统计运算。

表达式是计算一个值的公式，一个表达式可以包括标识符、运算符、函数、字符值和常量等。标识符引用数据库中的值，如一个域、控制或属性的值。运算符指定对一个表达式的一元或多元运算，如算术运算和逻辑运算等。

用户可以使用表达式从数据库中获取信息，而这些信息通常是无法直接从数据库的表中获取。如学生的总成绩、平均成绩等，这些数据无法从数据库中直接提取，而只能通过相应的计算才能获得。

表达式的结果不在表中存储，只在用户每次浏览或打印报表时，Access 才计算表达式的值，这样可确保结果的准确性。表 6-2 列出了计算中常用表达式的例子。

表 6-2　　　　　　　　　　常用表达式示例

表　达　式	意　　义
=[数量]*[单价]	数量域和单价域相乘的积
=Date()	取当天的日期（计算机的系统日期）
=Page	取当前的页号
=Now()	取当前的日期和时间
=Sum[score]	求总成绩
=datepart（"yyyy"，[birthday])	取出生的年份
=[entrancescore] Between 450 And 600	取入学成绩在 450 和 600 分的记录

Access 提供一个"表达式生成器"对话框用来创建表达式，如图 6-21 所示。

在表达式生成器上方是一个用于创建表达式的表达式框。在生成器下方创建表达式的元素，然后将这些元素粘贴到表达式框中以形成表达式，也可以直接在表达式框中键入表达式的某些部分。

常用运算符按钮位于生成器中部。如果单击运算符的某个按钮，表达式生成器将在表达式框中的插入点位置插入相应的运算符。单击左下框"运算符"文件夹和中部框中相应的运算符类别，可得到表达式可用运算符的完整列表。右边的框将列出选定分类中的所有运算符。

生成器下部含有 3 个框，左边的框包含文件夹，该文件夹列出了表、查询、窗体及报表等数据库对象，以及内置和用户定义的函数、常量、运算符和常用表达式。中间的框列出了左边框中选定文件夹内指定的元素或指定元素的类别。例如，如果在左边的框中单击"报表"，中间的框便列出 Access 函数的类别，右边的框列出了在左边和中间框中选定元素的值。

【例 6-1】创建一个报表，打印出每个部门教师的平均工资。

① 打开"教师信息.mdb"数据库。

② 使用报表设计视图创建一个空白报表，在属性窗口设置"记录源"属性为"工资表"。

③ 使用控件工具箱在空白报表的页面页眉区添加标签，设置"标题"属性为"部门教师平均基本工资表"，"字体大小"属性为"16"，"字体粗细"属性为"半粗"，"文本对齐"属性为"居中对齐"。

④ 选择"视图"菜单中的"排序与分组"命令，系统弹出"排序与分组"对话框。设置"字段/表达式"栏为"部门编号"，"排序次序"为"升序"。设置"组页眉"和"组页脚"属性都为"是"，"分组形式"为"每一个值"。

⑤ 在空白报表的"部门编号页眉"区创建两个标签，"标题"属性分别是"部门编号"和"基本工资"，并使其调整对齐。

⑥ 从字段列表窗口中拖曳"部门编号"和"基本工资"字段到报表"主体"节区，并删除其对应的标签，调整其水平对齐。

⑦ 使用控件工具箱在"部门编号页脚区"创建一个文本框，设置文本框对应的标签的"标题"属性为"平均工资"。单击文本框的"控件来源"属性右侧的按钮，弹出"表达式生成器"对话框，将其设置为"=Avg([工资表]![基本工资])"。

⑧ 在"页面页脚"区中，用"插入"菜单中的"日期和时间"和"页码"命令为报表添加时间和页码。最终设计效果如图 6-30 所示。

⑨ 保存报表，并在"打印报表"视图中打开报表，查看是否符合要求。

图 6-30　计算控件设计视图

（四）创建子报表

子报表是出现在另一个报表内部的报表，包含子报表的报表称为主报表。主报表中包含的是一对多关系中的"一"，而子报表显示"多"的相关记录。

一个主报表，可以是结合型，也可以是非结合型。也就是说，它可以基于查询或 SQL 语句，也可以不基于它们。通常，主报表与子报表的数据来源有以下几种联系。

● 一个主报表内的多个子报表的数据来自不相关记录源。在此情况下，非结合型的主报表只是作为合并的不相关的子报表的"容器"使用。

● 主报表和子报表数据来自相同数据源。当希望插入包含与主报表数据相关信息的子报表时，应该把主报表与查询或 SQL 语句结合起来。

● 主报表和多个子报表数据来自相关记录源。一个主报表也可以包含两个或多个子报表共用的数据，在此情况下，子报表包含与公共数据相关的详细记录。

主报表可以包含多个子窗体或子报表，在子报表和子窗体中，还可以包含子报表或子窗体。但是，一个主报表最多只能包含两级子窗体或子报表。

在创建子报表之前，首先要确保主报表和子报表之间已经建立了正确的联系，这样才能保证在子报表中记录与主报表中的记录之间有正确的对应关系。

【例 6-2】创建一个主/子报表，要求主报表为"教师基本信息"，子报表为"教师工资"。

① 打开"教师信息.mdb"数据库。

② 使用报表向导创建基于"教师基本信息表"数据源的主报表，选择部分字段并调整其控件的布局和外观（注意，在主体节的下部要为子报表预留出一定的空间），如图 6-31 所示。

③ 单击工具箱中的"子窗体/子报表"工具，在主体节的下部选择一个插入点单击，系统出现"子报表"向导对话框，如图 6-32 所示。（注意："控件向导"按钮必须是"凹陷"状态。）在该对话框中需要选择子报表的"数据来源"，有两个选项，"使用现有的表和查询"选项，创建基于表和查询的子报表；"使用现有的报表和窗体"选项，创建基于报表和窗体的子报表。此处选择"使用现有的表和查询"选项，单击"下一步"。

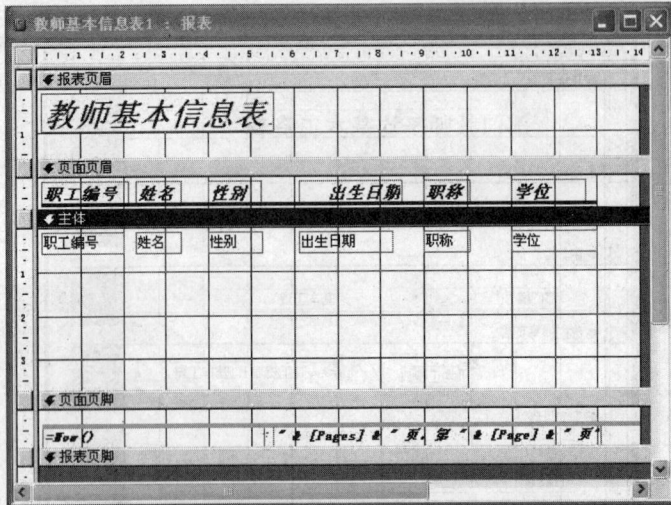

图 6-31　主报表设计视图

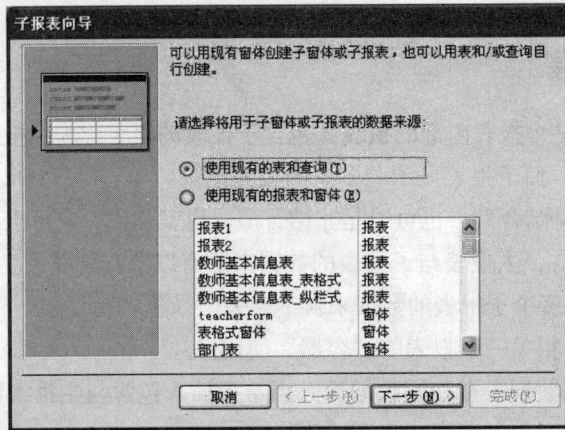

图 6-32　子报表向导 1

④ 在"子报表向导"对话框中，先选择子报表的记录源表，再选定子报表中包含的字段，如图 6-33 所示。

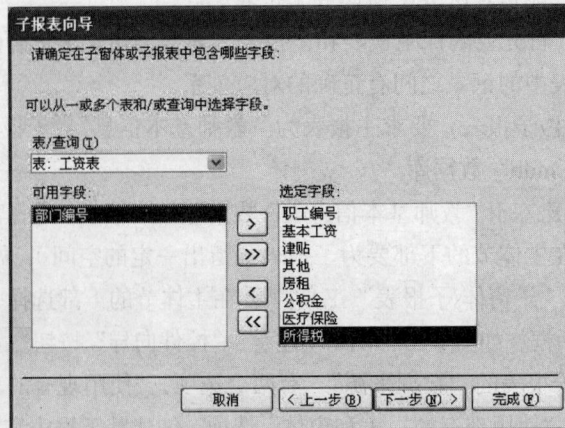

图 6-33　子报表向导 2

⑤ 单击"下一步"按钮，确定主报表与子报表的链接字段，如图 6-34 所示。

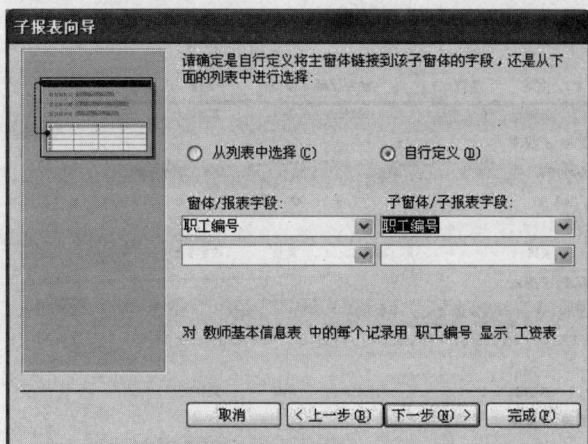

图 6-34　子报表向导 3

⑥ 单击"下一步"，为子报表指定名称，单击"完成"。调整报表版面布局，分别将子报表的"报表页眉"和"主体节"中的"职工编号"属性的"可见性"设置为"否"，如图 6-35 所示。

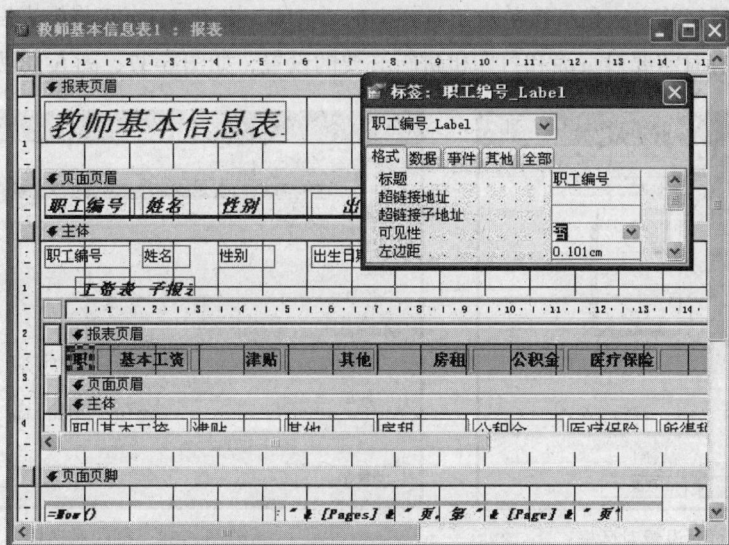

图 6-35　主/子报表设计视图

⑦ 单击工具栏上的"打印预览"按钮，预览报表的效果如图 6-36 所示，命名保存报表。

（五）编辑其他类型报表

1. 预览报表

单击数据窗口中"对象"栏下的"报表"按钮，选中所需预览的报表后，单击工具栏中的"预览"按钮 ，即进入"打印预览"窗口。打印预览与打印真实结果一致。如果报表记录很多，一页容纳不下，在每页的下面有一个滚动条和页数指示框，可进行翻页操作。

图 6-36 预览主/子报表

2. 报表打印

打印报表的最简单方法是直接单击工具栏上的"打印"按钮■，直接将报表发送到打印机上。但在打印之前，有时需要对页面和打印机进行必要的设置，如图 6-37、图 6-38 所示。

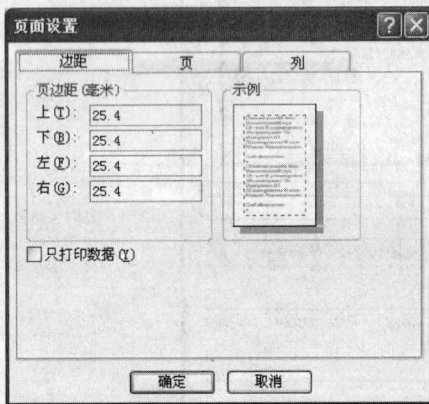

图 6-37 页面设置对话框

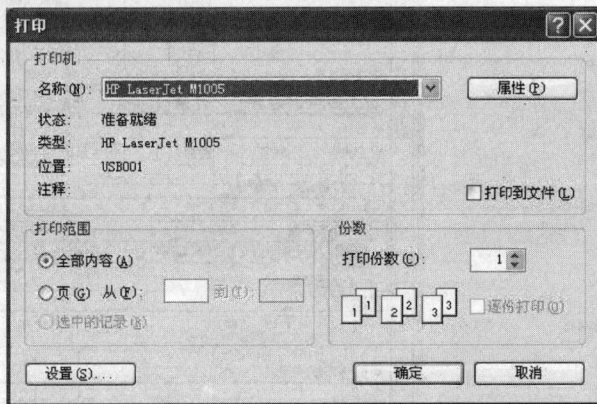

图 6-38 打印对话框

项目实训

实训一 自动创建报表统计学生选课情况

打开数据库"教务管理系统.mdb"，根据"学生表"、"学生成绩表"和"课程表"，利用向导创建"学生选课情况"报表，要求能反映学生的姓名、选修的课程、成绩等基本情况，如图 6-39 所示。报表的具体格式效果可自行设置。

图 6-39　实训一报表的效果图

实训二　创建汇总报表统计各专业学生选课的平均成绩

1. 单击实训一中建立的"学生选课情况"报表，打开设计视图。

2. 单击"视图"菜单中的"排序与分组"命令，按"专业"进行分组，同时显示"组页眉"和"组页脚"，如图 6-40 所示。

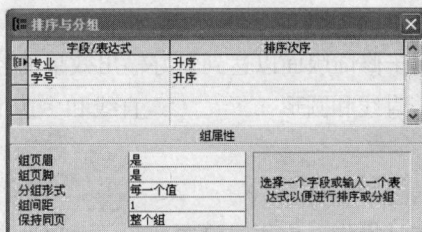

图 6-40　排序与分组对话框

3. 在"组页脚"中插入文本框，利用"表达式生成器"设置平均成绩"= Avg ([学生成绩表]![成绩])"，设计效果如图 6-41 所示。

图 6-41　实训二报表的设计视图

129

4．预览、保存报表。

项目总结

本章主要讲述了报表的相关内容。报表作为一种展示信息的方式，在数据库应用系统中占有重要的地位。在 Access 中可以通过多种方式创建报表，而且可以方便地在设计视图中添加各种各样的控件，完成排序、分组、汇总和计算等多种功能。通过各种方式的编辑，用户可以使制作的报表满足各类不同的需要。

习　题

一、选择题

1．在分组汇总报表中，分组汇总数据应在报表设计视图的_____区域设置。
　　A．组页眉　　　　　　　　B．组页脚　　　　　　　　C．报表页眉　　　　　　　　D．报表页脚

2．在报表中，要计算"计算机"字段的最高分，应将控件的"控件来源"属性设置为_____。
　　A．=Max（[计算机]）　　　　　　　　B．Max（计算机）
　　C．=Max[计算机]　　　　　　　　　D．Max（[计算机]）

3．若要在报表的最后打印结束语，则结束语应在报表设计视图的_____区域设置。
　　A．页面页眉　　　　　B．页面页脚　　　　　C．报表页眉　　　　　D．报表页脚

4．在报表设计的工具栏中，用于修饰版面以达到良好输出效果的控件是_____。
　　A．直线和矩形　　　　B．直线和圆形　　　　C．直线和多边形　　　D．矩形和圆形

二、填空题

1．Access 的报表要实现分组统计操作，应通过设置_____属性来进行。

2．报表数据输出不可缺少的内容是_____的内容。

3．报表的种类分为 4 种：纵栏式报表、_____报表、_____报表和标签报表。

三、问答题

1．报表设计视图主要有哪几个部分组成？主要放置什么内容？

2．如何对报表中的数据进行分组汇总？

3．什么是表达式？如何在报表中使用表达式？

项目七

数据访问页的使用

【项目目标】

通过本章的学习，读者将了解页的概念，学会使用向导创建页，在设计视图中设计和修改页，使用数据访问页设计视图"工具箱"提供的工具编辑数据访问页。增强数据访问页的功能、美化视觉效果，供 Web 用户在 IE 浏览器通过数据访问页访问 Access 数据库。

【项目要点】

1. 创建数据访问页
2. 编辑数据访问页
3. 打开数据访问页

【项目任务】

以教务管理系统数据库作为数据源，创建教师信息数据访问页，部门教师信息数据访问页，并建立数据访问页之间的链接，为数据访问页添加滚动文字，导航按钮，应用主题，设置背景等。最后在 IE 浏览器中打开所创建的数据访问页。

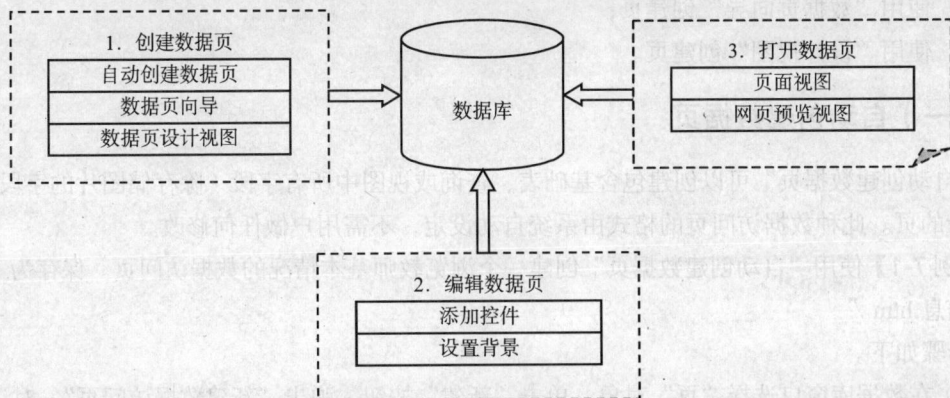

图 7-0 项目流程

Access 支持将数据库中的数据以网页的形式在 Web 上发布，使得 Access 数据库与 Web 紧密结合起来。Access 提供了 3 种网页发布方式，包括 HTML 静态网页、ASP 动态网页和数据访问页方式。

数据访问页对象的主要功能是用来为 Internet 用户提供一个能够通过 Web 浏览器访问 Access 数据库的操作界面。在这个界面中，可以对 Access 数据库中的数据进行一系列的操作，包括浏览数据、筛选数据及编辑数据。

数据访问页由正文和节组成，如图 7-1 所示。

● 正文。

正文是数据访问页的基本设计界面。在支持数据输入的页上，可以用它来显示信息性文本、与数据绑定的控件以及节。

● 节。

节可以显示文字、数据库中的数据以及工具栏。

标题节：用于显示文本框和其他控件的标题。在标题节中不能放置绑定控件。

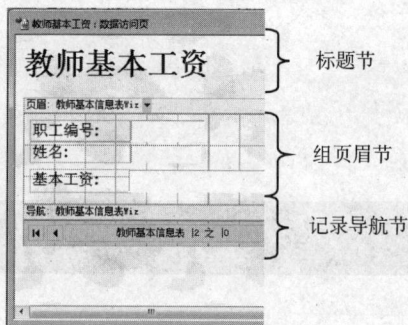

图 7-1　数据访问页的组成

组页眉和页脚节：用于显示数据和计算结果值。组页眉和页脚节中可以放置绑定控件。

记录导航节：用于显示分组级别的记录导航控件。在记录导航节中不能放置绑定控件。

任务一　创建数据访问页

数据访问页有 3 种视图：设计视图、页面视图、网页预览视图。数据访问页的设计视图与报表的设计视图基本类似，在设计视图中可以创建、设计或修改数据访问页。页视图是查看所生成的数据访问页样式的一种视图方式。网页预览视图是在 Web 浏览器中打开和显示数据访问页的一种视图，这与在浏览器中查看普通网页的视图是相同的。Access 允许从数据访问页的页视图或设计视图转换到该访问页的网页预览视图。

创建页可以采用以下几种方法。

● 使用"自动创建数据页"创建页；

● 使用"数据页向导"创建页；

● 使用"设计视图"创建页。

（一）自动创建数据页

"自动创建数据页"可以创建包含基础表、查询或视图中所有字段（除存储图片的字段之外）和记录的页。此种数据访问页的格式由系统自动设定，不需用户做任何修改。

【例 7-1】使用"自动创建数据页"创建一个浏览教师基本情况的数据访问页。保存为"教师基本信息.htm。"

步骤如下。

① 在数据库窗口选择"页"对象，单击"新建"按钮，弹出"新建数据访问页" 对话框如图 7-2（a）所示。

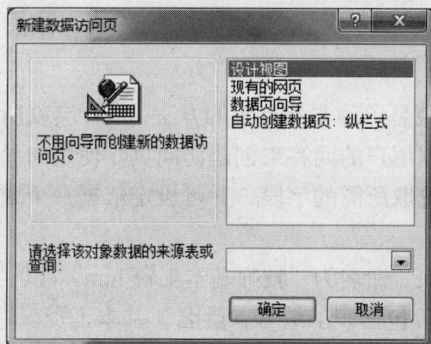

（a） （b）

图 7-2 "新建数据访问页"对话框

② 在"新建数据访问页" 对话框上部列表框中列出了创建数据库页的 4 种方式，选择"自动创建数据页：纵栏式"，在"请选择该数据对象的来源或查询"下拉框中选择"教师基本信息表"，如图 7-2（b）所示。

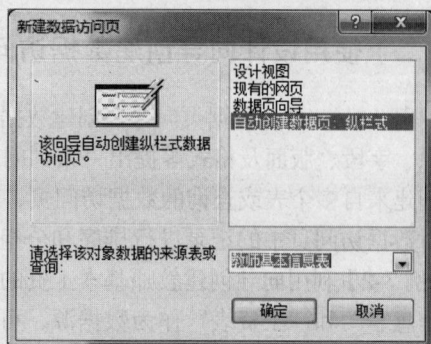

图 7-3 "教师基本信息表"数据页

③ 单击"确定"按钮，系统自动创建页，并将其保存为"HTML"文件。打开并浏览该页，如图 7-3 所示。

④ 关闭该数据访问页，系统将提示是否保存此页。单击"是"按钮，在弹出的"另存为数据访问页"对话框输入保存的路径和文件名，然后单击确定按钮即可。

> **注意**　创建完成的数据访问页是存储在 Access 数据库之外的一个 HTML 文件，然而 Access 会在数据库窗口的页对象下自动为该文件创建一个快捷方式。将鼠标指针放置在"数据库"窗口中此快捷方式上，将显示文件的路径。

（二）使用设计向导创建数据访问页

利用 Access 的"数据页向导"创建数据访问页对象是一种非常有效的方法，向导会就所需的记录源、字段、版面及格式等提出一系列问题，并根据用户的回答来创建访问页。使用向导不仅可以创建来自多个表或查询的数据访问页，而且可以选取所需的字段，并可设定依据一个或多个字段对数据访问页中的记录进行排序和分组。

【例 7-2】利用向导创建教师基本工资的数据访问页，命名为"教师基本工资.htm"。以"教师基本信息表"和"工资表"作为数据源，可访问的字段包括职工编号，姓名，基本工资。

步骤如下。

① 在数据库窗口选择"页"对象，单击"新建"按钮，弹出"新建数据访问页" 对话框如图 7-2（a）所示，选择数据页向导，单击"确定"按钮。显示如图 7-4 所示，字段选择对话框。

> **说明** 在数据库窗口的"页"对象下，双击"使用向导创建数据访问页"，也可打开字段选择对话框。

② 在图 7-4 中，选择"教师基本信息表"中"编号"、"姓名"字段；"工资表"中"基本工资"字段。单击"下一步"按钮，显示"分组级别对话框"，如图 7-5 所示。

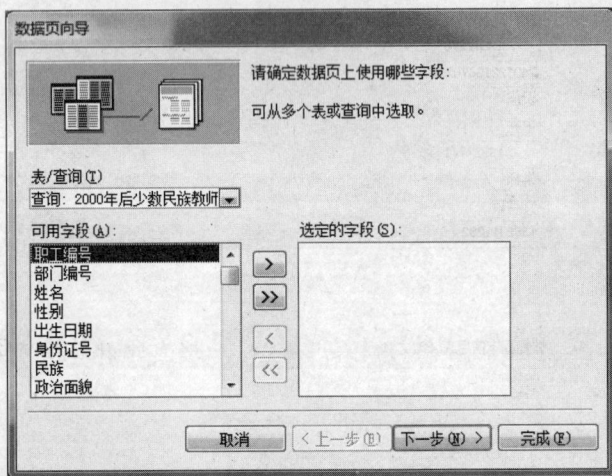

图 7-4　字段选择对话框

③ 在这里不需分组，直接单击"下一步"按钮，出现"排序对话框"，如图 7-6 所示。

④ 在"排序对话框"中选择"职工编号"升序排列。单击"下一步"按钮，显示"选择可更新表"对话框，如图 7-7 所示。

> **说明** 如果访问页中包含来源于多个表或查询的字段，但不创建分组级别，则其中可有一个基表（可在向导列出的记录源中选择）的字段数据可以支持在页面视图或在 IE 浏览器中进行更新。

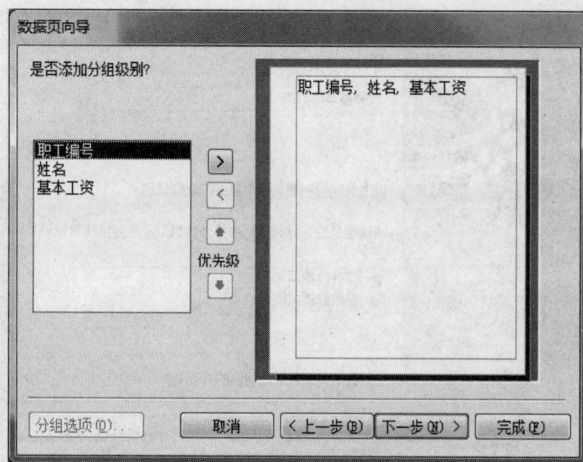

图 7-5 分组级别对话框

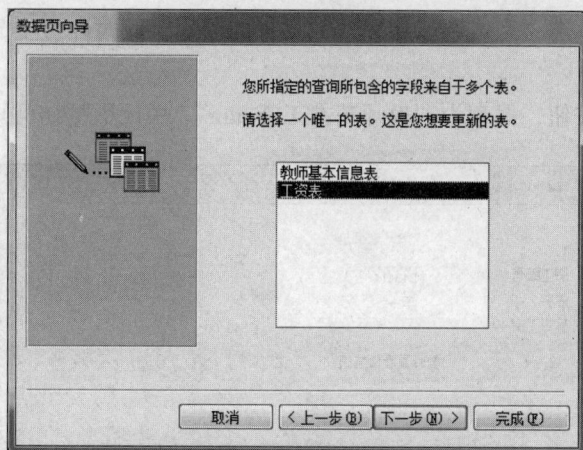

图 7-6 排序对话框

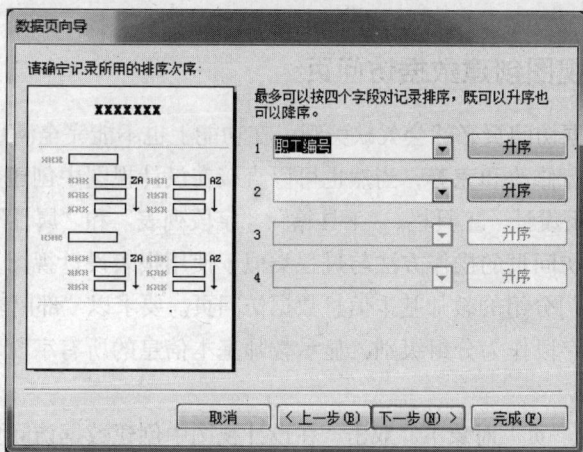

图 7-7 选择可更新表对话框

⑤ 这里选择"工资表",单击"下一步"按钮,输入数据页标题"教师基本工资",并选择"打开数据页",即设定在此数据页创建完成后立即在 Access 的页面视图将其打开,如图 7-8 所示。

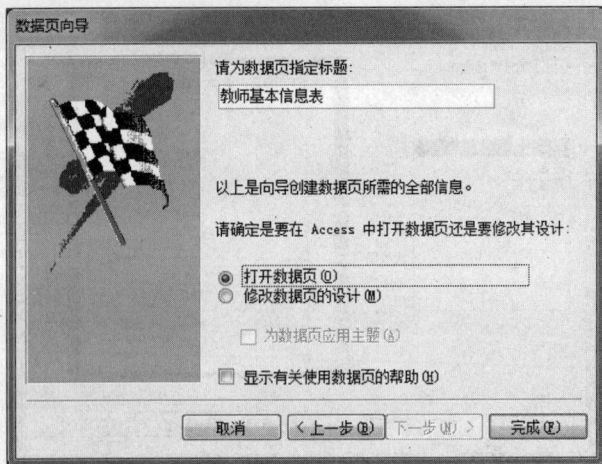

图 7-8　指定数据访问页的标题

⑥ 在图 7-8 中，单击"完成"按钮完成数据页的创建。此时即可生成图 7-9 所示的数据访问页。

⑦ 单击"保存"按钮，保存为"教师基本工资.htm"。关闭数据访问页视图。

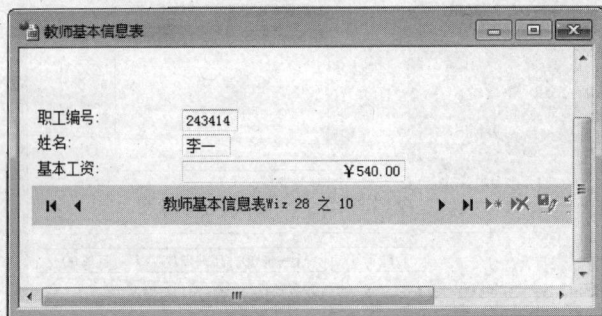

图 7-9　打开的"教师基本工资"数据访问页

（三）使用设计视图创建数据访问页

使用向导创建的数据访问页必然会欠缺美观，在功能上也不能完全满足用户的需求，这时可以在设计视图中对其进行修改和完善，当然也可以直接在设计视图中创建数据访问页。

页设计视图中有"页设计"工具栏、"工具箱"、"字段列表"和"属性"窗口等设计工具。使用页设计视图创建数据访问页的操作方法与过程类似于使用报表设计视图。

【例 7-3】创建按部门分组的教师基本信息数据访问页。要求以"部门教师信息查询"作为数据源，以"部门名称"字段作为分组级别，显示教师基本信息的所有字段。

步骤如下。

① 在数据库窗口的"页"对象下，双击"在设计视图中创建数据访问页"选项，打开数据访问页设计视图，同时调出"工具箱"和"字段列表"工具栏，如图 7-10 所示。

② 在"字段列表"中展开"查询"文件夹，把"部门教师信息查询"拖曳到设计视图中，弹出"版式向导"对话框，如图 7-11 所示。

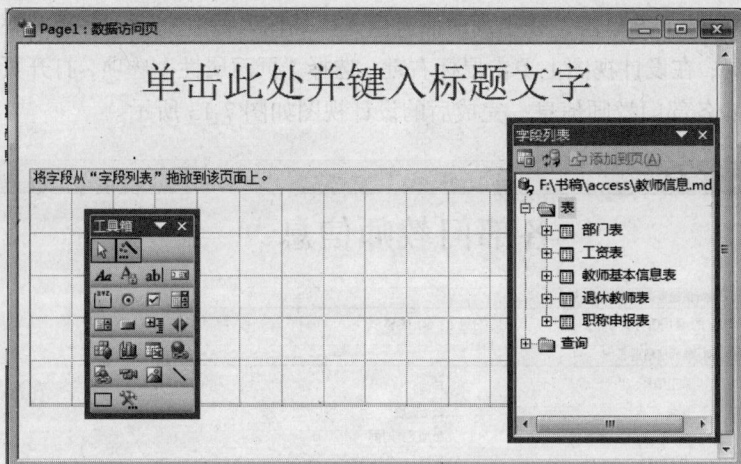

图 7-10 数据访问页设计视图及其"工具箱"和"字段列表"

③ 在"版式向导"对话框中选择"纵栏式",单击"确定"按钮。在设计视图上生成"页眉:部门教师信息查询"节,查询中的每个字段分别对应生成一个标签与一个文本框控件,同时自动在底部生成一个"部门教师信息"记录导航工具栏,如图 7-12 所示。

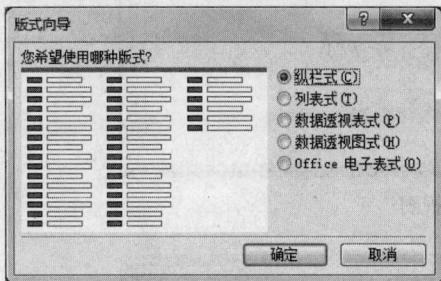

图 7-11 "版式向导"对话框

④ 选中"部门编号"文本框,鼠标右键单击,在弹出快捷菜单中单击"升级"命令,将"部门编号"与"部门名称"字段设置为分组级别字段,并自动置于分组级中。此时在底部生成一个"部门教师信息查询—部门名称"记录导航工具栏。将"部门名称"字段拖曳到分组级中。

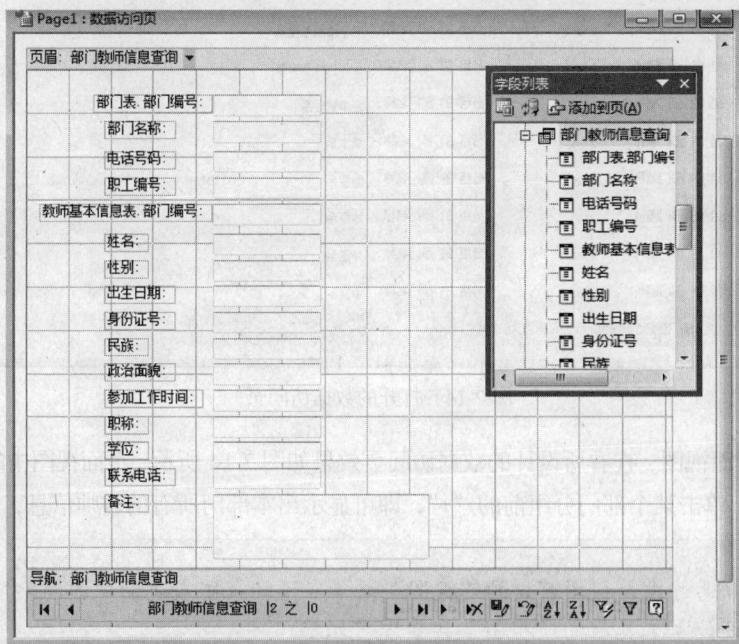

图 7-12 添加字段后的设计视图

⑤ 在设计视图的上方单击，在出现的插入点光标处输入标题文字"各部门教师信息"，调整各字段位置和布局；在设计视图上单击鼠标右键，选择"页面属性"选项，打开页面属性对话框，设置 title 属性为：各部门教师信息。完成后的设计视图如图 7-13 所示。

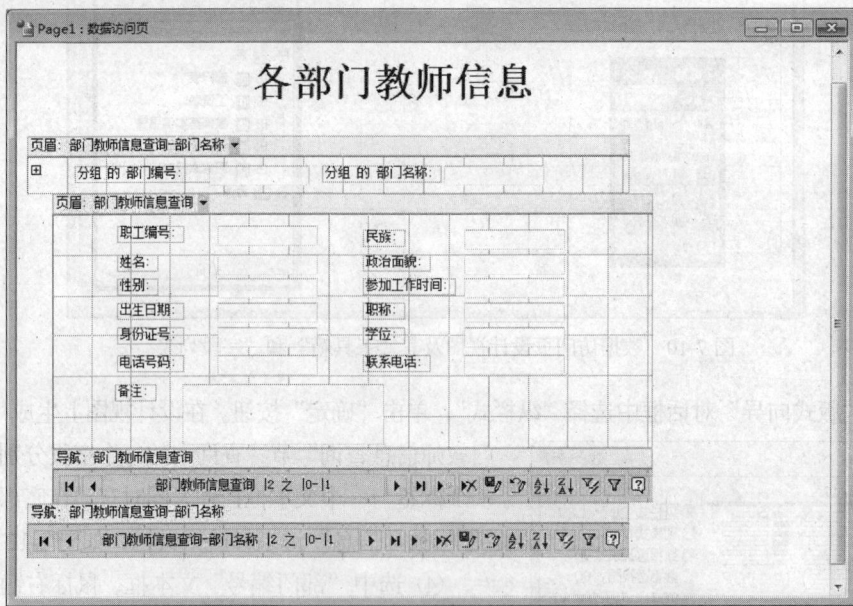

图 7-13　设计完成的设计视图

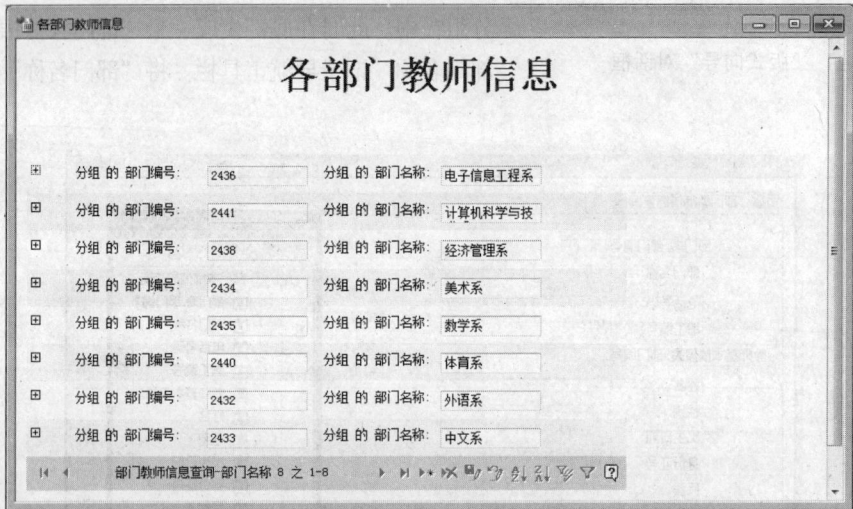

图 7-14　打开的数据访问页

⑥ 切换到页面视图，查看所设计的数据访问页效果如图 7-14 所示。页面视图中的数据访问页显示了各部门分组，单击某个部门分组前的"+"，即可显示出本部门所有的教师信息，如图 7-15 所示。

说明　可以通过设计视图窗口的"视图"菜单在设计视图或页面视图间切换，也可以通过"页设计"工具栏的"视图"按钮进行切换。

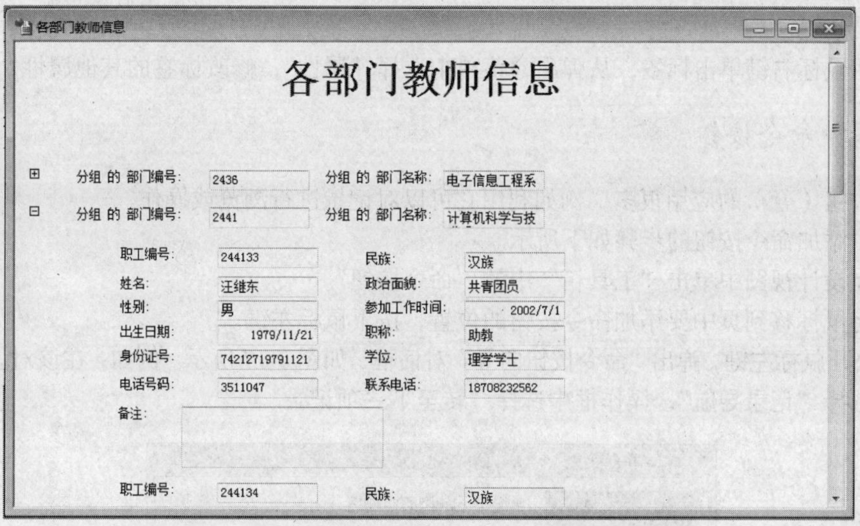

图 7-15 "计算机科学与技术"部门的教师信息数据

任务二 编辑数据访问页

用向导创建的数据页不够美观，功能也不够完善，用户可以对数据访问页中的节、控件或其他元素进行编辑和修改，这些操作都需要在设计视图中完成。

（一）添加控件

在 Access 的页设计视图中，可以根据需要添加诸如标签、文本框、记录浏览以及滚动文字等控件，利用这些控件既可以方便用户对数据库中的数据进行编辑、输入和排序，又使得工作界面十分美观。

在页设计视图中，单击"视图"菜单，在"工具栏"菜单项的子菜单中选中工具箱，或单击工具栏上的"工具箱"按钮（ 🛠 ），可出现数据访问页的工具箱，如图 7-16 所示。

图 7-16 数据访问页工具箱

在这里，我们只介绍一些常用控件，其他控件请读者参阅相关书籍或 Office 的帮助。

1. 添加标签

标签（ 🔠 ）在数据页中主要用于显示文本信息，如页标题、字段说明等。

在页中添加标签的步骤如下所示。

（1）在设计视图中单击"工具箱"中的"标签"按钮。

（2）将鼠标移到页中要添加标签的位置，按住鼠标左键拖曳，画出一个大小合适的矩形后松开鼠标左键。

（3）在标签中输入所需的文本信息，利用"格式"工具栏的工具设置文本所需的字体、字号和颜色等。

（4）用鼠标右键单击标签，从弹出的菜单中选择"属性"，修改标签的其他属性。

2. 添加命令按钮

命令按钮（ ▄ ）的应用很多，例如利用它可以对记录进行浏览或操作。

在页中添加命令按钮的步骤如下所示。

（1）在设计视图中单击"工具箱"中的"命令按钮"。

（2）将鼠标移到页中要添加命令按钮的位置，按下鼠标左键。

（3）松开鼠标左键，弹出"命令按钮向导"对话框，如图7-17所示。例如，在该对话框的"类别"框中选择"记录导航"，操作框中选择"转至下一项记录"。

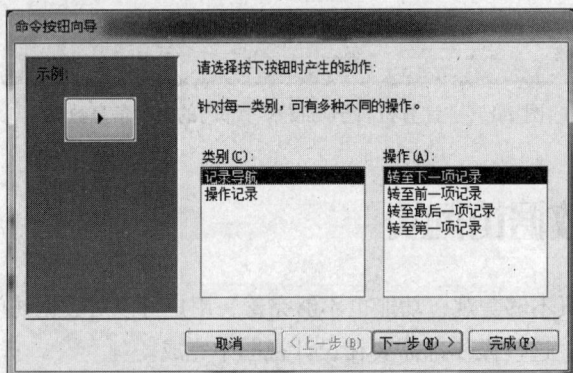

图 7-17　命令按钮向导对话框

（4）单击"下一步"。在出现的对话框中要求用户选择按钮上面显示文本还是图片，在这里选择图片，并单击列表框中的"移至下一项 1"选项，如图7-18所示。

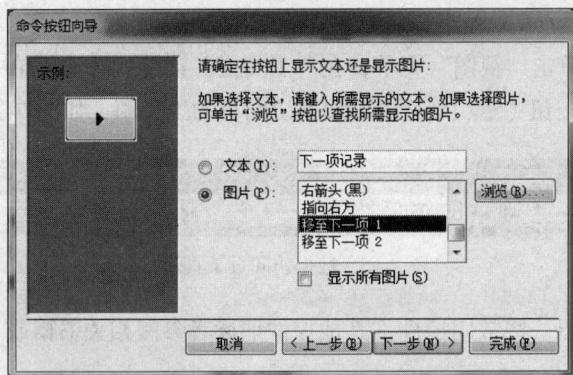

图 7-18　确定在按钮上显示文本还是图片

（5）单击"下一步"。在出现的对话框中输入按钮的名称，如输入"nextRecord"。单击"完成"。

（6）调整命令按钮的位置和大小，如果有需要可用鼠标右键单击命令按钮，从弹出的菜单中选择"属性"，打开命令按钮的属性窗口，根据需要修改命令按钮的属性。

3. 添加文本框控件

工具箱中的"▫"是文本框控件。在数据访问页上文本框有3种使用类型。

绑定文本框：可以使用文本框来显示记录源中的数据，因为它与某个字段中的数据项绑定。

未绑定文本框：显示和接受用户输入的数据。

计算型的文本框：可以显示和接受表达式计算的结果。

向数据访问页中添加文本框与添加标签类似。选中文本框单击鼠标右键，可以打开属性窗口，再根据需要设置文本框的属性。

4. 添加滚动文字

用户浏览网页时，会发现许多滚动的文字，很容易吸引人的注意力。用户可以利用"滚动文字"控件（▥）来添加滚动文字。

在页中添加滚动文字的步骤如下所示。

（1）在设计视图中，单击"滚动文字"按钮，在页中适当位置画一个大小合适的矩形。在滚动文字控件框中输入要滚动显示的文字。

（2）在滚动文字控件框单击鼠标右键，选择"元素属性"，打开"滚动文字"属性对话框，设置相关的属性。

（3）切换到页面视图，就可以看到滚动的文字。

5. 添加字段到页中

当使用字段列表将数据添加到页时，Access 自动创建绑定到所添加字段的控件，就像使用窗体和报表字段列表一样。然而，窗体和报表字段列表和页字段列表不一样。在可以将绑定控件添加到窗体或报表前，必须先将窗体或报表绑定到特定的记录源，因此，字段列表中仅显示该记录源中的字段。页则是直到添加了控件后才绑定，然后它就可以一次绑定到多个数据源。所以，页的字段列表显示了所有能从数据库中选取并添加到页的字段。

在页中添加字段列表的步骤如下所示。

（1）在设计视图打开页。

（2）选择"视图"菜单中的"字段列表"命令，系统弹出"字段列表"对话框，如图 9-10 所示。

（3）在"字段列表"对话框中，选择需要添加到页的表或表中的字段，单击"添加到页"命令按钮。

【例 7-4】在"教师基本信息"数据访问页上方添加滚动文字"教师基本信息"，在下方添加 4 个导航按钮，标题分别为：首记录，上一条记录，下一条记录，最后一条记录，分别命名为:firstRec，previousRec，nextRec，lastRec。

步骤如下。

① 在设计视图中打开"教师基本信息"数据访问页。在数据库窗口页对象下，在"教师基本信息"上单击鼠标右键选择"设计视图"；或双击"编辑现有网页"命令，从弹出的"定位网页"对话框中选择"教师基本信息.htm"文件，单击"打开"。

> **说明**　在数据库窗口页对象下，鼠标右键单击"教师基本信息"弹出快捷菜单可以选择"打开"、"设计视图"、"网页浏览" 3 种视图方式。"打开"将会打开数据页的页面视图；"设计视图"将会在设计视图中打开数据访问页；"网页浏览"将会在 IE 浏览器中打开数据访问页。

② 在工具箱中选择"滚动文字"按钮，将鼠标移到页中上方画一个矩形，在控件中输入文字"教师基本信息"。

③ 在控件框上单击鼠标右键，弹出图 7-19 所示弹出菜单。

④ 选择"元素属性"命令，弹出属性对话框，如图 7-20 所示。设置 FontSize 属性为：large。关闭属性窗口。

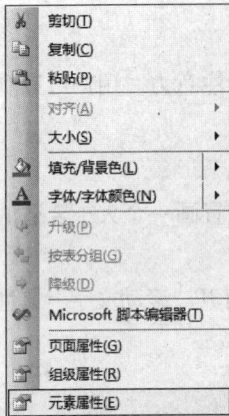

图 7-19　单击"滚动文字"控件框右键显示的菜单　　　　图 7-20　"滚动文字"属性对话框

⑤ 单击"工具箱"中的"命令按钮"，移到页适当位置处单击鼠标，弹出如图 7-17 所示对话框，在"类别"框中选择"记录导航"，操作框中选择"转至第一项记录"，单击下一步，在弹出的对话框中选择"文本"，并在其后文本框中输入"首记录"，单击"下一步"，输入名称"firstRec"，单击"完成"，至此"首记录"按钮添加成功。按照以上步骤添加其他 3 个按钮。设计成功后的数据页如图 7-21 所示。

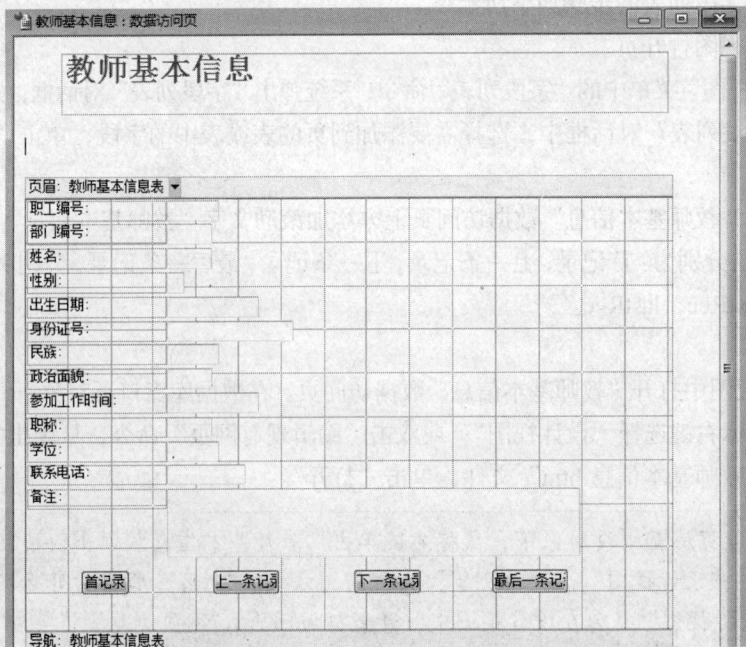

图 7-21　设计完成的数据页

⑥ 切换到页面视图，可以浏览滚动文字及导航按钮的效果，如图 7-22 所示。

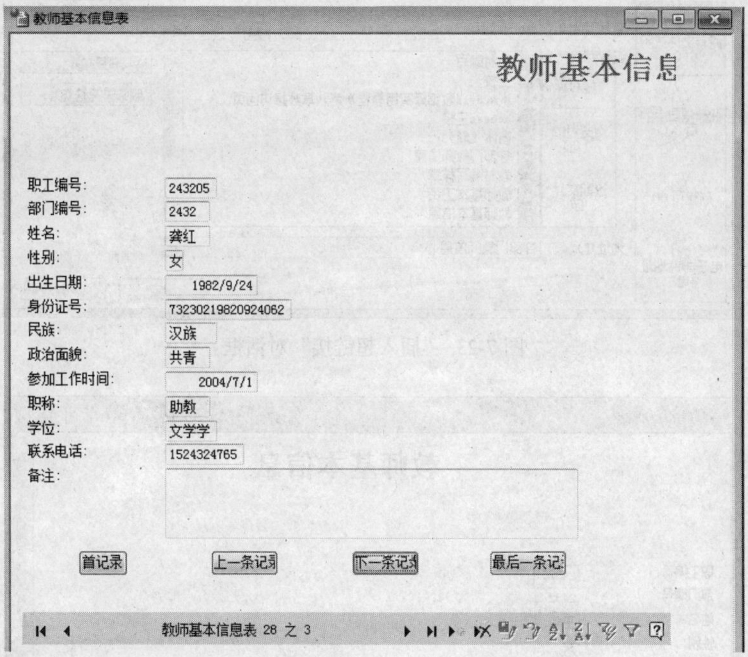

图 7-22 "教师基本信息"数据页的页面视图

（二）添加超级链接

可以在表中、窗体或数据访问页上创建超级链接，然后使用超级链接可以转到其他位置。例如，在其他的 Microsoft Access 数据库或 Microsoft Access 项目中的数据库对象；Microsoft Word 文档或 Microsoft Excel 工作簿；或者 Internet、Intranet 或电子邮件的地址。可以基于超级链接字段的文本框、窗体或数据访问页上的命令按钮、标签、图片来创建超级链接。

在 Access 中，一般未访问过的超级链接的颜色为蓝色，访问过的超级链接的颜色为暗红色，每个超级链接下面均有下划线。

下面用一个例子说明如何在数据访问页中创建超级链接。

【例 7-5】创建"教师基本信息"数据访问页的超级链接。要求在"教师基本信息"数据访问页页面上增加一"部门教师信息"的链接。

步骤如下所示。

① 在设计视图中打开"教师基本信息"数据访问页，如图 7-21 所示。

② 单击工具箱中的"超级链接"命令，移到页面上适当位置，单击鼠标左键，出现超级链接对话框，在显示文本框中输入"部门教师信息"，文件名称框中输入文件路径及文件名，如图 7-23 所示。

③ 将超级链接标签标题改为"部门教师信息查询"。至此，完成对部门教师信息的超链接，如图 7-24 所示。

> 说明　只有在 Web 浏览器中查看数据访问页时，其中的超链接才会工作，在 Access 的页面视图中查看时不会有超链接的效果。

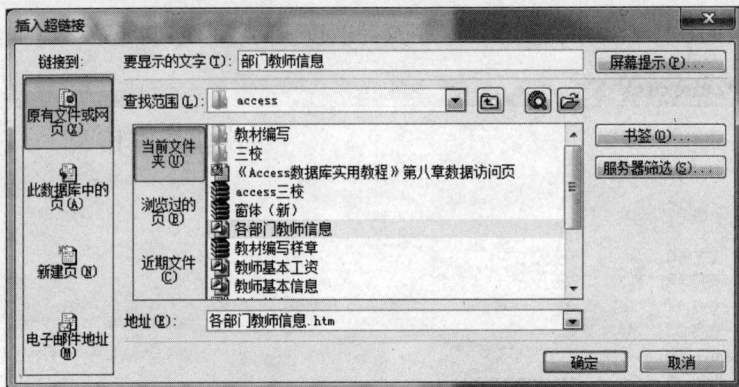

图 7-23 "插入超链接"对话框

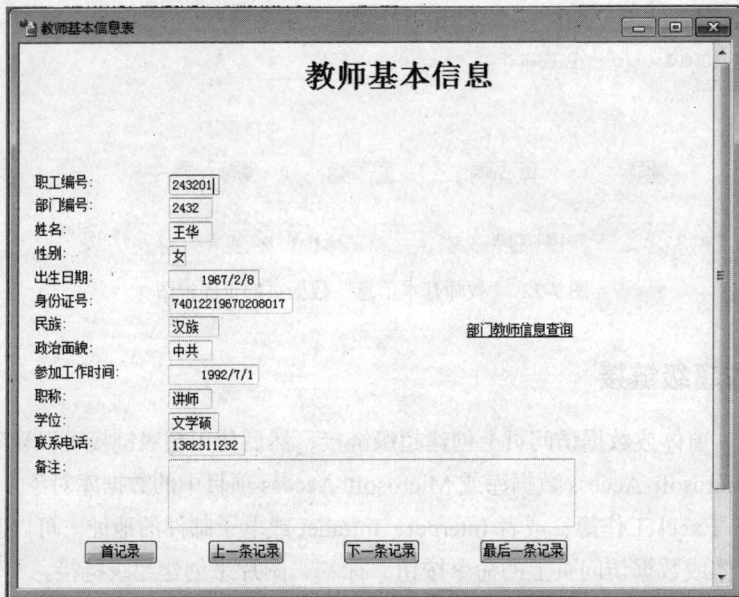

图 7-24 超级链接"部门教师信息查询"

（三）设置背景

在 Access 中，数据访问页的背景可以应用系统提供的主题设置，主题具有一定的图案和颜色效果。也可以利用系统提供的设置背景功能设置自定义的背景颜色、背景图片等。以便增强数据访问页的视觉效果。但在使用自定义背景颜色、图片之前，必须删除已经应用的主题。

1. 应用主题

主题是指一套统一的项目符号、字体、水平线、背景图像和其他数据访问页元素的设计风格和配色方案。Access 为数据访问页的设计提供了若干个主题，应用这些主题有助于创建专业化的设计精美的数据访问页。

Access 允许对没有主题的数据访问页设计主题，也可以删除已有的主题。将主题应用于数据访问页时，允许自定义的元素包括：正文和标题样式、背景色或图形、表边框颜色、水平线、项目符号、超链接颜色及控件。也可以选择相应的选项对文本和图形应用亮色，使某些主题元素具有动画效果，以及对数据访问页应用背景等。

【例7-6】为"教师基本工资"数据访问页应用一个恰当的主题。

步骤如下所示。

① 打开"教师基本工资"数据访问页，切换到设计视图。

② 选择"格式"菜单下的"主题"命令，打开"主题"对话框，如图7-25所示。

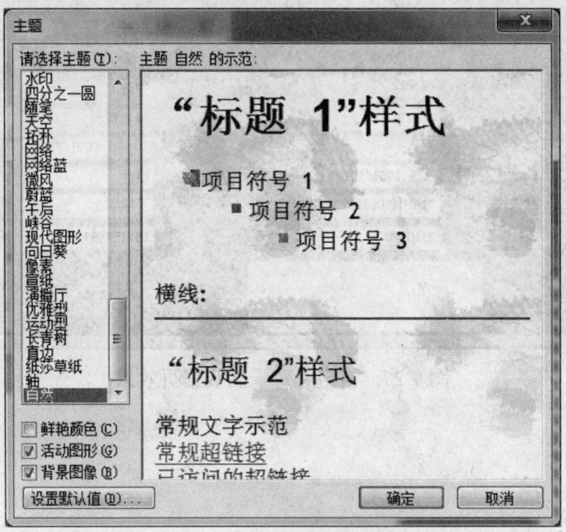

图7-25　"主题"对话框

③ 在"请选择主题"列表中选择一种主题，在右侧会显示出该主题的效果。左下方有3个复选框，可以确定是否为该主题应用"鲜艳颜色"、"活动图像"、"背景图像"等效果。

④ 单击"确定"按钮，完成主题设置。切换到页面视图，即可查看应用主题的效果。

> 只有在 Web 浏览器中查看数据访问页时，主题中的图形才会有动画效果。如果要删除某个数据访问页所应用的主题，只需在上述"主题"对话框的"请选择主题"列表中选择"无主题"即可。

2. 自定义背景

【例7-7】为"各部门教师信息"数据访问页自定义背景。

步骤如下所示。

① 打开"各部门教师信息"数据访问页，并切换到设计视图。

② 设置背景颜色。选择"格式"/"背景"/"颜色"命令，则会弹出"颜色"级联菜单，如图7-26所示。选择所需的颜色，即可将指定的颜色设为数据访问页的背景颜色。

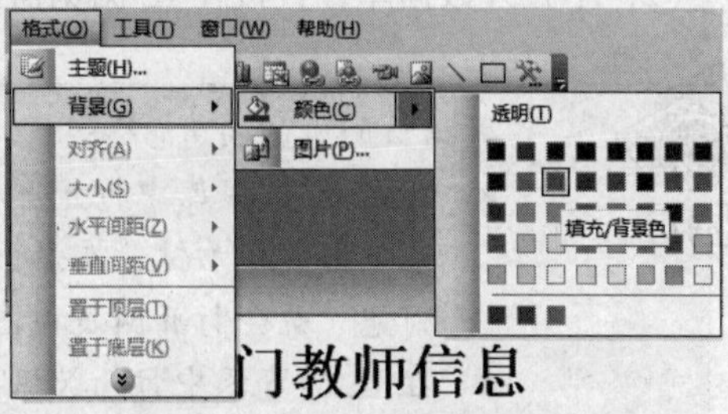

③ 设置图片。选择"格式"/"背景"/"图片"

图7-26　设置背景颜色级联菜单

命令，打开"插入图片"对话框，找到需要作为背景的图片文件，然后单击"确定"按钮即可。

④ 切换到页面视图，可以看到所设置效果，如图 7-27 所示。

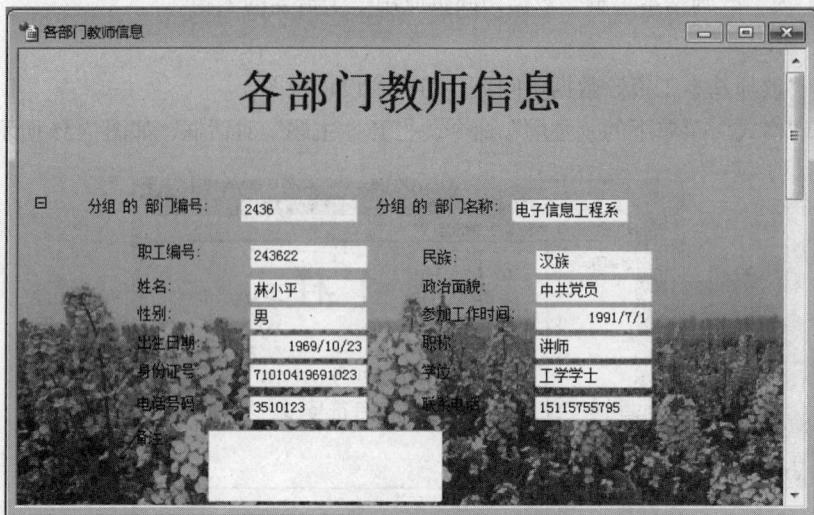

图 7-27　自定义背景的数据页效果

项目实训

实训一　为各班学生成绩创建数据访问页

1．创建"学生课程成绩"数据页，页面上显示"课程名"、"成绩"及学生表中的所有字段，添加"班级"分组级别，保存为"学生课程成绩.htm"。

2．创建按学号查询成绩数据访问页，页面上显示"学号"，"姓名"、"课程名"、"成绩"字段，保存为"按学号查询页.htm"。按类似方法分别创建"按姓名查询页"、"按课程查询页"。

3．在第 1 题创建的"学生课程成绩"页上创建 3 个超链接，分别指向第 2 题创建的"按学号查询页"、"按姓名查询页"、"按课程查询页"3 个数据页。

实训二　在 IE 浏览器中打开数据访问页

1．在 Access 数据库中，打开"学生课程成绩"数据访问页的网页视图。

2．不打开数据库，直接在 IE 浏览器浏览"学生课程成绩"数据访问页。

提示

数据访问页的打开。

- Access 数据库中打开：在数据库窗口页对象下，选取要打开的数据访问页对象单击鼠标右键，在弹出菜单中选择"打开"，会打开页面视图；选择"网页浏览"就会打开网页视图。
- 在 IE 浏览器中打开数据访问页的方式：在本地计算机上存放数据访问页的文件夹下，双击要打开的数据访问页文件；或者先打开 IE 浏览器，然后使用"打开"菜单选择要打开的数据访问页文件。

项目总结

　　本项目通过创建教师信息查询，介绍了"自动创建"、"数据页向导"、"数据页设计器"3 种方式创建数据访问页；在这些基础上通过"数据页设计器"对所创建的数据页添加控件、设置背景等改善数据访问页的功能，增强数据访问页的视觉效果；最后通过页面视图和网页视图浏览数据访问页的整体设计效果。

习　　题

一、选择

1. 可以通过_____将 Access 数据库中的数据在 Web 上发布。
　　A. 查询　　　　　　B. 窗体　　　　　　C. 报表　　　　　　D. 数据访问页
2. 下列有关数据访问页的叙述错误的是_____。
　　A. 通过数据访问页可以访问 Access 数据库
　　B. 通过数据访问页可以浏览和编辑 Access 数据库中的全部数据
　　C. 通过某些数据访问页可以浏览和修改 Access 数据库中的数据
　　D. Access 的数据访问页单独保存为一个文件
3. 使用"自动创建数据页"功能创建的是一种_____的数据访问页。
　　A. 纵栏式　　　　　B. 图表式　　　　　C. 表格式　　　　　D. 数据表式
4. 在设计视图中创建数据访问页时，"工具箱"中特有的按钮不包括_____。
　　A. 超链接　　　　　B. 滚动文字　　　　C. 组合框　　　　　D. 图像超链接
5. 创建数据访问页的数据来源是_____。
　　A. 一个单表查询　　B. 一个表　　　　　C. 一个多表查询　　D. 以上都可以

二、填空

1. 数据访问页对象的主要功能是是用来为 Internet 用户提供一个能够通过_____访问_____的操作界面。
2. 数据访问页有 3 种视图方式，分别为_____、_____、_____。
3. 创建完成的数据访问页是存储在 Access 数据库之外的一个_____，然而 Access 会在数据库窗口的页对象下自动为该文件创建一个_____。
4. 创建数据访问页最快捷的方式是_____。

三、问答题

1. 说明创建数据访问页的 3 种方式。
2. 如何在数据访问页中插入一个超级链接？
3. 你认为什么时候应用窗体对象，什么时候应用数据访问页对象？
4. 如何在 IE 浏览器中打开数据访问页？

项目八

宏的操作

【项目目标】

通过本项目的学习，读者将初步了解 Access 2003 中宏的概念与功能，并且能够进行宏的创建与应用。

【项目要点】

1. 宏的概念与常见的宏操作
2. 创建和编辑宏
3. 设置宏
4. 运行和调试宏

【项目任务】

使用宏创建系统登录窗体。

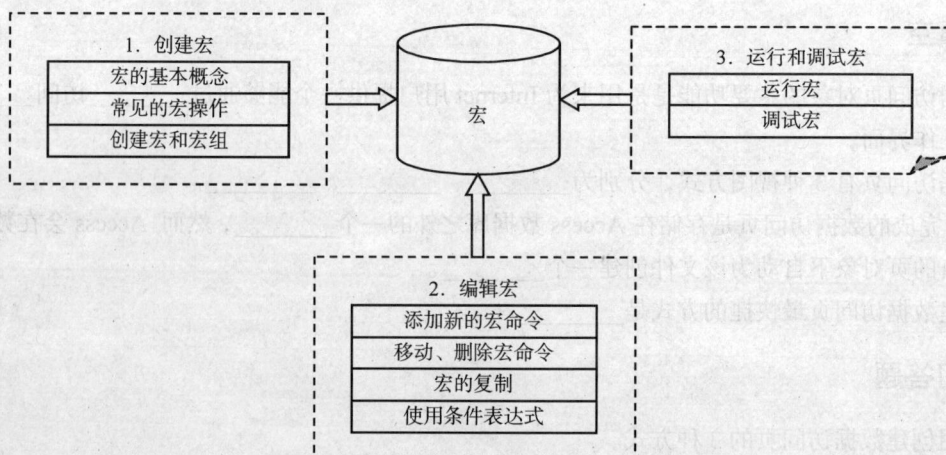

图 8-0 项目流程

任务一 什么是宏

（一）宏的基本概念

要想进一步利用 Access 简化日常处理的工作与程序，那么就需要深入应用宏（Macro）。通过宏，可以轻松完成在其他软件中必须编写大量程序才能完成的工作。我们可以把宏理解为一连串以达到某种特定的目的，简化操作流程与重复性工作的命令的集合。它可以很简单，只有一条操作命令，也可以很复杂，需要进行一连串数据设置的工作。

宏是一个或多个操作命令的集合，其中每个操作命令执行特定的功能。如果用户频繁地重复同一系列操作，就可以创建宏来执行，由它来完成重复的或者复杂的任务的自动化操作。这样既可以保证工作的一致性，又可以避免由于忘记某一操作步骤而引起的错误，节省了时间，提高了效率。

（二）常见宏操作

在 Access 2003 中，提供了 50 多种宏操作，用户可以从这些操作中做选择，创建自己的宏。而对于这些操作，用户可以通过查看帮助，从中了解每个操作的含义和功能。

下面表 8-1 列举了一些常见的宏操作。

表 8-1 常见宏操作说明

操　作	说　明
AddMenu	将菜单添加到窗体或报表的自定义菜单栏，菜单栏中每个菜单都需要一个独立的 AddMenu 操作。此外，也可以为窗体、窗体控件或报表添加自定义快捷菜单，或为所有的窗口添加全局菜单栏或全局快捷菜单
ApplyFilter	对表、窗体或报表应用筛选、查询或 SQL WHERE 子句，以便对表的记录、窗体、报表的基础表或基础查询中的记录进行相应的操作。对于报表，只能在其"打开"事件属性所指定的宏中使用该操作
Beep	可以通过计算机的扬声器发出嘟嘟声，一般用于警告声
CancelEvent	取消一个事件，该事件导致 Access 执行包含宏的操作
Close	关闭指定的 Access 窗口。如果没有指定窗口，则关闭活动窗口
CopyObject	将指定的数据库对象复制到另外一个 Access 数据库（.mdb）中，或以新的名称复制到同一数据库或 Access 项目（.adp）中
CopyDatabaseFile	为当前的与 Access 项目连接的 SQL Server 7.0 或更高版本数据库作副本
DeleteObject	删除指定的数据库对象
Echo	指定是否打开回响。例如：可以使用该操作在宏运行时隐藏或显示运行结果
FindNext	查找下一个符合前一个 FindRecord 操作或"在字段中查找"对话框中指定条件的记录
FindRecord	查找符合 FindRecord 参数指定条件的数据的第一个实例。该数据可能在当前的记录中，在之前或之后的记录中，也可以在第一个记录中，还可以在活动的数据表、查询数据表、窗体数据表或窗体中查询记录

任务二　创建宏

究竟如何为窗体、报表和控件事件编写宏呢？我们可以从创建宏开始，然后再给它指派特定的工作。

（一）创建和编辑宏

① 单击图 8-1 所示数据库窗口的【宏】选项卡中的【新建】按钮，就可打开宏的设计工具栏和定义窗口。

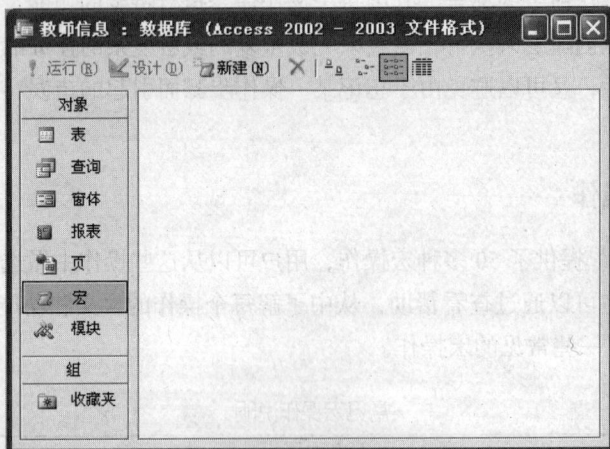

图 8-1　数据库窗口

【宏设计】工具栏，如图 8-2 所示。

图 8-2　宏设计工具栏

下表 8-2 列出了宏设计工具栏的一些按钮说明。

表 8-2　　　　　　　　　　　　　　　宏设计工具栏按钮说明

按　钮	工具按钮名称	功　能
	宏名	显示宏定义窗口中的"宏名"列
	条件	显示宏定义窗口中的"条件"列
	插入行	在宏定义表中设定的当前行的前面增加一空白行
	删除行	删除当前行
	运行	运行宏
	单步	单步运行宏
	生成器	设置宏的操作参数

【宏定义】窗口。

【宏定义】窗口分成上下两部分，上半部分用来定义宏命令及相关批注，下半部分用来设置相关参数。默认情况下，【宏定义】窗口上半部分由两列组成：操作和注释列，如图8-3（a）所示。

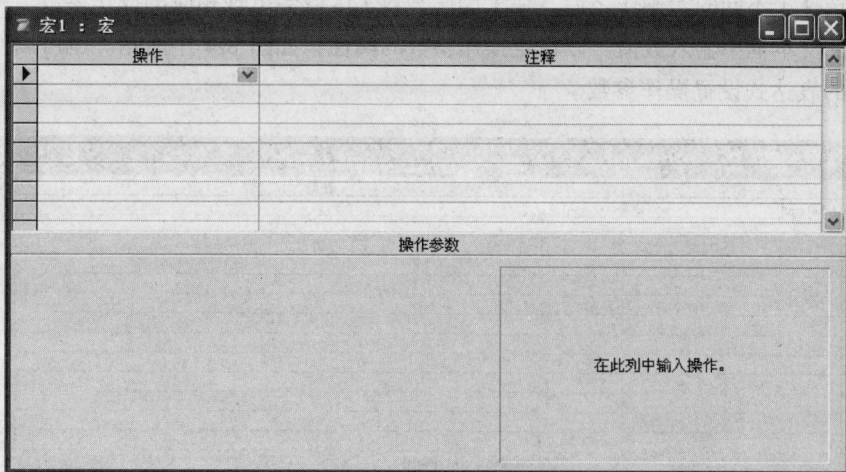

图 8-3（a）　【宏定义】窗口

单击宏名、条件按钮可以显示图8-3（b）所示窗口。

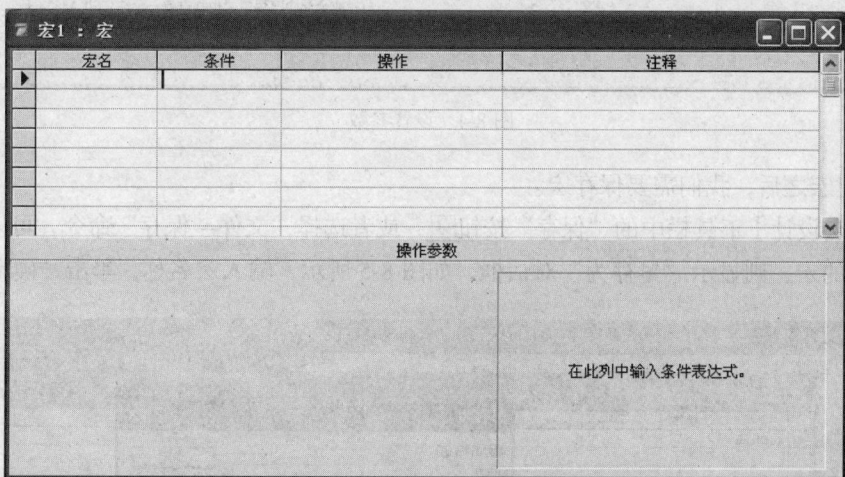

图 8-3（b）　【宏定义】窗口

下表8-3列出了【宏定义】窗口上半部分的组成说明。

表 8-3　　　　　　　　　　　　　　　【宏定义】窗口上半部分组成

【操作】列	在此列中输入宏中所有操作，运行时将按照输入顺序执行操作
【注释】列	在此列中输入对应操作的备注说明
【宏名】列	在此列中输入宏的名称，在多个操作的宏组中这一列是必选的
【条件】列	在此列中输入条件表达式，以决定运行宏的条件

② 下面，我们就可以进行宏的创建了。

我们把宏的创建分为3步：加入命令——设置参数——保存。

通常，我们在【宏定义】窗口指定宏命令，单击【操作】列，在出现的下拉列表中选择适当的宏操作，然后在【注释】列加入该操作的说明。

当我们选择了不同的宏操作之后，在【操作参数】区域会出现相应的操作参数。可以在各操作参数对应的文本框中输入数值，以设定操作参数的属性，如图 8-4 中所示。也可以使用表达式生成器生成的表达式设置操作参数。

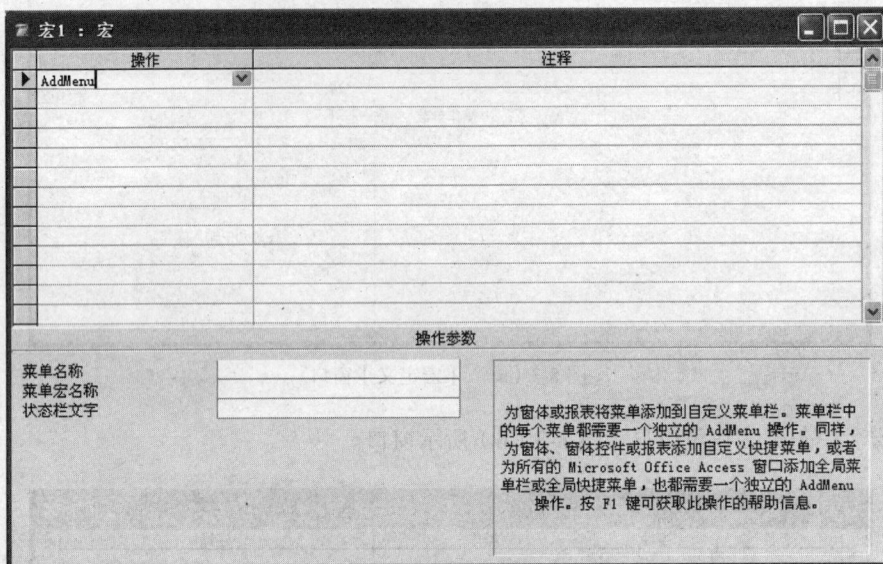

图 8-4　设置参数

③ 创建宏之后，我们需要保存宏。

单击【宏设计】工具栏中的"保存"按钮，或者选择"文件—保存"命令，可以保存宏。如果是新建的宏，则显示"另存为"对话框，如图 8-5 所示，输入宏名称，单击"确定"保存。

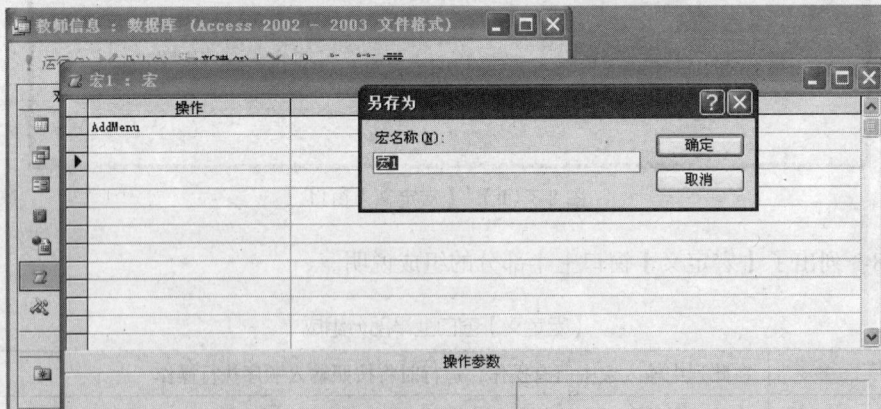

图 8-5　保存宏

注意　　第二次或者以后再单击"保存"按钮，将不再显示"另存为"对话框，以直接存盘取代。

（二）创建宏组

在一个复杂的数据库系统中，经常需要响应多种事件，甚至需要数百个宏，如果有多个宏，可将相关的宏设置成宏组，以便于用户管理数据库。使用宏组可以避免单独管理这些宏的麻烦。

单击"宏名"按钮，显示【宏名】列，以便于可以将一组宏统一命名。以设置登录窗体为例，我们可以为登录窗体的切换来设置一组宏命令。

当我们按下登录窗体中的登录按钮时，首先需要执行 Close 宏命令将登录窗体关闭，然后需要执行 OpenForm 宏命令将教师信息管理系统主窗体打开，那么我们可以将这两个宏命令设置成一组，如图 8-6 所示。

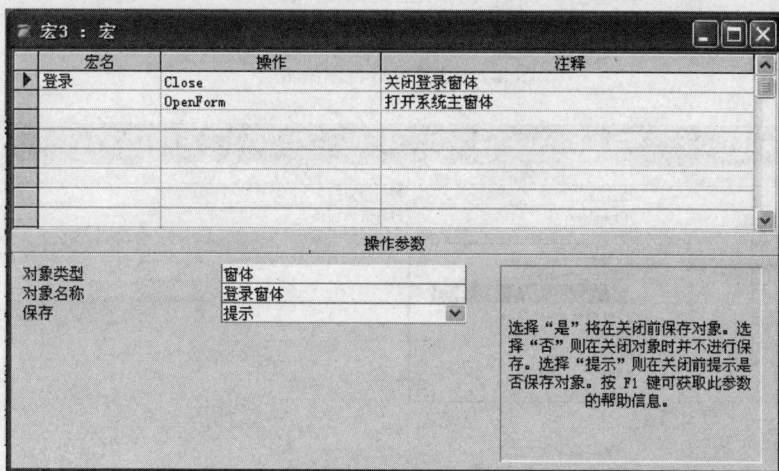

图 8-6　宏组

> 如果要调用指定宏组中的某个宏，应使用如下结构：【宏组名.宏名】。

（三）编辑宏

宏创建完成以后，常常发现会有些不足的地方，那么这时就需要对已经创建了的宏进行编辑和修改，比如添加一些新的宏命令、更改宏命令的顺序、删除一些不需要的宏命令等。这时，我们需要单击数据库窗口的【宏】选项卡中的"设计"按钮来进行宏的编辑。

1. 添加新的宏命令

下例给大家介绍一下如何给宏 1 添加"关闭"宏操作。

① 打开数据库窗口中的【宏】选项卡，选择需要进行添加宏命令的宏 1。

② 单击"设计"按钮，或者单击鼠标右键在弹出的右键菜单中选择【设计视图】，如图 8-7 所示。

③ 在【宏设计】窗口中单击【操作】列下拉菜单，在操作列表中选择要添加的"Close"宏命令，如图 8-8 所示。

153

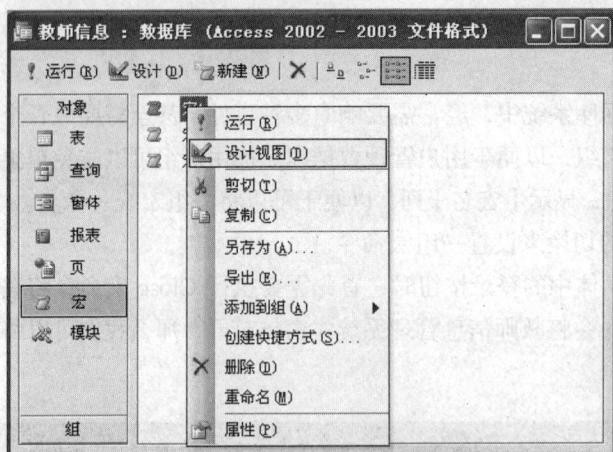

图 8-7　选择设计视图编辑宏

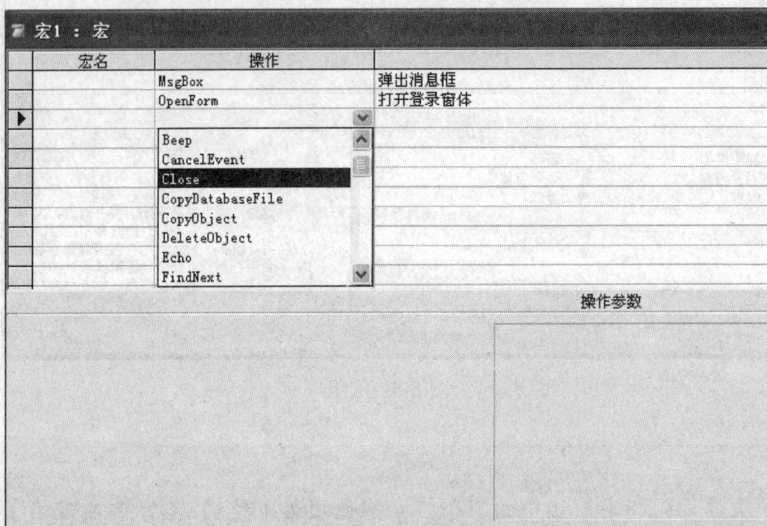

图 8-8　添加宏命令

　　如果需要添加的操作在两个宏命令之间，可以选择单击插入行按钮 ，在设定的当前行的前面增加一空白行，再选择添加操作。

④ 最后，要保存宏，单击【宏设计】工具栏中的"保存"按钮 进行保存。

2．移动宏命令

当需要进行宏操作顺序调整时，我们单击行选择器选择需要移动的宏操作，按住鼠标左键向下拖曳到想要移动的位置松开鼠标左键就可以了。

3．删除宏命令

当需要删除宏中的一些不必要的操作时，我们可以在设计视图中单击要删除的行选择器，然后单击【宏设计】工具栏中的【删除行】按钮 进行保存。

4. 宏的复制

建立一个在设计方面和已经存在的宏类似的宏时,可以使用宏的复制,这样不必重新建立新宏,只需要做适当的修改,节省了大量的时间。对于宏的复制可以是整个宏,也可以是单个宏中的某个宏命令。

下例给大家介绍一下如何对宏1进行复制操作。

① 打开数据库窗口中的【宏】选项卡,选择需要进行复制宏命令的宏1。

② 单击鼠标右键在弹出的右键菜单中选择【复制】,如图8-9所示。

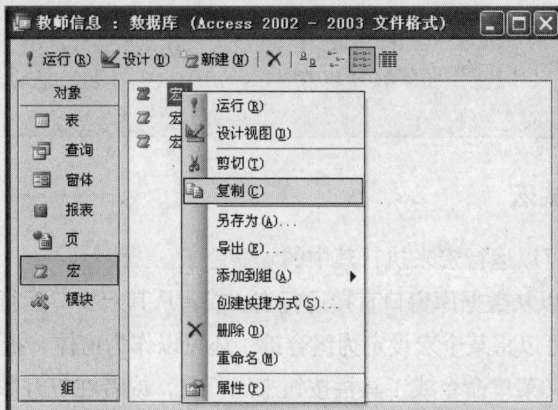

图8-9 复制宏

③ 再单击鼠标右键,在弹出的右键菜单中选择【粘贴】,在出现的【粘贴为】对话框中输入复制的新宏的名字,如图8-10所示,然后单击【确定】按钮即可。

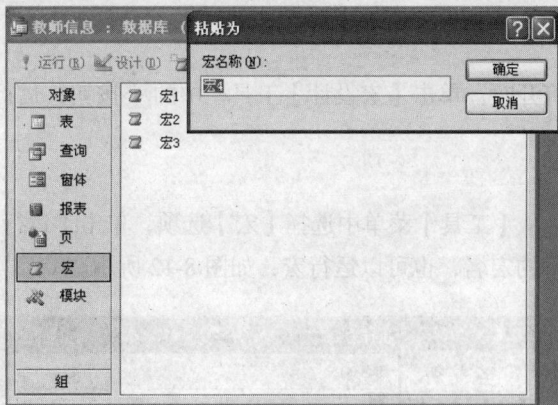

图8-10 【粘贴为】对话框

5. 使用条件表达式

当我们所要执行的操作较为复杂时,用户可能希望根据不同的条件来执行特定的一条或多条宏命令,即在某条件为真时才执行某个或某些操作。宏中的条件表达式可以达到这个目的。

① 在【宏设计】工具栏中,单击"条件"按钮 ,显示【条件】列。在此列的文字框中我

们可以设置执行宏的条件，如图 8-11 所示。

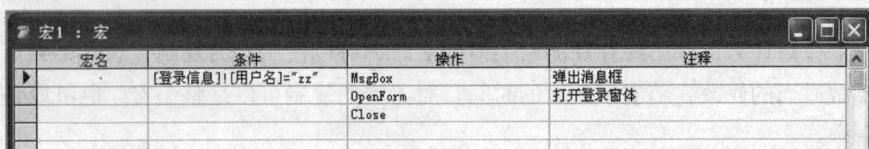

图 8-11　设置条件

② 如果逻辑表达式的值为 True，则执行同列的宏命令；如果逻辑表达式的值为 False，则不会执行同列的宏命令。

按【Shift】+【F2】组合键可以在弹出的窗口中显示完整的条件表达式。

（四）运行和调试宏

创建完宏之后，就可以运行宏来执行其中的宏命令了。

Access 2003 中，可以从数据库窗口直接运行宏，或者从其宏窗口运行宏，从菜单运行宏，在另一个宏中运行宏，也可以将某个宏设定为组合键，还可以作为窗体、报表或控件中出现的事件响应运行宏，创建自定义菜单命令或工具栏按钮来运行宏，或者在打开数据库时自动运行宏。

1. 从数据库窗口直接运行宏

① 打开数据库窗口中的【宏】选项卡，选择需要运行的宏。
② 单击工具栏中的 ! 运行(R) 按钮；或者直接双击要运行的宏。

2. 从宏定义窗口运行宏

当【宏定义】窗口打开时，单击【宏设计】工具栏中的 ! 按钮，运行宏。

3. 从菜单运行宏

在任何其他窗口中，从【工具】菜单中选择【宏】选项，单击【运行宏】选项，在弹出的执行宏对话框中输入要执行的宏名，也可以运行宏，如图 8-12 所示。

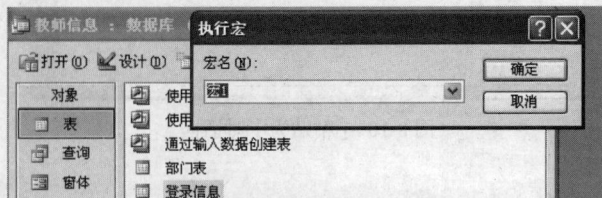

图 8-12　从菜单运行宏

4. 从另一个宏中运行宏

新建一个宏，添加 "RunMacro" 操作，在【操作参数】区域中的【宏名】选项中选择要运行的宏，如图 8-13 所示，并且还可以根据需要，设置它的"重复次数"和"重复表达式"。

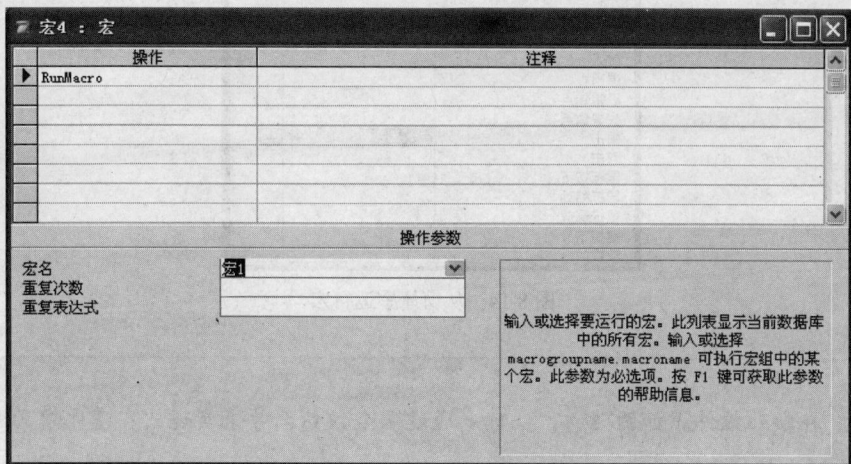

图 8-13　从另一个宏中运行宏

5. 创建 AutoKeys 宏

Autokeys 宏通过按下指定给宏的一个键或一个键序触发。为 AutoKeys 宏设置的键击顺序称为宏的名字。例如：名为 F5 的宏将在按下【F5】键时运行。

命名 AutoKeys 宏时，使用符号"^"表达【Ctrl】键。

表 8-4 列出了可用来运行 AutoKeys 宏的组合键的类型：

表 8-4　　　　　　　　　　　　　　AutoKeys 宏的组合键

语　　法	说　　明	示　　例
^number	【Ctrl】+任一数字	^5
F*	任一功能键	F1
^F*	【Ctrl】+任一功能键	^F1
+F*	【Shift】+任一功能键	↑F5

创建 AutoKeys 宏时，必须定义宏将执行的操作，如打开一个对象，最大化一个窗口或显示一条消息。另外还需要提供操作参数，宏在运行时需要这种参数，如要打开的数据库对象、要最大化的窗口或要在对话框中显示的消息的名称。

6. 从窗体和报表中运行宏

除了直接运行宏以外，还可以将宏链接到窗体和报表中，将它与窗体、报表、控件相结合，一起执行使用。

下面给大家举例说明如何从窗体中运行宏。

① 在数据库窗口的【窗体】选项卡中选择登陆窗体，打开设计窗口。

② 这个窗体中有两个按钮控件，选择视图中的【登录】按钮控件，单击【视图】菜单中【属性】选项，在弹出的命令按钮属性对话框中选择【事件】标签。

③【事件】标签的【单击】下拉菜单中，选择需要运行的宏，如图 8-14 所示。

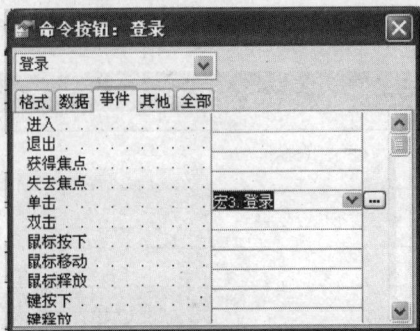

图 8-14　从窗体中运行宏

在按钮控件添加的之初，也可以通过命令按钮向导来实现宏在窗体中的添加。

7. 创建事件宏

事件是在数据库中执行的操作，如单击鼠标、打开窗体或打印报表。可以创建只要某一事件发生就运行宏。例如在使用窗体时，可能需要在窗体中反复地查找记录，打印记录，然后前进到下一条记录。可以创建一个宏来自动地执行这些操作。

Access 2003 可识别大量的事件，但可用的事件并非一成不变，这取决于事件将要触发的对象类型。下表 8-5 给出了几个常用的可指定给宏的事件。

表 8-5　　　　　　　　　　　　　　　可指定给宏的事件

事　件	说　明
OnOpen	当一个对象被打开且第 1 条记录显示之前执行
OnCurrent	当对象的当前记录被选中时执行
OnClick	当用户单击一个具体的对象时执行
OnClose	当对象被关闭并从屏幕上清除时执行
OnDblClick	当用户双击一个具体对象时执行
OnActivable	当一个对象被激活时执行
OnDeactivate	当一个对象不再活动时执行
BeforeUpdate	在用更改后的数据更新记录之前执行
AfterUpdate	在用更改后的数据更新记录之后执行

在宏设计的过程中，不可避免的会遇到一些问题，在 Access 中，可以通过调试来解决这些问题完成设计。

下例给大家介绍一下如何对已经建立的宏进行调试。

① 在【宏定义】窗口中，执行【宏设计】工具栏中【单步】按钮 ，让其处于按下状态，然后单击 按钮。

② 这时会出现图 8-15 所示的【单步执行宏】对话框，在此对话框中显示了宏名、条件、操作名称、参数等信息以及【单步执行】、【停止】、【继续】3 个按钮。单击【单步执行】，执行对话

框当前显示的操作。

图 8-15 【单步执行宏】对话框

> **注意** 　　如果选择【停止】，则停止宏的执行；如果选择【继续】，将会关闭单步执行而继续执行宏的未完操作。

③ 如果单步执行完毕，【单步执行宏】对话框消失，则说明建立的宏没有错误，可以运行；如果在宏的执行过程中产生错误，Access 将显示相应的消息框给予提示，如图 8-16 所示。

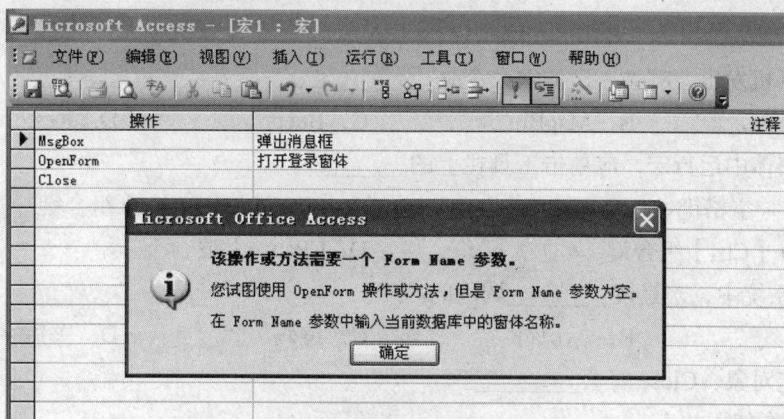

图 8-16 执行过程中出错

④ 阅读出错信息后单击【确定】按钮，会显示【操作失败】对话框，如图 8-17 所示。

⑤ 单击【停止】按钮，就可以回到【宏定义】窗口对其进行编辑修改了。

图 8-17 【操作失败】对话框

项目实训

实训一　使用宏创建系统登录窗体

1. 打开"系统登录"窗口的设计视图，对其中的"登录"、"退出"按钮的"属性"进行宏的设置。

2. 保存"系统登录"窗体的创建。运行窗体来查看结果。

项目总结

本项目主要对 Access 中宏的概念和功能做了一定的阐述，同时结合实例介绍了宏的创建以及它的应用。

习　　题

一、选择题

1. 用于使计算机发出"嘟嘟"声的宏命令是_____。

　　A．Echo　　　　　　　B．MsgBox　　　　　　C．Beep　　　　　　　D．Restore

2. 从宏设计窗体中运行宏，应单击工具栏上的_____。

　　A．【Ctrl】＋ 空格键　　　　　　　　　　　B．【Ctrl】＋【Break】组合键

　　C．【Alt】＋【Ctrl】组合键　　　　　　　　D．【Pause】键

3. 在 Access 系统中，宏是按_____调用的。

　　A．名称　　　　　　　B．标识符　　　　　　　C．编码　　　　　　　D．关键字

4. 如果不指定对象，Close 将会_____。

　　A．关闭正在使用的表

　　B．关闭正在使用的数据库

　　C．关闭当前窗体

　　D．关闭相关的使用对象（窗体、查询、宏）

5. 用于打开报表的宏命令是_____。

　　A．OpenForm　　　　　B．OpenReport　　　　　C．OpenQuery　　　　D．RunApp

二、填空题

1. 宏是一个或多个_____的集合。

2. 在宏中添加了某个操作以后，可以在宏设计窗体的下部设置这个操作的_____。

3. 有多个操作构成的宏，执行时是按_____依次执行。

4. 打开查询的宏命令是_____。

项目九

VBA 数据库编程基础

【项目目标】

通过本项目的学习，读者将掌握 VBA 程序设计基础，学习 VBA 程序结构控制语句，了解模块与面向对象编程环境。

【项目要点】

1. 数据类型、常量和变量
2. 运算符与表达式、函数
3. VBA 程序结构
4. 类模块和标准模块
5. Sub 过程和 Function 过程的定义、调用
6. VBA 编程环境

【项目任务】

编写程序管理教务系统的各类信息。

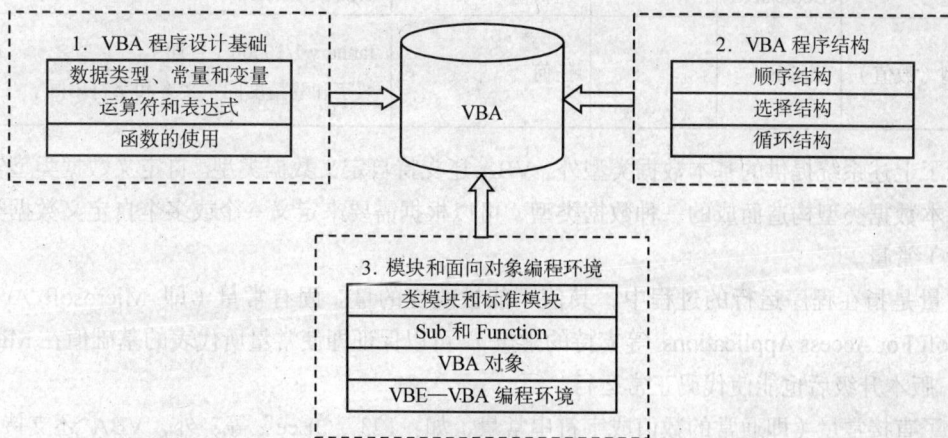

```
┌─────────────────────────┐          ┌─────────────────────────┐
│  1. VBA 程序设计基础     │          │  2. VBA 程序结构        │
│ ┌─────────────────────┐ │          │ ┌─────────────────────┐ │
│ │ 数据类型、常量和变量│ │   ┌────┐ │ │      顺序结构       │ │
│ ├─────────────────────┤ │──▶│VBA │◀─│ ├─────────────────────┤ │
│ │   运算符和表达式    │ │   └────┘ │ │      选择结构       │ │
│ ├─────────────────────┤ │    ▲     │ ├─────────────────────┤ │
│ │      函数的使用     │ │    │     │ │      循环结构       │ │
│ └─────────────────────┘ │    │     │ └─────────────────────┘ │
└─────────────────────────┘    │     └─────────────────────────┘
                    ┌──────────┴──────────────┐
                    │ 3. 模块和面向对象编程环境│
                    │ ┌─────────────────────┐  │
                    │ │  类模块和标准模块   │  │
                    │ ├─────────────────────┤  │
                    │ │   Sub 和 Function   │  │
                    │ ├─────────────────────┤  │
                    │ │      VBA 对象       │  │
                    │ ├─────────────────────┤  │
                    │ │ VBE—VBA 编程环境    │  │
                    │ └─────────────────────┘  │
                    └──────────────────────────┘
```

图 9-0 项目流程

任务一 了解 VBA 程序设计基本语法

（一）数据类型、常量和变量

前面各章介绍的内容大多是通过交互式操作创建数据库对象，并通过数据库对象的操作来管理数据库。虽然 Access 的交互操作功能强大、易于掌握，但是在实际的数据库应用系统中，常常需要编写一些程序来实现自动操作，以达到数据库管理的目的。VBA 是宏语言版本的 Microsoft Visual Basic。

（1）数据类型。

VBA 数据类型继承了传统的 Basic 语言，在 VBA 应用程序中，也需要对变量的数据类型进行说明。VBA 提供了较为完备的数据类型，Access 数据表中字段使用的数据类型（OLE 对象和备注字段数据类型除外）在 VBA 中都有对应的类型。VBA 数据类型参见下表 9-1。

表 9-1　　　　　　　　　　　VBA 数据类型列表

数据类型	类型标识	符　号	字段类型	取值范围
整型	Integer	%	字节/整数/是/否	−32 768 ~ 32 767
长整型	Long	&	长整数/自动编号	−2 147 483 648 ~ 2 147 483 647
单精度浮点型	Single	!	单精度数	负数：−3.402 823E38 ~ −1.401 298E−45 正数：1.401 298E−45 ~ 3.402 823E38
双精度浮点型	Double	#	双精度数	负数：−1.8D308 ~ −4.9D−324 正数：4.9D−324 ~ 1.8D308
货币型	Currency	@	货币	−922 337 203 685 477.580 8 ~ 922 337 203 685 477.580 7
字符型	String	$	文本	0 ~ 65500
日期型	Date		日期/时间	日期：100 年 1 月 1 日 ~ 9999 年 12 月 31 日 时间：00:00:00 ~ 23:59:59
布尔型	Boolean		逻辑值	True 或 False
变体型（数值）	Variant		任何	January 1/10000（日期） 数字和双精度同，文本和字符串同

除了上述系统提供的基本数据类型外，VBA 还支持自定义数据类型。自定义数据类型实质上是由基本数据类型构造而成的一种数据类型，可以根据需要来定义一个或多个自定义数据类型。

（2）常量。

常量是指在程序运行的过程中，其值不能被改变的量。固有常量（即 Microsoft Access、Microsoft For Access Applications 等支持的常量），可以保证即使常量所代表的基础值在 Microsoft Access 版本升级后也能使代码正常运行。

除了直接常量（即通常的数值或字符串常量，如：123，"Lee" 等）外，VBA 还支持下列 3 种类型的常量。

① 符号常量：用 Const 语句创建，并且在模块中使用的常量。通常，符号常量用来代表在代码中反复使用的相同的值，或者代表一些具有特定意义的数字或字符串。符号常量的使用可以增加代码的可读性与可维护性。例如：Const conPI = 3 . 14159265。通过此语句可以使用 conPI 来代替常用的π值。

② 固有常量：是 Microsoft Access 或引用库的一部分。除了用 Const 语句声明常量之外，Microsoft Access 还声明了许多固有常量，并且可以使用 VBA 常量和 ActiveX Data Objects（ADO）常量。还可以在其他引用对象库中使用常量。所有的固有常量都可在宏或 VBA 代码中使用。任何时候这些常量都是可用的。在函数、方法和属性的"帮助"主题中对用于其中的具体内置常量都有描述。固有常量有两个字母前缀指明了定义该常量的对象库。来自 Microsoft Access 库的常量以"ac"开头，来自 ADO 库的常量以"ad"开头，而来自 Visual Basic 库的常量则以"vb"开头，例如：acForm、adAddNew 、vbCurrency。如果需要，还可以用"对象浏览器"来查看所有可用对象库中的固有常量列表，如图 9-1 所示。

图 9-1 对象浏览器显示的固有常量

③ 系统定义常量：True 、False 和 Null 。系统定义常量可以在计算机上的所有应用程序中使用。

（3）变量。

变量是指程序运行时值会发生变化的数据。变量实际上是一个符号地址，它以变量名的形式标记一个存储单元。在程序执行阶段针对一个变量进行的赋值操作就是将数据写入这个变量所对应的存储单元。变量名的命名同字段命名一样，必须以字母字符开头，在同一范围内必须是唯一的，不能超过 255 个字符，而且中间不能包含句点或类型声明字符。在一个变量使用之前，可以通过声明变量的语句指定数据类型（即采用显式声明），也可以不指定（即采用隐式声明）。

① 显示声明，格式：Dim 变量名 As 数据类型。例如：Dim num As Integer

② 隐式声明，格式：变量名=值。例如：num=345

虽然在 VBA 代码中允许使用未经声明的变量，但一个良好的编程习惯应该是在程序开始处先声明将要用于本程序的所有变量。这样做的目的是为了避免数据输入的错误，提高应用程序的可维护性。

在 VBA 中，定义变量的位置和方式不同，它存在的时间和作用范围也不同，也就是说它的生命周期和作用域不同。根据作用范围的不同，可以将变量分为 3 个层次，如表 9-2 所示。

表 9-2   变量

范　　围	说　　明
局部范围	变量定义在模块过程内部，过程代码执行时可见。在子过程中定义或在函数中定义的变量
模块范围	变量定义在模块的所有过程外的起始位置，运行时在模块所包含的所有子过程和函数过程中可见。用 Dim...As 关键字定义的就是模块范围
全局范围	变量定义在模块的所有过程外的起始位置，运行时所有类模块和标准模块的所有子过程和函数过程中可见。用 Public...As 关键字定义的就是全局范围

注意　可以用 Static 关键字代替 Dim 定义静态变量，静态变量的持续时间是在整个模块的时间，但它的有效范围由其定义位置决定。

（二）运算符和表达式

VBA 提供了丰富的运算符，可以构成多种表达式。表达式是许多 Microsoft Access 操作的基本组成部分，是运算符、常量、文字值、函数和字段名、控件和属性的任何组合。可以使用表达式作为很多属性和操作参数的设置，比如在窗体、报表和数据访问页中定义计算控件、在查询中设置准则或定义计算字段以及在宏中设置条件等。VBA 中的运算符分为 4 种：算术运算符、关系运算符、逻辑运算符和连接运算符。

（1）算术运算符与算术表达式。

算术运算符是常用的运算符，用来执行简单的算术运算。VBA 提供了 8 个算术运算符，表 9-3 列出了这些运算符以及优先级顺序。

表 9-3   VBA 算术运算符

运　　算	运　算　符	表达式举例	优先级别
幂	^	X ^ Y	1
取负	−	−X	2
乘	*	X*Y	3
除	/	X/Y	
整除	\	X\Y	4
取模	Mod	X Mod Y	5
加	+	X+Y	6
减	−	X−Y	

在上述的 8 个运算符中，除取负（−）运算符是单目运算符（只对一个运算量进行运算），其他均为双目运算符。

注意　对于整数除法（\）运算，如果操作数有小数，系统会舍去后再运算，如果结果中有小数也将舍去；对于取模（Mod）运算，如果操作数有小数，系统会四舍五入后再运算；如果被除数是负数，余数也是负数。

（2）关系运算符与关系表达式。

关系运算符是用来对两个表达式的值进行比较的运算符。关系表达式的值是逻辑值，只有两种情况，即真（True）或假（False），通常作为判断用。表 9-4 列出了 VBA 中常用的 6 种关系运算符。

表 9-4　　　　　　　　　　　　　　　VBA 关系运算符

关　系　名	运　算　符	表达式举例
相等	=	X=Y
大于	>	X>Y
小于	<	X<Y
大于等于	>=	X>=Y
小于等于	<=	X<=Y
不等于	<>或><	X<>Y 或 X><Y

在 VBA 中，允许部分不同数据类型的变量进行比较，但要注意其运算方法。

关系运算符的优先次序如下。

● 所有关系运算符的优先级相同。

● 关系运算符的优先级低于算术运算符。

● 关系运算符的优先级高于赋值运算符（＝）。

（3）逻辑运算符与逻辑表达式。

逻辑运算也称布尔运算，由逻辑运算符连接两个或多个关系式，组成一个布尔表达式。VBA 的逻辑运算符有以下 6 种（自上而下优先级由高到低）。

① 逻辑非，格式为：Not <表达式>。

运算规则是：进行"取反"运算。例如：Not (3>8)的值为 True。

② 逻辑与，格式为：<表达式 1> And <表达式 2>。

运算规则是：对两个表达式的值进行比较，如果两个表达式的值均为 True，结果才为 True；否则为 False。例如：(3>8) And (5<7)的值为 False。

③ 逻辑或，格式为：<表达式 1> Or <表达式 2>。

运算规则是：对两个表达式的值进行比较，如果其中一个表达式的值为 True，结果就为 True；只有两个表达式的值均为 False，结果才为 False。例如：(3>8) Or (5<7)的值为 True。

④ 逻辑异或，格式为：<表达式 1> Xor <表达式 2>。

运算规则是：如果两个表达式同时为 True 或同时为 False，则结果为 False，否则为 True。例如：(3<8) Xor (5<7)的结果为 False。

⑤ 等价，格式为：<表达式 1> Eqv <表达式 2>。

运算规则是：如果两个表达式同时为 True 或同时为 False，则结果为 True。例如：(3<8) Eqv (5<7)的结果为 Truc。

⑥ 蕴涵，格式为：<表达式 1> Imp <表达式 2>。

运算规则是：当表达式 1 取值为 True 而表达式 2 的取值为 False 时，整个表达式的取值为 False，其他情况下蕴涵表达式的值均为 True。例如：(3<8) Imp (5>7)的值为 False，而(3<8) Imp (5<7)的值为 True。

表 9-5 列出了逻辑运算真值表。

表 9-5 逻辑运算真值表

A	B	Not A 非	And 与	Or 或	Xor 异或	Eqv 相等	Imp 蕴涵
T	T	F	T	T	F	T	T
T	F	F	F	T	T	F	F
F	T	T	F	T	T	F	T
F	F	T	F	F	F	T	T

注：T – True，F – False。

（4）连接运算符与字符串表达式。

字符串连接符（&）用来连接多个字符串（字符串相加）。例如：

```
A$="My "
B$ = " Space "
C$ =A$&B$
```

运算结果为：变量 C$的值为"MySpace"。

在 VBA 中，"+"既可用作加法运算符，还可以用作字符串连接符，但"&"专门用作字符串连接运算符，其作用与"+"相同。在有些情况下，用"&"比用"+"可能更安全。

（5）各种运算符的优先级。

当一个表达式由多个运算符连接在一起时，运算的先后顺序是按优先级来决定的，优先级高的先运算，优先级等同，按照从左向右的顺序运算。运算符优先级规则如下：

● 算术运算符>连接运算符>关系运算符>逻辑运算符。
● 优先级相同，按照从左向右的顺序运算。
● 括号优先级最高。

（三）函数的使用

标准函数一般用于表达式中，用户在程序代码中可随时调用。函数的一般调用格式如下：

函数名（[参数表]）

说明 其中函数名是不可或缺的。参数可以是常量、变量、表达式，参数的个数可以根据需要自行设定。

① 数学函数。数学函数主要用于对数值型数据进行数据处理，其返回值多为数值型。它们的函数名、类型和功能如表 9-6 所示。

表 9-6 数学函数

函 数 名	函数值类型	功 能	举 例
Abs(x)	同 x 的类型	求 x 的绝对值	Abs(6.8)=6.8，Abs(−8)=8
Sgn(x)	Integer	求实参 x 的符号。x>0，其值为 1；x=0，其值为 0；x<0，其值为−1	Sgn(132)=1，Sgn(−132)=−1，Sgn(0)=0

续表

函 数 名	函数值类型	功 能	举 例
Sqr(x)	Double	求 x 的算术平方根，x≥0	Sqr(49)=7，Sqr(20.25)=4.5
Exp(x)	Double	求自然常数 e 的幂	Exp(1)=2.718 281 828 459 05
Log(x)	Double	求 x 的自然对数，x>0	Log(1)=0
Sin(x)	Double	求 x 的正弦值	Sin(0)=0
Cos(x)	Double	求 x 的余弦值	Cos(0)=1
Tan(x)	Double	求 x 的正切值	Tan(0)=0
Atn(x)	Double	求 x 的反正切值，返回单位是弧度	Atn(1)=0.785 398 163 397 448
Int(x)	Integer	求不大于 x 的最大整数	Int(3.8)=3，Int(−3.8)=−4
Fix(x)	Integer	求 x 的整数部分	Fix(3.8)=3，Fix(−3.8)=−3
Rnd[(x)]	Single	求 0～1 之间的单精度随机数	Rnd(1)，Rnd

② 字符串函数。字符串函数是用于对字符串进行处理的，其返回值大部分为字符串。它们的函数名、类型和功能如表 9-7 所示。

表 9-7　　　　　　　　　　　　字符串函数

函 数 名	函数值类型	功 能	举 例
Asc(x)	Integer	求字符串中第 1 个字符的 ASCII 值	Asc("B")=66，Asc("ABC")=65
Chr(x)	String	求 ASCII 值为 N 的字符	Chr(67) = "C"
Str(x)	String	将数值型数据 x 转化为字符串，并在前头保留一个空位来表示正负。若 x>0，返回的字符串中包含一个前导空格。	Str(−12345)= "−12345" Str(12345)= "12345"
Val(x)	Double	将字符串 x 中的数字字符转换成数值型数据	Val("12345abc")=12345，遇到第 1 个非数字的字符时，停止转换
Len(x)	Long	求字符串 x 中包含的字符个数	Len("ABC 你好 45")=7
Ucase(x)	String	将字符串 x 中的所有小写字母转换成大写字母，原本大写或非字母之字保持不变	Ucase("Basic")="BASIC"
Lcase(x)	String	将字符串 x 中的所有大写字母转换成小写字母，原本小写或非字母之字保持不变	Ucase("Basic")="basic"
Space(n)	String	产生 n 个空格的字符串	Len(Space(5))=5
String(x,n)	String	产生 n 个由 x 指定的第 1 个字符组成的字符串，x 可以是 ASCII 值	String(5, "BASIC")="BBBBB" String(5,66)="BBBBB"
Left(x,n)	String	从字符串 x 左边截取 n 个字符	Left("Basic",4) = "Basi"
Right(x,n)	String	从字符串 x 右边截取 n 个字符	Right("Basic",4)= "asic"
Mid(x,n1[,n2])	String	从字符串 x 中的 n1 指定处开始，截取 n2 个字符；如 n2 省略则返回从 n1 到尾端的所有字符	Mid("Basic",2,2)= "as" Mid("Basic",2)= "asic"
Ltrim(x)	String	删除字符串 x 的前导空格	Ltrim(" Basic")="Basic"
Rtrim(x)	String	删除字符串 x 的尾部空格	Ltrim("Basic ")= "Basic"
Trim(x)	String	删除字符串 x 的前导和尾部空格	Ltrim(" Basic ")="Basic"

注：表中的 x 表示字符表达式，n 表示数值表达式。

③ 日期/时间函数。日期/时间函数主要对系统日期/时间或日期/时间型常量、变量进行处理。它们的函数名、类型和功能如表 9-8 所示。

表 9-8　　　　　　　　　　　　　日期/时间函数

函 数 名	函数值类型	功 能	举 例
Now	Date	返回当前的系统日期和系统时间，无参数	
Date	Date	返回当前的系统日期，无参数	
Time	Date	返回系统时间	
Year(D)	Integer	返回 D 表示的日期中的年份，参数 x 可以是任何表示日期的数值、字符串表达式或它们的组合	Year(Now)=2010 Year(# 8/15/2000 #)=2000
Month(D)	Integer	意义同 Year 函数，返回日期 D 的月份	Month(Now)=11 Month(# 8/15/2000 #)=8
Day(D)	Integer	返回日期 D 的日数	Day(# 8/15/2000 #)=15
WeekDay(D)	Integer	返回日期 D 是星期几，数字 1 ~ 7 分别代表周日~周六	WeekDay(# 8/15/2000 #)=3
Hour(D)	Integer	返回时间参数 D 中的小时数	Hour(Now)
Minute(D)	Integer	返回时间参数 D 中的分钟数	Minute(Time)
Second(D)	Integer	返回时间参数 D 中的秒数	Second(Now)

④ 转换函数。转换函数可以将一种类型的数据转换成另一种类型，常见的转换函数的函数名和函数值的类型如表 9-9 所示。

表 9-9　　　　　　　　　　　　　转换函数

函 数 名	函数值类型	功 能	举 例
Hex(x)	String	将十进制数 x 转换成十六进制数	Hex(459)=1CB
Oct(x)	String	将十进制数 x 转换成八进制数	Oct(459)=713
Cint(x)	Integer	把参数 x 的小数部分四舍五入，转换为整数	Cint(543.67)=544
CLng(x)	Long	把参数 x 的小数部分四舍五入，转换为长整数	CLng(23456.78)=23457
CDate(x)	Date	把字符串 x 转换成合法的日期格式	CDate("11/6/2010")=#2010-11-6# CDate(1566.65)=#1904-4-14 15:36:00#

任务二　认识 VBA 程序结构

（一）认识顺序结构

计算机程序的执行控制流程，无论是结构化程序设计还是面向对象的程序设计都有 3 种基本结构：顺序结构、选择结构和循环结构。这 3 种基本结构都具有只有一个入口和一个出口的特点。VBA 提供了较为丰富的程序流程控制语句。

顺序结构的程序按照程序代码编写的顺序逐句执行。如：赋值语句、过程调用语句等。

顺序结构是最简单的一种结构，它是一种线性结构。顺序结构是任何程序的基本结构，它将计算机要执行的各种处理依次排列起来。程序运行后，便自左向右、自顶向下的按顺序执行这些语句，直到执行完所有语句行。

顺序结构流程图如图 9-2 所示。

图 9-2　顺序结构流程图

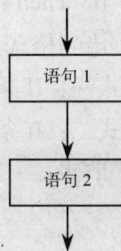

（二）认识选择结构

在实际应用中，只是使用顺序结构是远远不能满足复杂问题需求的，如果想要编写灵活的 VBA 程序，就要理解选择结构的概念，选择结构使 VBA 能根据不同的情况采用不同的处理方法。也就是说，能根据某个条件是否成立，来决定下一步应该做什么。在这种情况下，程序不再按照线性的顺序来执行各行语句，而是根据给定的条件来决定选取哪条路径，执行一条或多条语句。

根据条件表达式的值来选择程序运行语句。主要有以下一些结构。

① If - Then 语句（单分支结构）。

● 语句格式为：

格式一：If 条件表达式 Then 语句

格式二：If 条件表达式 Then

```
    语句块
End If
```

> **注意**　If - Then 的单行格式不用 End If 语句。但如果条件表达式的值为真（True）时要执行多行代码，则必须使用多行 If - Then - End If 语句。

● 单分支结构流程图如图 9-3 所示。

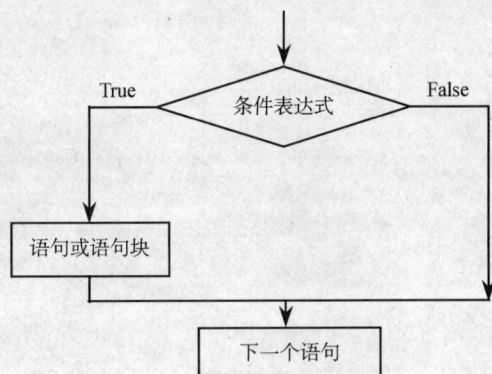

图 9-3　单分支结构流程图

【例 9-1】用 If - Then 语句结构编程实现由 x 的值计算表达式 y 的值。

当 x<0 时，y= |x |

程序代码：

```
If  x<0  then  y=Abs(x)
```

② If - Then - Else 语句（双分支结构）。

· 语句格式为：

格式一：If 条件表达式 Then 语句1 Else 语句2

格式二：If 条件表达式 Then

```
    语句块1
Else
    语句块2
End If
```

注意

If - Then - Else 语句的嵌套：多重选择。

· 双分支结构流程图如图 9-4 所示。

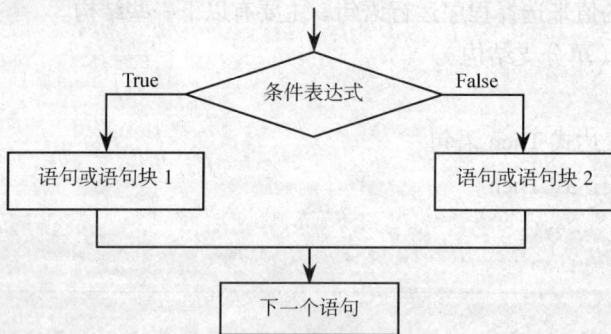

图 9-4 双分支结构流程图

【例 9-2】用 If - Then - Else 语句结构编程实现由 x 的值计算表达式 y 的值。

当 x>0 时，$y=\sqrt{x}$

当 x<0 时，$y=|x|$

当 x=0 时，$y=0$

程序代码：

```
If  x>0  then
        y=Sqr(x)
Else
    If  x=0  then
        y=0
    Else
        y=Abs(x)
    End If
End If
```

③ If - Then - Elseif 语句（多分支结构）。

语句格式为：

```
If 条件表达式1 Then
    语句块1
ElseIf 条件表达式2 Then
```

```
        语句块 2
...
[ Else
        语句块 n
End If
```

> Else 和 If 语句间并没有空格。

● 多分支结构执行过程。

当程序运行到 If 语句，首先判断条件表达式 1 的值，如果值为 True，则执行语句块 1；如果值为 False，则再判断条件表达式 2 的值，如果值为 True，则执行语句块 2；依次类推，直到找到一个为 True 的条件时，执行其后面的语句块。如果所有条件表达式的值都不为 True，则程序执行关键字 Else 后的语句块 n。无论执行哪个语句块，执行完后都从 End If 后面的语句继续执行。

【例 9-3】用 If - Then - Elseif 语句结构编程实现由 x 的值计算表达式 y 的值。

当 x>0 时，$y=\sqrt{x}$

当 x<0 时，$y=|x|$

当 x=0 时，y=0

程序代码：

```
If  x>0  then
        y=Sqr(x)
ElseIf  x<0  then
        y=Abs(x)
Else
        y=0
End  If
```

④ Select Case - End Select 语句。

当条件选项较多时，使用 If 控制结构需要多重嵌套，而 VBA 中选择结构的嵌套数目和深度是有限制的。使用 VBA 提供的 Select Case - End Select 语句结构可以解决这类问题。

● 语句格式为：

```
Select Case 表达式
  [ Case 取值列表 1
    [语句块 1] ]
  [ Case 取值列表 2
    [语句块 2] ]
  ...
  [ Case 取值列表 n
    [语句块 n] ]
  [ Case Else
    [语句块 n+1] ]
End Select
```

● Select Case - End Select 语句执行过程。

计算表达式的值，将表达式的值与每个 Case 关键字后面的取值列表中的数据和数据范围进行比较。如果相等，则执行该 Case 后面的语句块；如果没有一个值与之相匹配，则执行 Case Else 语句后面的语句块 $n+1$。执行完后，接着执行 End Select 后面的语句。如果不止一个 Case 后面的取值与表达式相匹配，则只执行第一个与表达式匹配的 Case 后面的语句序列。

说明
- 表达式可以是数值表达式或字符串表达式。
- 取值列表中的数据是表达式可能取得的结果，它可以是表达式、枚举值、使用 To 来表示的数值或字符常量区间（表达式 1 To 表达式 2）、Is 关系运算表达式等；例如，Case "Chr(65) & 12"、Case "A"、Case -5 To -1、Case Is>=10。
- 如果一个取值列表中有多个值，则用逗号隔开。例如，Cas "A" To "F"，16，30, Is>10。

注意
　　If 和 Select Case 语句的应用：If 语句适合执行多个条件都执行的情况，而 Select Case 在多个条件中只能执行一个满足条件的语句块。

【例 9-4】 用 Select Case - End Select 语句编程实现由 x 的值计算表达式 y 的值。

当 x>0 时，$y=\sqrt{x}$

当 x<0 时，$y=|x|$

当 x=0 时，y=0

程序代码：

```
Select Case x
    Case Is>0
        y=Sqr(x)
    Case Is<0
        y=Abs(x)
    Case Else
        y=0
End Select
```

⑤ 条件函数。

除了上述的语句结构外，VBA 还提供了 3 个函数来完成相应的操作。

- IIf 函数：IIf（条件式，表达式 1，表达式 2）

根据"条件式"的值确定函数返回值。当"条件式"的值为真时，返回表达式 1 的值，反之返回表达式 2 的值。

例如：取变量 X、Y 中较小的值，并将值赋给变量 Min。Min=IIf（X<Y，X，Y）

- Switch 函数：Switch（条件式 1，表达式 1[，条件式 2，表达式 2...[，条件式 n，表达式 n]]）

根据"条件式"的值决定函数返回的值。

例如：根据 a 的值，为变量 b 赋值。b=Switch（a>1，11，a<-1，22，-1<a and a <1，33）

- Choose 函数：Choose（索引式，选项 1 [，选项 2，表达式 2...[，选项 n]]）

根据"索引式"的值来返回选项列表的某个值。"索引式"的值为 1，则返回"选项 1"的值，"索引式"的值为 n，则返回"选项 n"的值。

例如：根据 a 的值，为变量 b 赋值。b=Choose（a，11，22，33）

（三）认识循环结构

循环结构可以实现重复执行一行或几行程序代码。循环结构又分为当型循环结构和直到型循环结构，前者先进行条件判断，再执行循环体；后者是先执行循环体，再进行条件判断。

基本结构流程图如图 9-5 所示。

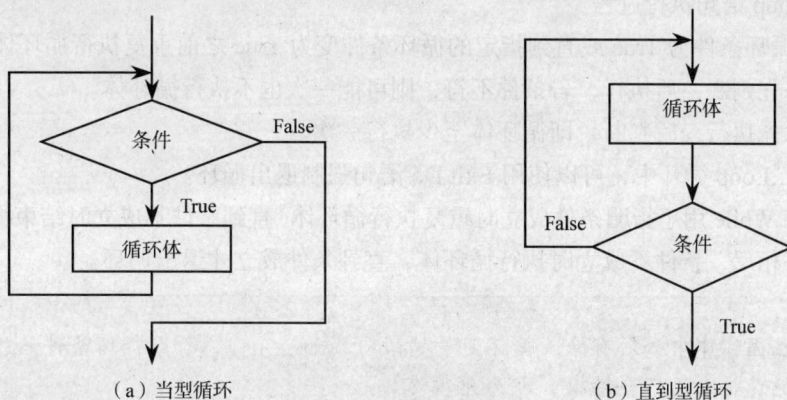

（a）当型循环   （b）直到型循环

图 9-5 循环结构流程图

VBA 支持以下循环语句结构。

① For - Next 语句。

● For - Next 语句能够重复执行程序代码区域特定次数，语句格式为：

```
For 循环变量 = 初值 To 终值 [ Step 步长]
    循环体
Next [ 循环变量 ]
```

● For - Next 语句执行过程。

首先将初值赋给循环变量，接着检查循环变量的值，将它与终值进行比较，如果超出就停止执行循环体，跳出循环，执行 Next 下面的语句；如果循环变量的值没有超出终值，则执行循环体，然后将循环变量与步长值相加赋给循环变量，再重复上述过程。

> **注意**　步长未指定值时默认为 1。若步长是正数或 0，则"初值"应大于等于"终值"，否则"初值"应小于等于"终值"。

【例 9-5】用 For - Next 语句编程实现 1 ~ 100 的和。

程序代码：

```
Dim i as integer, sum as integer
Sum=0
For i=1 to100
    Sum=sum+i
Next i
```

② Do - Loop 语句

● 语句格式为：

```
格式一: Do [ While | Until 循环条件 ]
            循环体
        Loop
格式二: Do
            循环体
        Loop [ While | Until 循环条件 ]
```

- Do - Loop 语句执行过程。

当指定的循环条件为 True 或直到指定的循环条件变为 True 之前重复执行循环体。

- 格式一先判断，后执行，若条件不符，则可能一次也不执行循环体。
- 格式二先执行，后判断，即循环体至少执行一次。
- 在 Do...Loop 循环中，可以使用 Exit Do 语句强制退出循环。
- 关键字 While 用于指明条件成立时重复执行循环体，直到条件不成立时结束循环；而 Until 则正好相反，条件不成立时执行循环体，直到条件成立才退出循环。

注意 在循环体中必须有修改循环变量的语句，如 n=n+1，否则循环条件始终不发生改变，循环将永远不会结束，即为死循环。

【例 9-6】用 Do - Loop 语句编程实现 1 ~ 100 的和。

程序代码：

```
Dim i as integer, sum as integer
Sum=0
i=100
Do While  i<>0
    Sum=sum+i
    i=i-1
Loop
```

③ While - Wend 语句

- 语句格式为：

```
While 条件
    循环体
Wend
```

- While - Wend 语句执行过程

当条件成立（即条件值为 True）时，重复执行循环体，否则转去执行 Wend 下面的语句。While - Wend 语句与 Do While - Loop 语句结构类似，只是在循环体内不能使用 Exit Do 语句。

④ GoTo 语句

- 语句格式为：

```
GoTo 标号
    ...
标号:
    ...
```

- GoTo 语句是早期 Basic 语言中常用的一种流程控制语句，现在的语言不提倡使用。在 VBA 中，GoTo 语句主要用于错误处理 "On Error GoTo Label" 结构。

任务三　深入模块和面向对象编程

（一）类模块和标准模块

模块是 Access 系统中的一个重要对象，它以 VBA（Visual Basic for Application）为基础编写，以函数过程或子过程为单元的集合方式存储。模块分为类模块和标准模块两种类型，每个模块独立保存并对应于其中的 VBA 代码。

① 类模块。

类模块是指包含新对象定义的模块。窗体模块和报表模块都属于类模块，它们从属于各自的窗体或报表。窗体模块是指与特定的窗体相关联的类模块。当用户向窗体对象中添加代码时，用户将在 Access 数据库中创建新类。报表模块是指与特定的报表相关联的类模块，包含响应报表、报表段、页眉和页脚所触发的事件代码。使用事件过程可以控制窗体或报表的行为以及它们对用户操作的响应。

窗体模块和报表模块中的过程可以调用标准模块中已经定义好的过程。窗体模块和报表模块具有局部特性，其作用范围局限在所属窗体或报表内部，而生命周期则是伴随着窗体或报表的打开而开始、关闭而结束。

② 标准模块。

标准模块是指存放整个数据库可用的函数和过程的模块。标准模块一般用于存放供其他 Access 数据库对象使用的公共过程。在系统中可以通过创建新的模块对象而进入其代码设计环境。

标准模块通常安排一些公共变量或过程供类模块里的过程调用。在各个标准模块内部也可以定义私有变量和私有过程仅供本模块内部使用。

标准模块与类模块的主要区别在于其范围和生命周期方面。标准模块中的公共变量和公共过程具有全局特性，其作用范围在整个应用程序里，生命周期是伴随着应用程序的运行而开始、关闭而结束。

③ 将宏转换为模块。

在 Access 系统中，根据需要可以将设计好的宏对象转换为模块代码形式。

【例 9-7】在"宏"对象中，将已建好的"课程基本信息"宏转换为模块。

步骤一：在"宏"对象中，单击"课程基本信息"宏。

步骤二：执行菜单"工具"→"宏"→"将宏转换为 Visual Basic 代码"命令，打开"转换窗体宏"对话框。

步骤三：单击"转换"按钮，即可完成宏到模块的转换。

（二）Sub 和 Function 过程的定义和调用

过程是模块的单元组成，由 VBA 代码编写而成。过程分为两种类型：Sub 子过程和 Function 函数过程。其区别在于 Sub 过程没有返回值，Function 过程有返回值。

① Sub 过程。

又称为子过程，执行一系列的操作，无返回值。

● 定义。

格式为：[Private | Public][Static]Sub 过程名（参数列表）
　　　　　[程序代码]

```
End  Sub
```

其中参数列表为：参数名 As 类型,……

● 调用。

可以引用过程名来调用该子过程。此外，VBA 提供了一个关键字 Call，可显示调用一个子过程。格式为： Call 过程名（实参）。

② Function 过程

又称为函数过程，执行一系列的操作，有返回值。

● 定义。

格式为：[Private | Public][Static]Function 过程名（参数列表）As （返回值）类型
             [程序代码]
        End Function

其中参数列表为：参数名 As 类型,……

● 调用。

直接引用函数过程名来调用函数过程。函数过程不能使用 Call 来调用执行。

③ 在模块中执行宏

在模块中执行宏，可以使用 DoCmd 对象的 RunMacro 方法。

格式：DoCmd. RunMacro MacroName[,RepeatCount][, RepeatExpression]

说明

MacroName 表示宏的有效名称。

RepeatCount 用于计算宏运行次数。

RepeatExpression 为数值表达式，在结果不等于 False（值为 0）时一直进行计算，结果等于 False 时则停止运行宏。

【例 9-8】编写一个计算圆的面积的函数过程 Area（ ）。

```
Public Function Area(R As Single) As Single
Const PI As Single = 3.1415926
Dim r As Single
  If  R<=0  Then
    MsgBox "圆半径必须为正数!!"
    Area=0
    Exit Function
  End If
  Area = PI * R * R
End Function
```

如果需要调用该过程计算半径为 8 的圆的面积，只要调用函数 Area(8)就行。

注意

函数过程可以被查询、宏等调用使用，因此在进行一些计算控件的设计中特别有用。

（三）VBA 面向对象编程

Access 内嵌的 VBA，功能强大，采用目前主流的面向对象机制和可视化编程环境。

① VBA 概述

VBA 是 Microsoft Office 套件的内置编程语言，实际上就是宏语言版本的 VB 语言。在 Access 程序设计中，当某些操作不能用其他 Access 对象实现，或者实现起来困难时，就可以利用 VBA

语言编写代码，完成这些复杂任务。

VBA 采用了面向对象的程序设计方法。VBA 里有对象、属性、方法和事件。

● 对象。

对象是代码和数据的结合，可将它看作单元。例如在 Access 中，表、窗体或文本框等都是对象，每个对象由类来定义。Access 有几十个对象，其中包括对象和对象集合。所有对象和对象集合按层次结构组织，处在最上层的是 Application 对象，即 Access 应用程序，其他对象或对象集合都处在它的下层或更下层。Access 中还提供了一个重要的对象：DoCmd 对象。它的主要功能是通过调用包含在内部的方法实现 VBA 编程中对 Access 的操作。

Access 数据库窗体左侧显示的就是数据库的对象类，单击其中的任一对象类，就可以打开相应对象窗口。

● 属性、方法和事件。

属性是指定义了的对象的特性，如大小、颜色、对象状态等。数据库对象的属性均可以在各自的“设计”视图中，通过“属性窗体”进行浏览和设置。

方法指的是对象能执行的动作，如刷新等。Access 应用程序的各个对象都有一些方法可供调用。例如，利用 DoCmd 对象的 OpenReport 方法打开报表“教师信息”：DoCmd. OpenReport “教师信息”。

事件是 Access 窗体或报表及其上的控件等可以识别的动作，如鼠标单击或双击等，可以编写某些代码针对这些动作来作出响应。实际上，Access 窗体、报表和控件的事件有很多，一些主要对象的事件请参见附录 D。

② VBA 面向对象编程环境。

Visual Basic 编辑器 VBE（Visual Basic Editor）是编辑 VBA 代码时使用的集成的开发环境。它以 Microsoft 中 Visual Basic 编程环境的布局为基础，提供了完整的开发和调试工具。

在 Access 中，进入 VBE 编辑环境有多种方式。切换到模块对象窗口，单击“新建”按钮，或打开一个已存在的模块，都会打开 VBE 窗口，如图 9-6 所示。也可以选择“工具”|“宏”|“Visual Basic 编辑器”命令，或使用【Alt】+【F11】组合键打开 VBE 界面，使用组合键还可以方便地在数据库窗口和 VBE 之间进行切换。

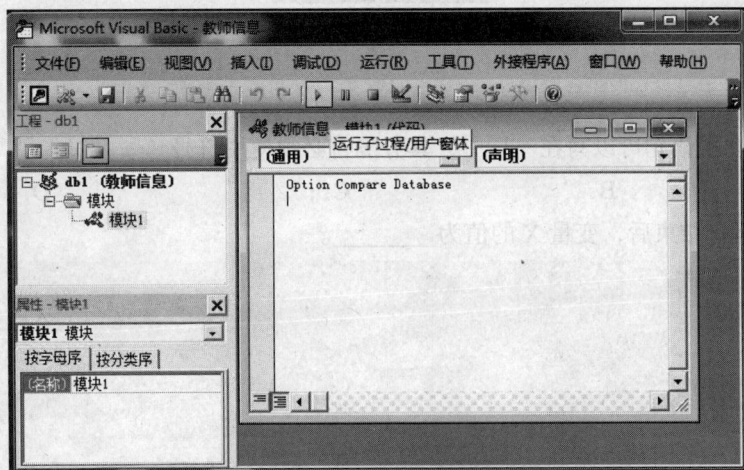

图 9-6　VBE 窗口

VBE 窗口主要由标准工具栏、工程管理器窗口、属性窗口和代码窗口等组成。还可以通过视图菜单显示对象窗口、对象浏览器窗口、立即窗口、本地窗口和监视窗口。

项目实训

实训一　验证歌德巴赫猜想。编写 VBA 程序段将 6～100 之间的全部偶数表示成为两个素数之和

1. 用 VBA 的函数过程实现。在函数过程中判断形参是否为素数。
2. 主调程序将一个偶数分解成两个素数分别调用函数。

实训二　为教务系统窗体加载做设置

1. 窗体加载时设置窗体标题为系统当前日期。
2. 在窗体中放一个"显示全部记录"的命令按钮，单击该按钮后，实现将表中的全部记录显示出来。

项目总结

本项目主要对 Access 中 VBA 面向对象设计的基本概念、特点以及常量、变量的数据类型和流程控制语句做了较为全面的阐述，同时结合实例介绍了模块的创建，区别了类模块和标准模块，对 Access 数据库应用系统中必不可少的 VBA 程序代码规则做了详尽的描述。

在模块中加入过程、执行宏，本项目也给予了简单介绍。另外本项目还讲解了 Access 内嵌的对于 VBA 编程环境。

习　　题

一、选择题

1. VBA 程序的多条语句可以写在一行中，其分隔符必须使用符号_____。

　　A. :　　　　　　　　　B. '　　　　　　　　　C. ;　　　　　　　　　D. ,

2. 以下程序段运行结束后，变量 X 的值为_____。

```
x=2
y=4
Do
  x=x*y
  y=y+1
Loop While y<4
```

　　A. 2　　　　　　　　　　　　　　　　　　　B. 4

　　C. 8　　　　　　　　　　　　　　　　　　　D. 20

3. 下列 Case 语句中错误的是_____。

　　A．Case 0 To 10　　　　　　　　B．Case Is>10

　　C．Case Is>10 And Is<50　　　　D．Case 3,5,Is>10

4. 以下各表达式中，计算结果为 0 的是_____。

　　A．INT(12.4)+INT(−12.6)　　　　B．CINT(12.4)+CINT(−12.6)

　　C．FIX(13.6)+FIX(−12.6)　　　　D．FIX(12.4)+FIX(−12.6)

二、填空题

1. VBA 中变量作用域的 3 个层次分别是_____、_____和_____。

2. Private Sub cmdSum_Click()

```
    static Sum as integer
    Sum=2*Sum+1
  End Sub
```

第 3 次单击命令按钮 cmdSum 后，Sum 值为：_____。

3. 设 X$ = "abc123456" 则 "a" +str$(val(right(X$,4)))的值是_____。

4. VBA 编程中，要得到[15,75]上的随机整数可以用表达式_____。

三、问答题

1. VBA 程序模块有哪些基本类型？

2. 函数和过程的调用有何区别？在参数传递上有何异同？

3. 如何启动 VBE？

项目十

数据库应用程序开发

【项目目标】

通过本章的学习，读者将在掌握 Access 2003 基本技术的基础上，能够利用该软件开发出简单且实用的数据库应用系统。

【项目要点】

1. 数据库应用系统的需求分析
2. 系统数据库的创建
3. 数据库应用系统的设计

【项目任务】

在学习了"教务管理系统"的部分模块功能的基础上，根据实际需求，将该系统的其他模块补充完整，使该系统能独立运行。

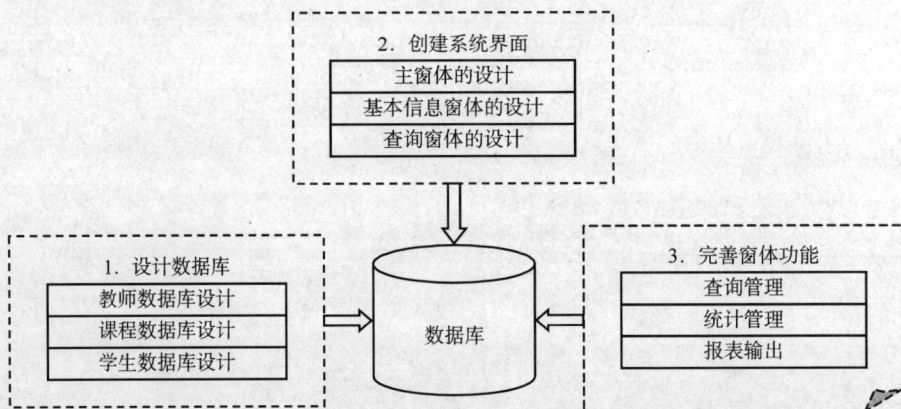

2. 创建系统界面
- 主窗体的设计
- 基本信息窗体的设计
- 查询窗体的设计

1. 设计数据库
- 教师数据库设计
- 课程数据库设计
- 学生数据库设计

数据库

3. 完善窗体功能
- 查询管理
- 统计管理
- 报表输出

图 10-0　项目流程

任务一 设计教务管理系统数据库

（一）系统功能分析

系统的功能取决于用户的需求。对于一个软件开发人员来说，他所设计的软件成功与否不仅仅取决于该软件能否正常运行，还要看它是否能最大限度地满足用户需求。

"教务管理系统"是高校最基本的管理系统。教师和学生可以通过该系统及时获取信息。经分析可以得知，开发教务管理系统、实现教学管理的自动化是非常必要的，也是可行的，因为使用计算机化的教学信息管理系统可以彻底改变目前教学管理工作的现状，能够提高工作效率，能够提供更准确、及时、适用、容易理解的信息，能够从根本解决手工管理中信息落后，资源难以共享等问题。另外 Access 2003 是一个简单实用的数据库管理系统，选择它作为系统开发工具，可以很容易地完成教学管理的各项任务，从技术上来看也是可行的。

在确定了系统开发可行性之后，就可以进行系统分析。通过调查，了解到教学管理人工处理的流程，从而初步确定了该系统的主要功能模块：

- 学生信息管理：主要完成学生档案管理和学生成绩管理，包括相关信息的录入、查询、统计、浏览和打印等。
- 教师信息管理：主要完成教师档案和授课信息的管理，包括相关信息的录入、查询、统计、浏览和打印等。
- 选课信息管理：主要完成学生选课信息和课程信息的管理，包括相关信息的录入、查询、统计和浏览打印等。

详细的功能模块如图 10-1 所示。

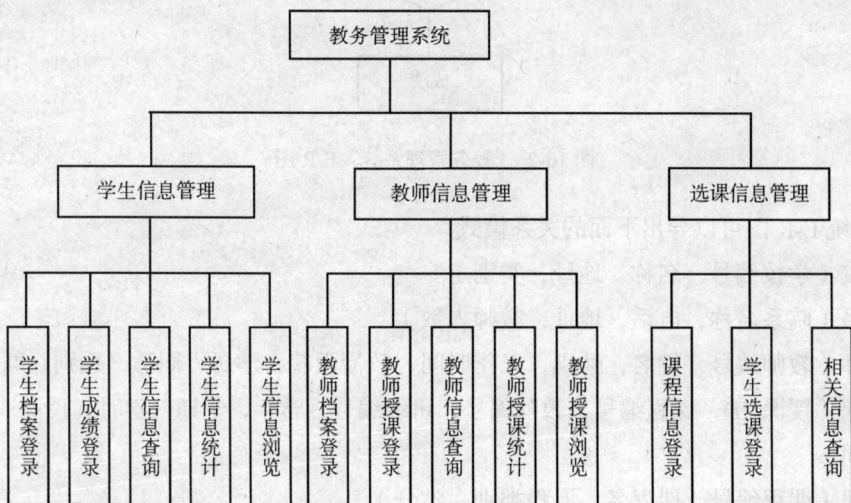

图 10-1 "教务管理系统"功能模块图

（二）系统数据库的创建

从上述分析可以将教学管理工作概括如下。

● 学校下设若干院系。

● 各院系有多名教师和班级构成。

● 每位教师可以开设多门课程，同一门课程可以由多位教师担任。

● 每个班级有多名学生，每个学生需要学习多门课程。

● 每门课程对每个学生来说只有一个成绩。

系统 E-R 图如图 10-2 所示。

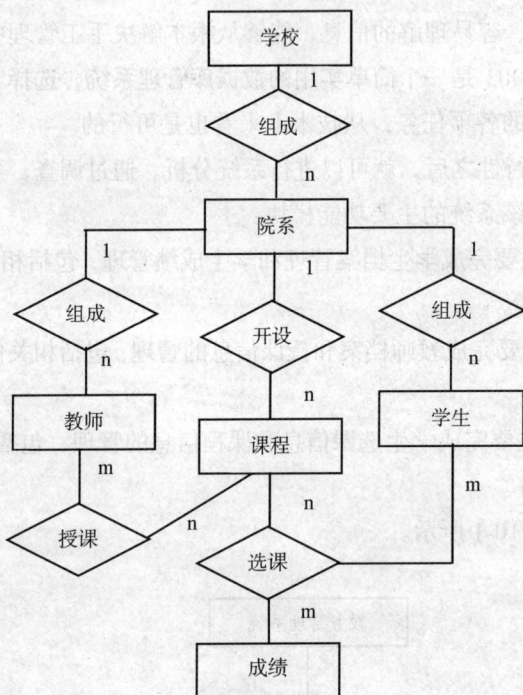

图 10-2 "教务管理系统" E-R 图

根据系统 E-R 图可以导出下面的关系模式。

● 学校（学校编号，名称，地址，类别）

● 院系（院系名称，电话，地址，教师人数）

● 教师（教师编号，姓名，性别，工作时间，政治面貌，学历，职称，系别，联系电话）

● 授课（授课 ID，课程编号，教师编号，班级编号，学年，学期，学时，授课地点，授课时间）

● 课程（课程编号，课程名，课程类别，学分）

● 成绩（成绩 ID，学号，学年，学期，课程编号，成绩）

● 学生（学号，姓名，性别，出生日期，政治面貌，班级编号，毕业学校）

- 选课（选课 ID，课程编号，学号）

按照数据库规范化设计原则，最终的数据库中包含 6 张表：教师档案表、教师授课信息表、课程名表、学生成绩表、学生档案表、学生选课信息表。

启动 Access 2003，建立空数据库：教务管理系统，再利用表设计器分别建立上述 6 张表，具体表结构如图 10-3 至图 10-8 所示。另外，也可以根据实际情况修改各字段的【格式】、【输入掩码】、【有效性规则】等属性。

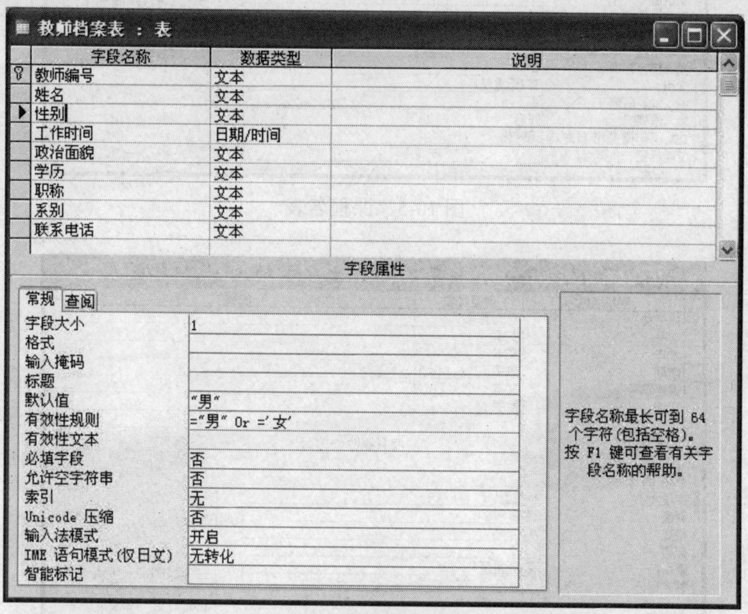

图 10-3　教师档案表

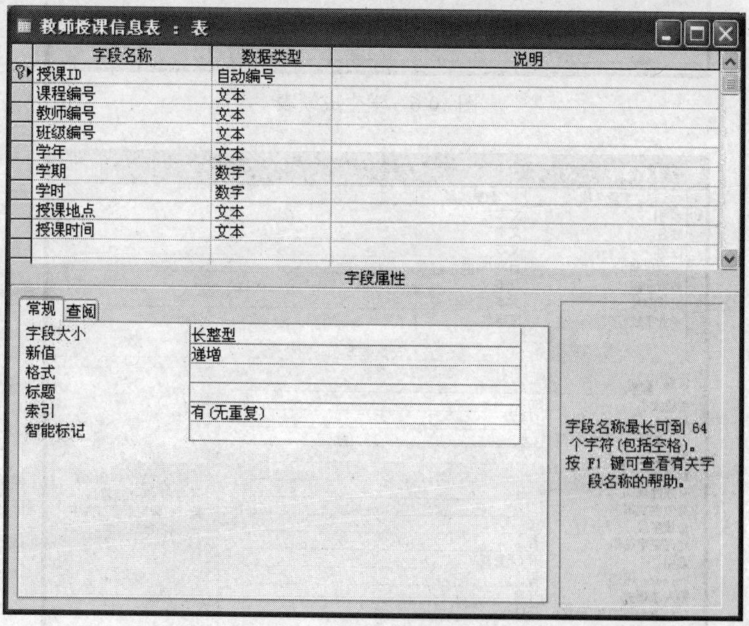

图 10-4　教师授课信息表

183

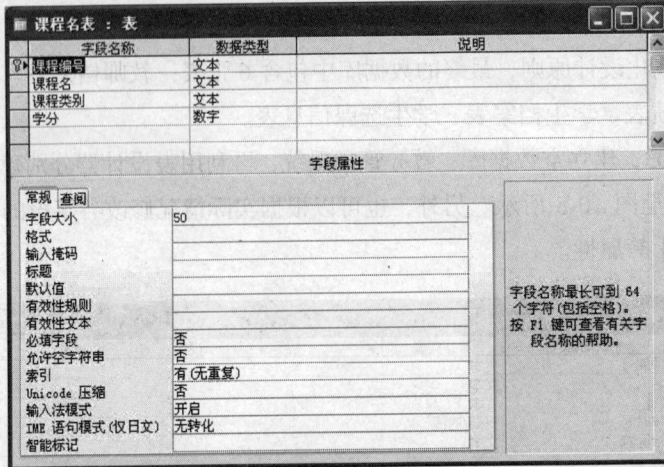

图 10-5　课程名表

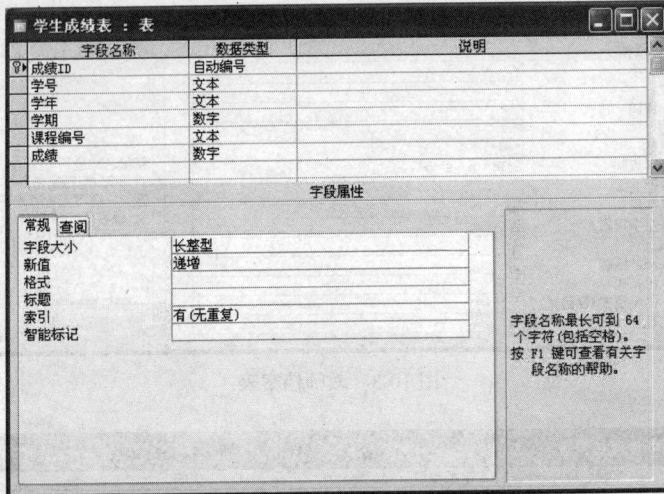

图 10-6　学生成绩表

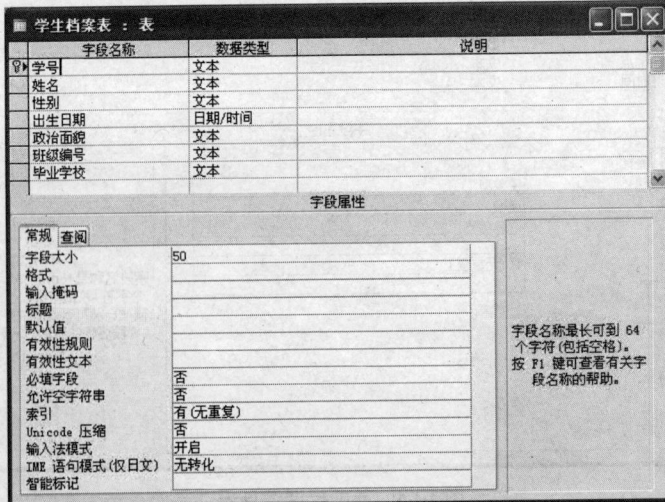

图 10-7　学生档案表

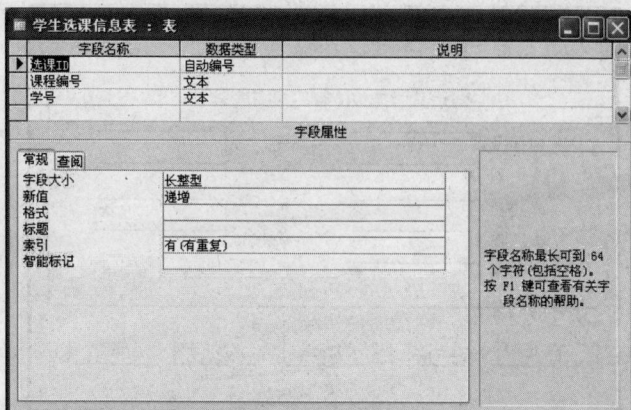

图 10-8　学生选课信息表

为了方便管理和使用数据，当 6 张表建好后，可以通过【工具】|【关系】窗口添加各张表，并根据"主"/"子"表之间的关键字来建立各表之间的联系，最终形成的关系如图 10-9 所示。

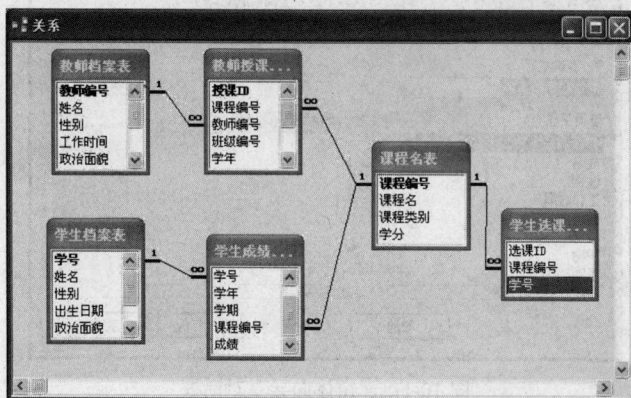

图 10-9　各表之间的关系图

任务二　设计教务管理系统主窗体

（一）设计登录窗体

"教务管理系统"最基本的功能就是实现数据的登录。当新进教师或开设新课时都需要进行数据录入。在本例中，所有的数据录入都是通过窗体来完成的，如图 10-10 所示。下面以"登录教师档案"窗体为例，简单介绍登录窗体的设计方法和步骤。

1. 创建登录窗体

在数据库的【窗体】对象中双击【使用向导创建窗体】，系统弹出图 10-11 所示的"窗体向导"对话框。

在"表/查询"下拉列表中，用户选择"教师档案表"，在"可用字段"列表框中则显示了选定的数据源中的所有字段。选择需要显示的字段，单击 > 按钮将该字段移至右侧的"选定的字段"列表中。

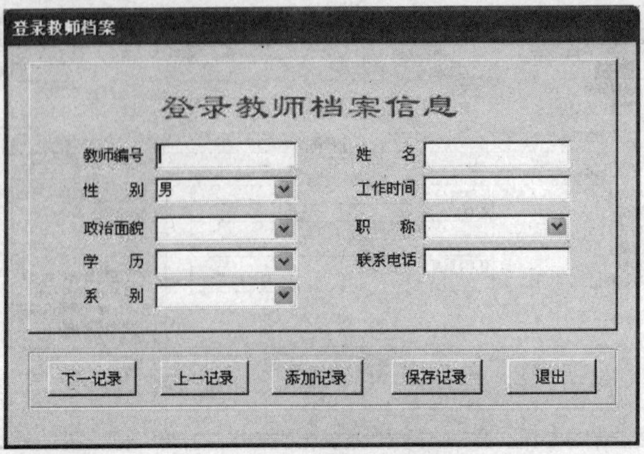

图 10-10 登录教师档案窗体

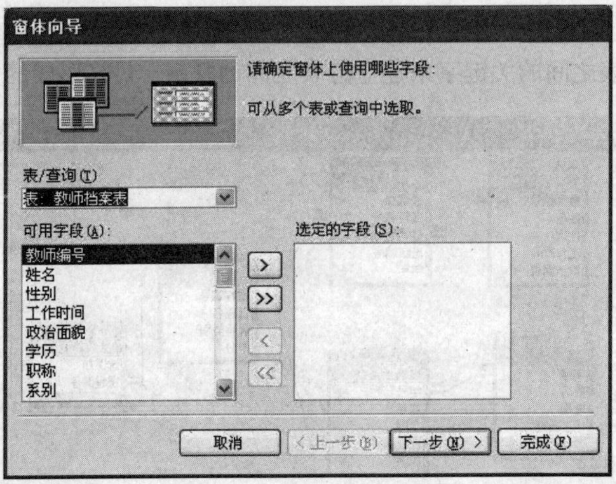

图 10-11 "窗体向导"对话框

单击"下一步"按钮，相应地完成"窗体布局"、"窗体样式"和"窗体标题"的设置任务。最终系统弹出图 10-12 所示的登录窗体。

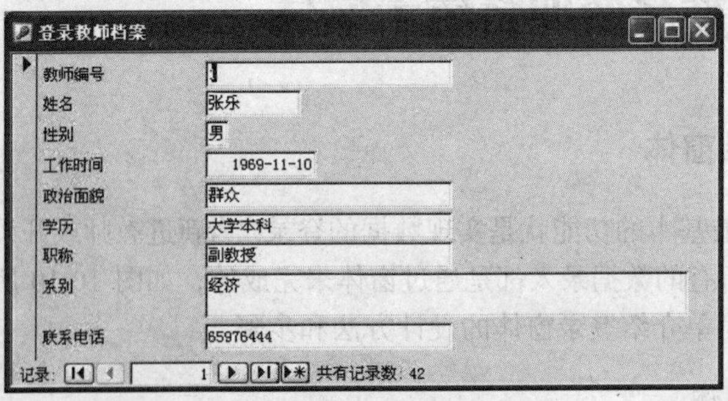

图 10-12 教师基本信息登录窗口

2. 修饰登录窗体

为了提高数据录入的速度，减少输入内容，需要利用设计器对该窗体进行下列修改和美化，最终效果如图 10-10 所示。

- 调整各个控件的大小和位置。
- 将"性别"等字段的【文本框】控件删除改为【组合框】控件，可进行数据的选择，从而减少了数据的录入时间。
- 在窗体的下方利用"控件向导"功能添加5个命令按钮（命令按钮的创建过程可参考项目五 "窗体的创建和设计"）。
- 添加【标题】控件，并利用【矩形】控件将各区域进行分隔。
- 设置窗体的相关属性，如图10-13所示。

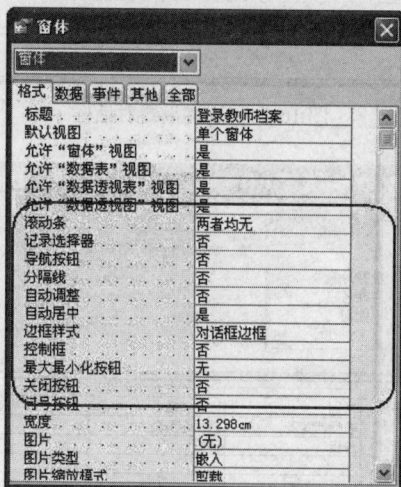

图 10-13 登录教师档案窗体的属性设置

（二）设计查询统计窗体

查询统计功能是数据库系统开发的最重要的功能，只有通过查询统计才能更好的分析数据，从中提取有用的信息。在"教务管理系统"中，需要查询统计的信息很多，如学生的成绩、教师的授课、选课的信息等。下面将以教师授课查询和统计为例，介绍查询统计窗体创建的主要步骤。

1. 创建主/子窗体

利用窗体向导建立"教师档案信息和授课信息"的主/子窗体，"教师档案表"为主窗体，"教师授课信息"为子窗体，并调整其控件大小和位置。添加标签控件，设置窗体的相关属性。

2. 创建查询和统计

双击【查询】对象中的【在设计器中创建查询】选项，屏幕上出现查询设计视图窗口，添加"课程名表"、"教师档案表"和"教师授课信息表"，创建参数查询，如图10-14所示。单击工具栏上的"保存"按钮，在【查询名称】文本框中输入"按教师姓名查看授课信息"，单击"确定"按钮。

再新建一个查询，添加"教师档案表"，按照系别对教师人数进行分组统计，如图10-15所示。单击工具栏上的"保存"按钮，在【查询名称】文本框中输入"各系教师人数"，单击"确定"按钮。

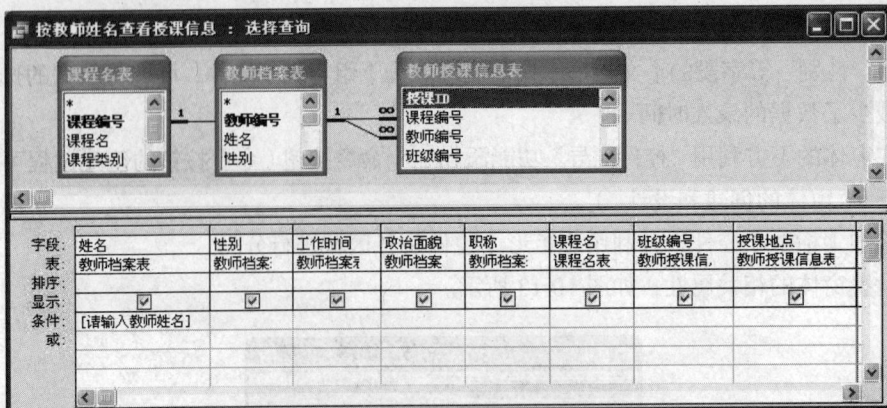

图 10-14　查询设置对话框

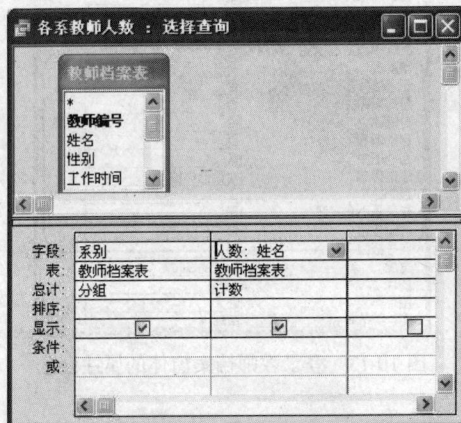

图 10-15　统计设计对话框

3．创建宏

创建了查询好窗体后，还需要将它们连接起来。利用窗体上的命令按钮可以直接运行查询，但如果查询较多，那么管理和操作都很不方便。在本系统中，运用了宏组来对多个查询进行统一管理。下面就以"教师查询"的宏组创建过程为例做介绍。

在【数据库】窗口中，单击【宏】对象。单击【新建】按钮，出现宏设计视图窗口，通过工具栏添加【宏名】列。在第一列【宏名】中，输入"按姓名"；单击【操作】列，在下拉列表中选择"OpenQuery"操作；单击【操作参数】区中的【查询名称】行，单击右边的下拉箭头按钮，在弹出的列表中选择【按教师姓名查看授课信息】。重复以上步骤，完成所有宏操作设置，最后结果如图 10-16 所示。

单击"保存"按钮，将该宏保存为"查询教师"。用同样的方法创建【教师统计】宏组，以及其他宏组。

4．创建按钮控件

在前面建立好的"教师档案和授课信息"窗体下方添加按钮控件，在弹出的向导中"类别"选择"杂项"，"操作"选择"运行宏"，如图 10-17 所示。

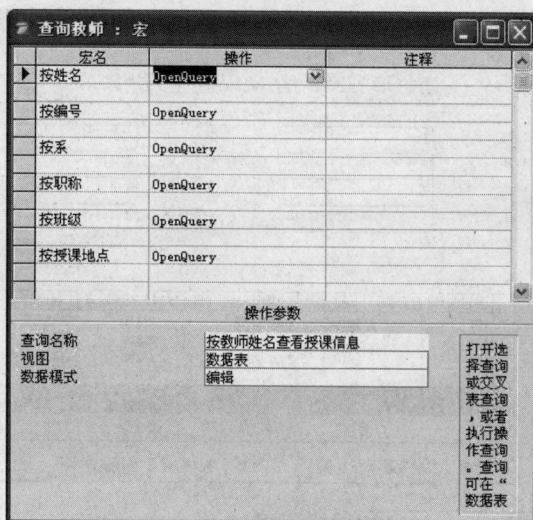

图 10-16 宏设计视图

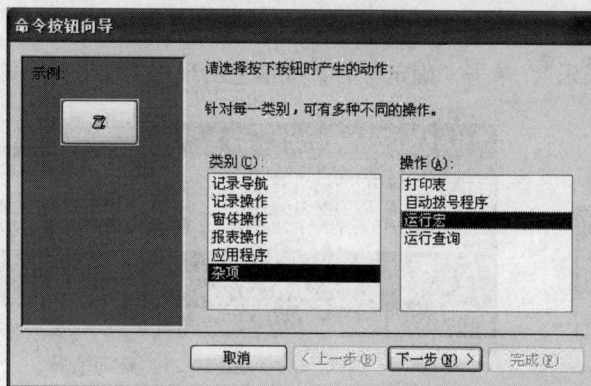

图 10-17 命令按钮向导

单击"下一步"按钮，选择要运行的宏，如图 10-18 所示。

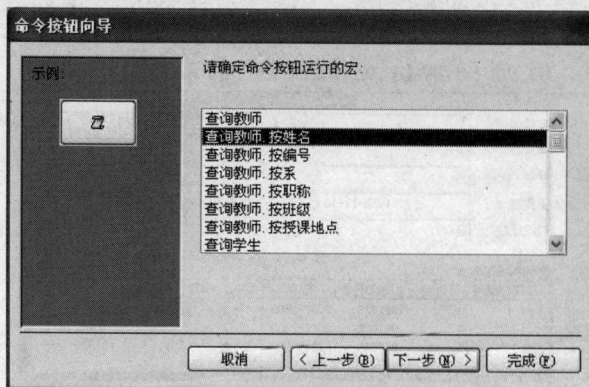

图 10-18 命令向导按钮 2

单击"下一步"，将按钮控件的名称改为"按姓名查"。用类似的方法完成其他查询按钮的添加。添加后的窗体如图 10-19 所示。

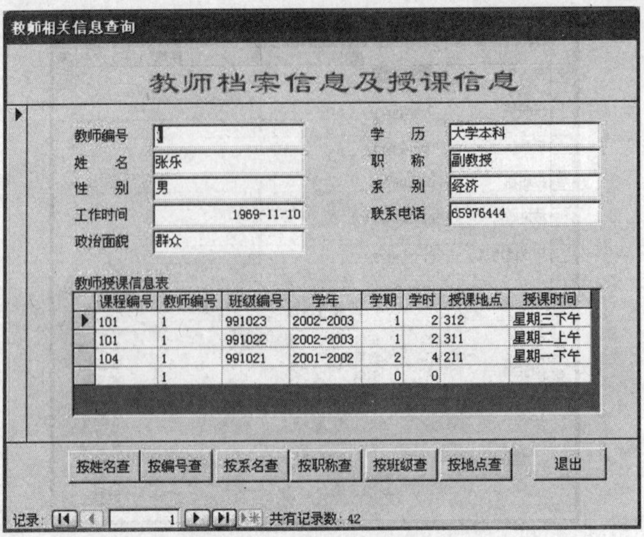

图 10-19　教师信息查询

单击"按姓名查"按钮，系统就会弹出如图 10-20 所示的查询对话框，等待用户输入需查询的姓名。此处输入"张乐"，单击"确定"后，屏幕上出现图 10-21 所示的查询结果。

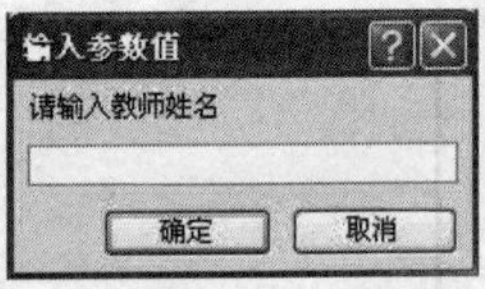

图 10-20　查询对话框

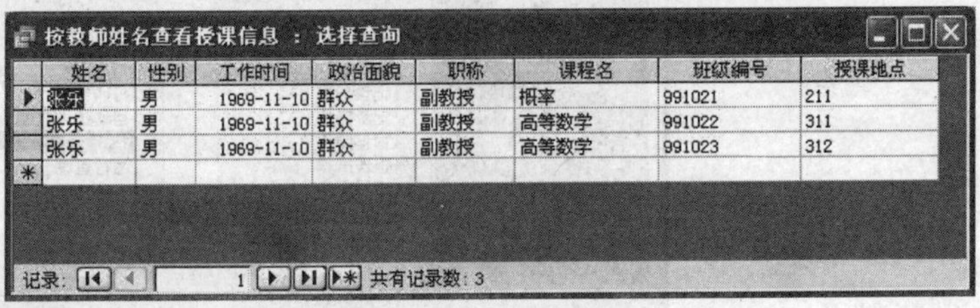

图 10-21　查询结果

用同样的方法为"教师档案及授课统计"窗体添加按钮控件，如图 10-22 所示。同样单击"统计各职称教师人数"按钮，系统弹出图 10-23 所示的统计信息。

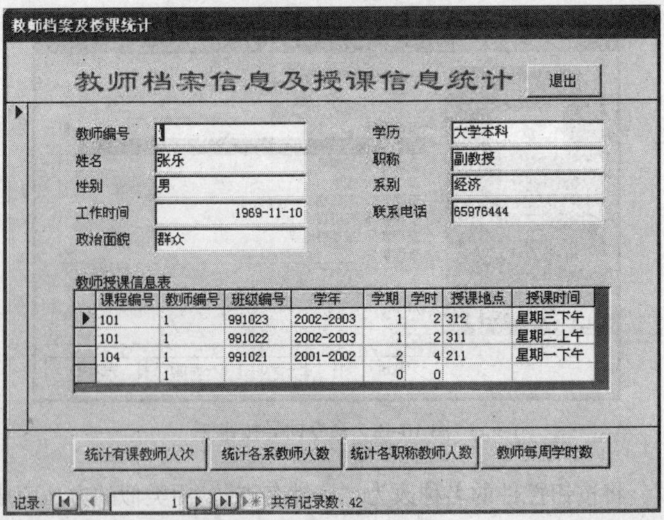

图 10-22　教师信息统计

图 10-23　各职称的教师人数统计

（三）设计浏览窗体

为了方便各类数据的浏览，在"教务管理系统"中采用了"报表"方式。报表是 Access 2003 数据库的主要对象，它可以用来汇总数据、显示格式化且分组的信息。下面以"教师信息"为例，简单介绍利用报表浏览数据的主要步骤。

首先利用【查询向导】功能创建教师授课情况的查询并命名为"教师基本信息表 查询"，设计器界面如图 10-24 所示。

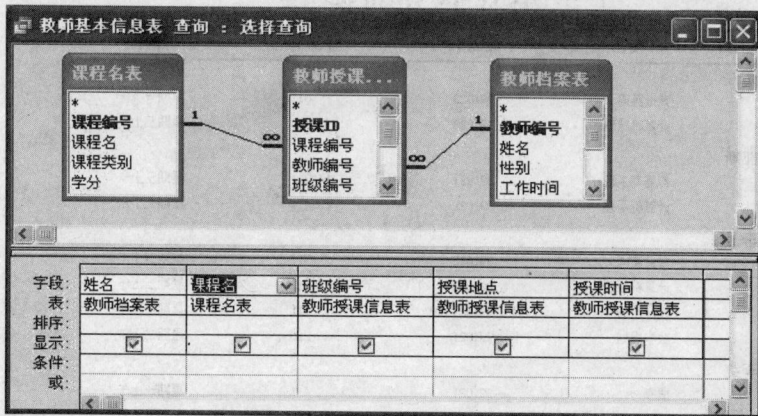

图 10-24　教师基本信息查询

在数据库中选择【报表】对象，利用【使用向导创建报表】功能创建报表，将报表的数据源设为"教师基本信息表 查询"，拖放相应的字段，并设置排序和分组（如图 10-25 所示），同时完成其他页眉页脚的设置。最终的报表设计视图如图 10-26 所示。

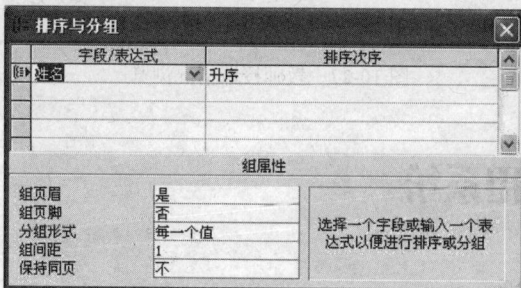

图 10-25　报表的排序和分组

最后通过按钮控件打开报表，实现数据的分组浏览，如图 10-27 所示。

图 10-26　报表设计视图

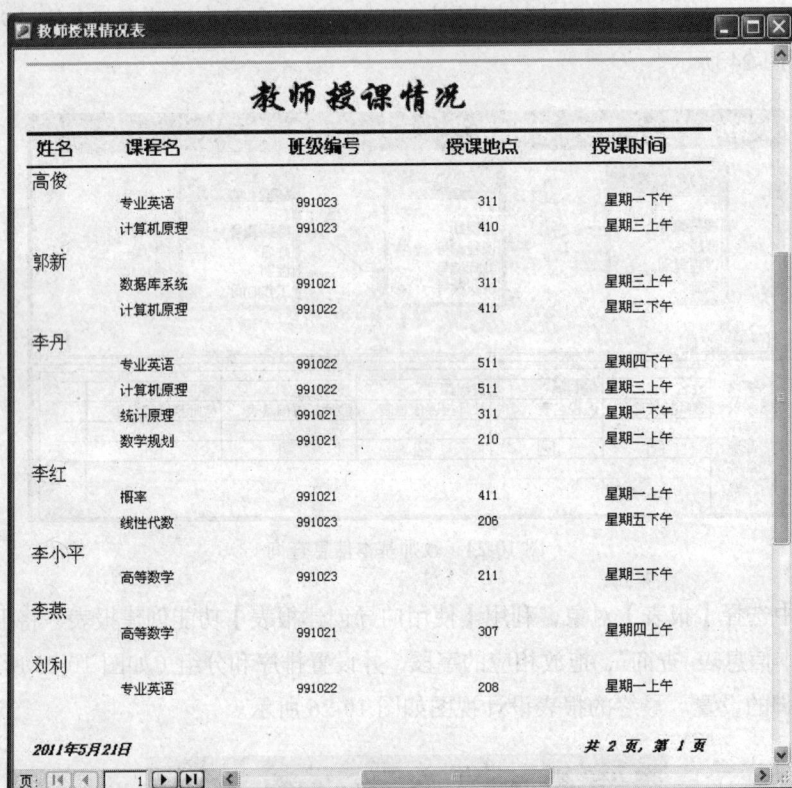

图 10-27　教师授课情况浏览

任务三　集成应用系统

（一）设计切换面板

"教学信息管理系统"按照系统开发步骤完成所有功能的设计后，就可以将各种功能组合在一起，从而形成最终的应用系统，以供用户使用。Access 2003 提供的切换面板则可以很方便地将已完成的各项功能组合起来。

切换面板是一种带有按钮的特殊窗体，用户可以通过单击这些按钮在数据库的窗体、报表、查询和其他对象中查看、编辑或添加数据。切换面板上的每一个条目都链接到切换面板的其他页，或链接到某个动作。切换面板不仅提供了一个友好的界面，还可以避免用户进入数据库窗口——特别是窗体或报表的设计视图。

通过切换面板管理器，用户可以对向导提供的切换面板进行修改，也可以自己创建切换面板。数据库的切换面板系统由分层排列的切换面板组成，排列从主切换面板开始，一般扩展到两个或多个子页面。每个页面包括一组项目，项目组含有执行特定操作的命令。绝大多数项目包括一个变量，该变量规定打开哪个窗口、预览哪个报表等。

切换面板管理器的具体操作步骤如下所示。

（1）选择【工具】|【数据库实用工具】|【切换面板管理器】命令（如图 10-28 所示），如果第一次使用切换面板管理器，Access 2003 将会弹出一个提示框，如图 10-29 所示。单击"是"按钮，弹出【切换面板管理器】对话框，如图 10-30 所示。

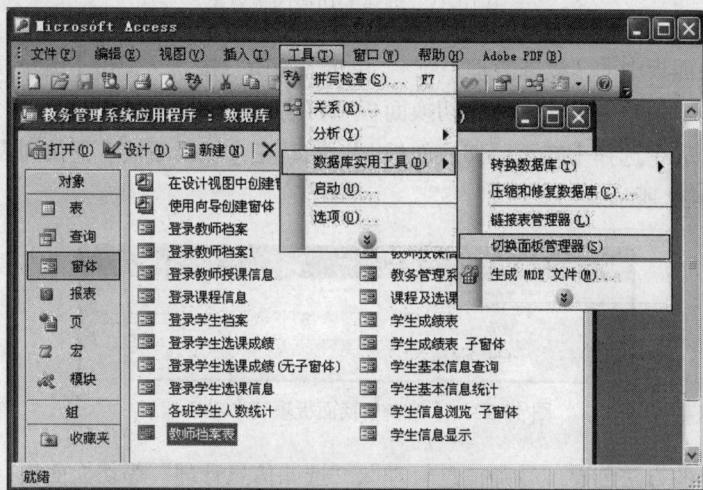

图 10-28　切换面板管理器

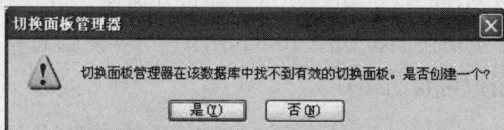

图 10-29　切换面板提示框

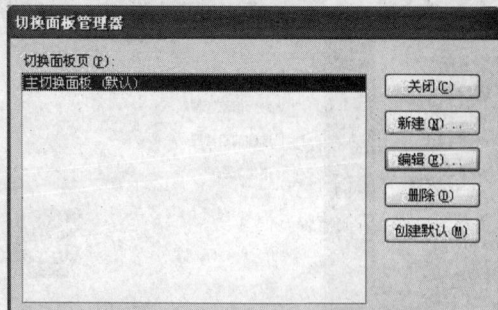

图 10-30　【切换面板管理器】对话框

（2）在【切换面板管理器】对话框中单击"新建"按钮，弹出【新建】对话框。输入新的切换面板的名称"教务管理系统"，然后单击"确定"按钮。然后用同样的方法创建"学生信息管理"、"教师信息管理"、"选课信息管理"等切换面板。单击"教务管理系统"，将其设为默认，并删除Access 2003 系统创建的"主切换面板"，最终效果如图 10-31 所示。

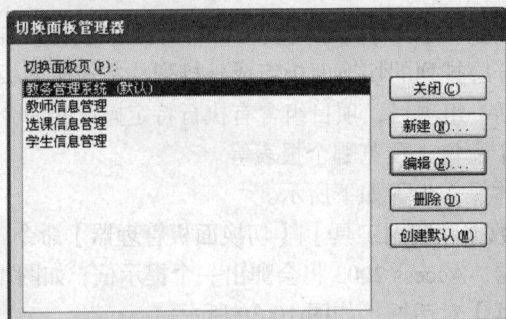

图 10-31 创建的切换面板效果

（3）选择切换面板中的"教务管理系统"，单击"编辑"按钮，弹出【编辑切换面板页】对话框，单击【新建】对话框，弹出【编辑切换面板项目】，在【文本】框中输入"学生信息管理"，在【命令】下拉列表中选择【转至"切换面板"】，同时在【切换面板】下拉列表中选择【学生管理系统】，如图 10-32 所示。

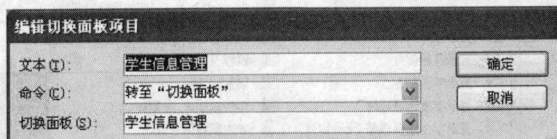

图 10-32 【编辑切换面板项目】对话框

（4）再用同样的方法创建"教师信息管理"、"选课信息管理"等切换面板，最后再添加一个"退出系统"切换面板项来完成退出应用系统的功能。

（5）为其他子切换面板创建相应的切换项，如打开窗体、报表等。为了界面的美观，也可以添加图片、标签等控件。主切换面板如图 10-33 所示，"学生信息管理"面板如图 10-34 所示。其他切换面板功能类似，用户可自己建立。

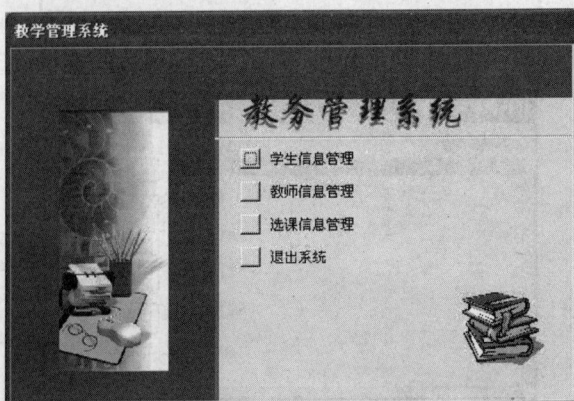

图 10-33 主切换面板效果

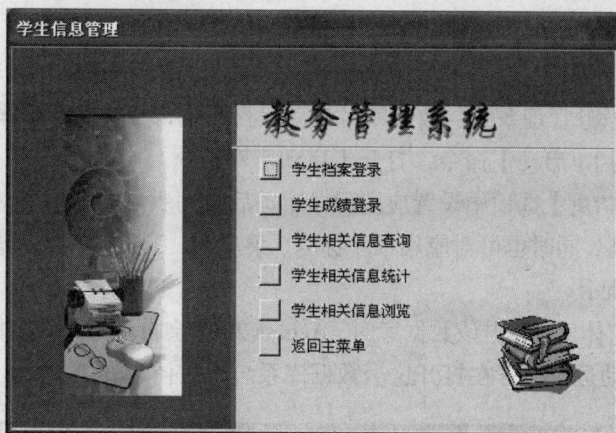

图 10-34 学生信息管理切换面板

有关切换面板的各项功能说明如下所示。

（1）添加命令。

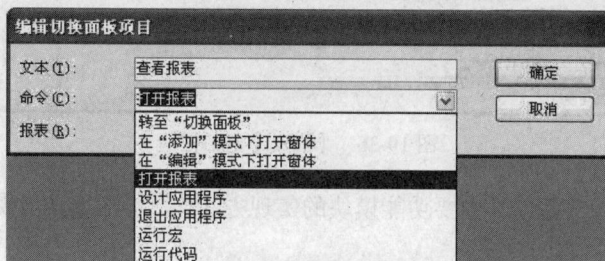

图 10-35 切换面板常用命令

如图 10-35 所示，Access 2003 提供了一些命令类型，具体说明如下所示。

- 转至"切换面板"：打开另一个切换面板并关闭自身面板。参数为目标面板名。
- 在"添加"模式下打开窗体：打开输入用窗体，出现一个空记录。参数为窗体名。
- 在"编辑"模式下打开窗体：打开查看和编辑数据用窗体。参数为窗体名。
- 打开报表：打开打印预览中的报表。参数为报表名。
- 设计应用程序：打开切换面板管理器以对当前面板进行更改。参数无。
- 退出应用程序：关闭当前数据库。参数无。
- 运行宏：运行宏。参数为宏名。
- 运行代码：运行一个 VB 过程。参数为 VB 过程。

（2）打开另一个切换面板。

用户可以在一个切换面板中打开另一个切换面板。如果数据库中没有另一个切换面板，用户可以创建一个。

（3）修改切换面板。

如果用户想修改已经创建好的切换面板，可选择【工具】|【数据库实用工具】|【切换面板管理器】命令，进行编辑。也可以在设计视图状态下打开切换面板并修改之。

（二）应用系统的启动

如果想在打开"教务管理系统"数据库时自动运行系统，可按以下步骤设置。

（1）选择【工具】|【启动】命令，打开【启动】对话框。

（2）在【显示窗体/页】选项中设置应用程序启动后自动激活的第一个窗体（如选择"无"，则没有自动启动窗体），同时也可对应用程序标题、菜单栏、工具栏等项目进行一些相应的设置，设置结果如图 10-36 所示。

（3）设置了启动窗体后，双击该数据库时，Access 2003 会自动打开该窗体，供用户直接使用，如在启动时想终止自动运行，可在打开这个数据库系统时按住【Shift】键。

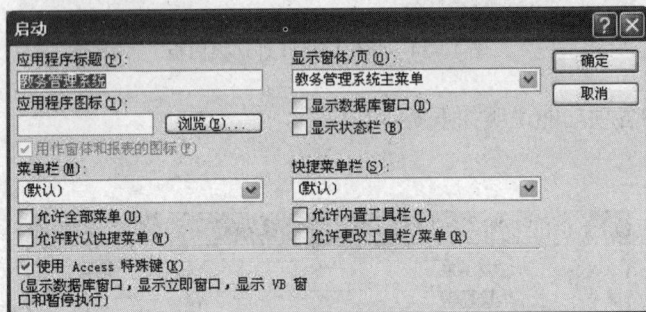

图 10-36　【启动】对话框

到此为止，"教务管理系统"主要功能模块的实现方法均已介绍，其他模块实现方法类似，读者可自行完成。

项目实训

实训　根据实际情况完善"教务管理系统"

1. 给"教务管理系统"增加一个登录界面，通过用户名、密码判断正确后再进入该系统。
2. 利用窗体向导功能建立"学生登录"和"课程登录"窗体。
3. 利用宏命令实现学生成绩的查询功能，并设计相应的查询窗体。
4. 利用报表功能浏览学生的基本情况。
5. 将以上建立的窗体全部链接到系统的切换面板上。

项目总结

通过以上项目实训，读者要能够掌握数据库管理系统开发的一般步骤和方法，能以项目为驱动，根据 Access 2003 的【向导】和【设计视图】建立切换面板、窗体、查询、报表等数据库对象，从而对前面各章节的内容融会贯通，灵活运用。

常用函数

	函数名	函数格式	说　明	举　例
算术函数	绝对值	Abs（<数值表达式>）	返回数值表达式值得绝对值	Abs(−3)返回 3
	取整	Int（<数值表达式>）	返回数值表达式的向下取整数的结果,参数为负值时返回小于等于参数值的第一负数	Int(5.9)返回 5 Int(−5.9)返回−6
		Fix（<数值表达式>）	返回数值表达式的整数部分,参数为负值时返回大于等于参数值的第一负数	Fix(5.9)返回 5 Fix(−5.9)返回−5
	四舍五入	Round（<数值表达式>[,<表达式>]）	按照指定的小数位数进行四舍五入运算的结果。[<表达式>]是进行四舍五入运算小数点右边应保留的位数	Round（3.754，2）返回 3.75 Round（3.754，0）返回 4
	平方根	Sqr（<数值表达式>）	计算数值表达式的平方根	Sqr（9）返回 3
	随机数	Rnd（<数值表达式>）	产生一个 0 ~ 1 之间的随机数,为单精度类型。数值表达式参数为随机数种子,决定产生随机数的方式。如果数值表达式值小于 0，每次产生相同的随机数；如果数值表达式值大于 0，每次产生新的随机数；如果数值表达式值等于 0，产生最近生成的随机数,且生成的随机数序列相同；如果省略数值表达式参数,则默认参数值大于 0	
文本函数	字符串长度检测	Len(<字符串表达式>)	返回字符串所含字符数。注意:定长字符,其长度是定义时的长度,和字符串实际值无关	Len（"abcde"）返回 5

函数名		函数格式	说　　明	举　　例
文本函数	字符串截取	Left（<字符串表达式>，<数值表达式>）	字符串左边起截取 n 个字符，n 为数值表达式返回值。 如果数值表达式值为 0，返回零长度字符串；如果大于等于字符串的字符数，则返回整个字符串	Left（"计算机等级考试"，4） 返回"计算机等" left（"abcd"，5） 返回 abcd
		Right（<字符串表达式>，<数值表达式>）	字符串右边起截取 n 个字符，n 为数值表达式返回值。如果数值表达式值为 0，返回零长度字符串；如果大于等于字符串的字符数，则返回整个字符串	Right（"计算机等级考试"，2） 返回"考试"
		Mid（<字符串表达式>，<数值表达式 1>[，数值表达式 2]）	从字符串左边第 n1 个字符起截取 n2 个字符。n1 为数值表达式 1 返回值，n2 为数值表达式 2 返回值。如果 n1 值大于字符串的字符数，返回零长度字符串；如果省略 n2，返回字符串中左边起 n1 个字符开始的所有字符	Mid（"计算机等级考试"，4） 返回"等级考试"
	生成空格	Space(<数值表达式>)	返回数值表达式的值指定的空格字符数	Space(3）返回 3 个空格字符
	删除空格	Ltrim（<字符串表达式>）	删除字符串的开始空格	Ltrim（"abcde"） 返回"abcde"
		Rtrim（<字符串表达式>）	删除字符串的尾部空格	Rtrim（"abcde"） 返回 "abcde"
		Trim（<字符串表达式>）	删除字符串的开始和尾部空格	Trim（"abcde"） 返回 "abcde"
	字符重复	String(<数值表达式>，<字符表达式>)	返回一个由字符表达式的第一个字符重复组成的指定长度为数值表达式值的字符串	String（3，"ABCDEF")返回"AAA"
	字符串检索	InStr([数值表达式]，<字符串>，<子字符串>[，比较方法]）	检索子字符串在字符串中最早出现的位置，返回一整型数。数值表达式为可选参数，设置检索的起始位置。如省略，从第一个字符开始检索；如包含 Null 值，发生错误。比较方法也为可选参数，指定字符串比较的方法。值可以为 1、2 和 0（默认）。指定 0（默认）做二进制比较，指定 1 做不区分大小写的文本比较，指定 2 来做基于数据库中包含信息的比较。如值为 Null，会发生错误。如指定了比较方法参数，则一定要有数值表达式参数。注意，如果字符串的长度为 0，或子字符串表示的串检索不到，则 InStr 函数返回 0；如果子字符串的串长度为零，InStr 函数返回数值表达式的值	InStr（2，"ABCD"，"b"，1）返回 2 InStr（3，"aSsiAB"，"a"，1）返回 5
	大小写转换	Ucase（<字符串表达式>）	将字符串中小写字母转换成大写字母	Ucase（"fHkrYt"）返回"FHKRYT"
		Lcase（<字符串表达式>）	将字符串中大写字母转换成小写字母	Lcase（"fHKrYt"）返回"fhkryt"

函数名		函数格式	说　明	举　例
日期时间函数	获取系统日期和时间	Date（）	返回当前系统日期	
		Time（）	返回当前系统时间	
		Now（）	返回当前系统日期和时间	
	截取日期分量	Day（<日期表达式>）	返回日期表达式日期的整数	Day（#2011-6-3#） 返回 3
		Month（<日期表达式>）	返回日期表达式月份的整数	Month（#2011-6-3#） 返回 6
		Year（<日期表达式>）	返回日期表达式年份的整数	Year（#2011-6-3#） 返回 2011
		Weekday(<日期表达式>)	返回 1~7 的整数，表示星期几	Weekday（#2011-6-3#） 返回 6，为星期五
	截取时间分量	Hour（<时间表达式>）	返回时间表达式的小时数（0~23）	Hour（#10：40：11#）返回 10
		Minute（<时间表达式>）	返回时间表达式的分钟数（0~59）	Minute（#10：40：11#）返回 40
		Second（<时间表达式>）	返回时间表达式的秒数（0~59）	Second（#10：40：11#）返回 11
	时间间隔	DateAdd（<间隔类型>，<间隔值>，<表达式>）	对表达式表示的日期按照间隔类型上或减去指定的时间间隔值	D=#2008-5-2910：40：11# DateAdd（"YYYY"，3，D） 返回#2011-5-2910：40：11#，日期加 3 年
		DateDiff（<间隔类型>，<日期1>，<日期2>[, W1][,W2]）	返回日期1和日期2之间按照间隔类型所指定的时间间隔数目	D1=#2010-5-2820：8：36# D2=#2011-2-2910：40：11# n1=DateDif（"yyyy"，D1，D2） 返回 1，间隔 1 年 n2=DateDiff（"q"，D1，D2） 返回 3，间隔 3 季度
		DatePart（<间隔类型>，<日期>[, W1][,W2]）	返回日期中按照间隔类型所指定的时间部分值	D=#2011-2-2910：40：11# n1=DatePart（"yyyy"，D）返回 2011
	返回包含指定年月日的日期函数	DateSerial（表达式1，表达式2，表达式3）	返回由表达式1值为年、表达式2值为月、表达式3值为日而组成的日期值	DateSerial（2011，6，3）返回#2011-6-3#
转换函数	字符串转换字符代码	Asc（<字符串表达式>）	返回字符串首字符的 ASCII 值	Asc（"abcdef"） 返回 97
	字符代码转换字符	Chr（<字符代码>）	返回与字符代码相关的字符	Chr（70），返回"F"； Chr（13），返回回车符

续表

函数名		函数格式	说　明	举　例
转换函数	数字转换成字符串	Str（<数值表达式>）	将数值表达式值转换成字符串。注意：当一个数字转成字符串时，总会在前头保留一空格来表示正负。表达式值为正，返回的字符串包含一个前导空格表示有一个正号	Str（99）返回"99"，有一前导空格 Str（-6）返回"-6"
	字符串转换成数字	Val（<字符串表达式>）	将数字字符串转换成数值型数字。注意，数字串转换时可自动将字符串中的空格、制表符和换行符去掉，当遇到它不能识别为数字的第一个字符时，停止读入字符串	Val（" 345 "）返回 345
统计函数	总计	Sum（<字符表达式>）	返回字符表达式中值的总和。字符表达式可以是一个字段名也可以是一个含字段名的表达式，但所含字段应该是数字数据类型的字段	
	平均值	Avg（<字符表达式>）	返回字符表达式中值的平均值。字符表达式可以是一个字段名，也可以是一个含字段名的表达式，但所含字段应该是数字数据类型的字段	
	计数	Count（<字符表达式>）	返回字符表达式中值的个数，即统计记录个数。字符表达式可以是一个字段名，也可以是一个含字段名的表达式，但所含字段应该是数字数据类型的字段	
	最大值	Max（<字符表达式>）	返回字符表达式中值的最大值，字符表达式可以是一个字段名，也可以是一个汉字字段名的表达式，但所含字段应该是数字数据类型的字段	
	最小值	Min（<字符表达式>）	返回字符表达式中值的最小值。字符表达式可以是一个字段名，也可以是一个含字段名的表达式，但所含字段应该是数字数据类型的字段	
消息函数	利用提示框输入	InputBox(提示[，标题][，默认])	在对话框中显示提示信息，等待用户输入正文并按下按钮，并返回文本框中输入的内容（String 型）	
	提示框	MsgBox(提示[，按钮、图标和默认按钮][，标题])	在对话框中显示消息，等待用户单击按钮，并返回一个 Integer 型数值，告诉用户单击的是哪一个按钮	
程序流程函数	选择	Choose(<索引式>，<表达式 1>[，<表达式 2>…，<表达式 n>])	根据索引式的值来返回表达式列表中的某个值。索引式值为 1，返回表达式 1 的值，索引式值为 2，返回表达式 2 的值，以此类推。当索引式值小于 1 或大于列出的表达式数目时，返回无效值	Choose(1，"a"，"b"，"c")返回 a；若 1 改成 2 后，返回 b；改成 3 后，返回 c
	条件	IIf(条件表达式，表达式 1，表达式 2)	根据条件表达式的值决定函数的返回值，当条件表达式的值为真，函数返回值为表达式 1 的值，但如果条件表达式的值为假，函数返回值为表达式 2 的值	IIF("3>1","OK","False")，返回 OK
	Switch	Switch(条件式 1，表达式 1[，条件式 2，表达式 2]…[，条件式 n，表达式 n])	函数分别根据"条件式 1"、"条件式 2"直至"条件式 n"的值来决定返回值。条件式是由左至右进行计算判断的，函数将返回第一个条件式为 True 的对应"表达式"的值。若函数中条件式与表达式不配对，则发生运行错误；若有多个条件式为真(True)，函数返回为真的第一个条件式后的"表达式"的值	Switch([成绩]>85，'优'，[成绩]>75，'良'，[成绩]≤75，'合格')

附录B

常用窗体和控件属性

1. 常用窗体属性

类型	属性标识	属性名称	功　能
格式属性	Caption	标题	标题属性值是窗体标题栏上显示的字符串
	DefaultView	默认视图	决定了窗体的显示形式，需在"连续窗体"、"单一窗体""数据表" 3 个选项中选取
	ScrollBars	滚动条	决定了窗体显示时是否具有窗体滚动条，该属性值有"两者均无"、"水平"、"垂直"和"水平和垂直" 4 个选项，可以选择其一
	AllowFormView	允许"窗体"视图	属性有两个值："是"与"否"，表明是否可以在"窗体"视图中查看指定的窗体
	RecordSelectors	记录选择器	属性有两个值："是"与"否"，决定窗体显示是否有记录选择器，即数据表最左端是否有标志块
	NavigationButtons	导航按钮	属性有两个值："是"和"否"，它决定窗体运行时是否有浏览按钮，即数据表最下端是否有浏览按钮组，一般如果不需要浏览数据或在窗体本身用户自己设置了数据浏览时，该属性值应该设置为"否"，这样可以增加窗体的可读性
	DividingLines	分割线	属性值需在"是"与"否"两个选项中进行选择，它决定窗体显示时是否显示窗体各节间的分割线
	AutoResize	自动调整	属性有两个值："是"、"否"，表示在打开"窗体"窗口时，是否自动调整"窗体"窗口大小以显示整条记录
	AutoCenter	自动居中	属性值需在"是"、"否"两个选项中选取，它决定窗体显示时是否自动居于中间
	BorderStyle	边框样式	决定用于窗体的边框和边框元素（标题栏、"控制"菜单、"最小化"、"最大化"以及"关闭"按钮）的类型。一般情况下，对于常规窗体、弹出式窗体和自定义对话框需要使用不同的边框样式

类型	属性标识	属性名称	功　　能
格式属性	ControlBox	控制框	属性有两个值："是"和"否"，指定在"窗体视图"和"数据表"视图中窗体是否具有"控制"菜单
	MinMaxButtons	最大最小化按钮	属性决定是否使用 Windows 标准的最大化和最小化按钮
	Picture	图片	决定显示在命令按钮、图像控件、切换按钮、选项卡控件的页上，或当作窗体或报表的背景图片的位图或其他类型的图形
	PictureType	图片类型	决定将对象的图片存储为链接对象还是嵌入对象
	PictureSizeMode	图片缩放模式	决定对窗体或报表中的图片调整大小的方式
数据属性	RecordSource	记录源	是本数据库中的一个数据表对象名或查询对象名，它指明了该窗体的数据源
	Filter	筛选	对窗体、报表、查询或表应用筛选时指定要显示的记录子集
	OrderBy	排序依据	其属性值是一个字符串表达式，由字段名或字段名表达式组成，指定排序的规则
	AllowEdits AllowDeletions AllowAddition	允许编辑 允许删除 允许添加	属性值需在"是"和"否"中进行选择，它决定了窗体运行时是否允许对数据进行编辑修改、添加或删除等操作
	DataEntry	数据输入	属性值需在"是"和"否"两个选项中选取，取值如果为"是"则在窗体打开时只显示一条空记录，否则显示已有记录
	RecordLocks	记录锁定	其属性值需在"不锁定"、"所有记录"、"编辑的记录"3 个选项中选取。取值为"不锁定"则在窗体中允许两个或更多用户能够同时编辑同一条记录；取值为"所有记录"则当在窗体视图打开窗体时，所有基表或基础查询中的记录将都锁定，用户可以读取记录，但在关闭窗体以前不能编辑、或删除任何记录；取值为"编辑的记录"则当用户开始编辑某条记录中的任一字符时，即锁定该条记录，直到用户移动到其他记录
其他属性	PopUp	弹出方式	属性值需在"是"和"否"中进行选择，它决定了窗体或报表是否作为弹出式窗口打开
	Modal	模式	属性值需在"是"和"否"中进行选择，它决定了窗体或报表是否可以作为模式窗口打开。当窗体或报表作为模式窗口打开时，在焦点移到另一个对象之前，必须先关闭该窗口
	Cycle	循环	属性值可以选择"所有记录"、"当前记录"和"当前页"，表示当移动控制点时按照何种规律移动
	MenuBar	菜单栏	可以将菜单栏指定给 Access 数据库、Access 项目、窗体或报表使用。也可以使用 MenuBar 属性来指定菜单栏宏，以便用于显示数据库、窗体或报表的自定义菜单栏
	Toolbar	工具栏	可以指定窗体或报表使用的工具栏。通过使用"视图"菜单上"工具栏"命令的"自定义"子命令可以创建这些工具栏
	ShortcutMenu	快捷菜单	属性值需在"是"和"否"中进行选择，它决定了当用鼠标右键单击窗体上的对象时是否显示快捷菜单

2. 常用控件属性

类型	属性标识	属性名称	功　　能
格式属性	BorderStyle	边框样式	指定控件边框的显示方式
	BackStyle	背景样式	指定控件是否透明，属性值为"常规"或"透明"
	BackColor	背景色	用于设定标签显示时的底色
	Caption	标题	对不同视图中对象的标题进行设置，为用户提供有用的信息
	Format	格式	用于自定义数值、日期和文本的显示方式
	FontName	字体名称	用于设定字段的字体名称
	FontWeight	字体粗细	用于设定字体的粗细
	FontItalic	倾斜字体	用于设定字体是否倾斜，选择"是"字体倾斜，否则不倾斜
	ForeColor	前景色	用于设定显示内容的颜色
	Left	左边距	指定控件在窗体报表中的位置，即距左边的距离
	SpecialEffect	特殊效果	用于设定控件的显示效果。用户可以在"平面"、"凸起"、"凹陷"、"蚀刻"、"阴影"或"凿痕"等多种效果中进行选择
	Visible	可见性	属性值为"是"或"否"，决定是否显示窗体上的控件
数据属性	ControlSource	控件来源	指明如何检索或保存在窗体中要显示的数据。如果控件来源中包含一个字段名则在控件中显示的是数据表中该字段的值，对窗体中的数据所进行的任何修改都将被写入字段中；如果该属性值设置为空，除非编写一个程序，否则控件中显示的数据不会写入数据表中。如果该属性含有一个计算表达式，那么该控件显示计算结果
	DefaultValue	默认值	用于设定一个计算型控件或非结合型控件的初始值，可以使用表达式生成器向导来确定默认值
	Enabled	可用	用于决定鼠标是否能够单击该控件。如果设置该属性为"否"，这个控件虽然一直在"窗体"视图中显示，但不能用 Tab 键选中它或使用鼠标单击它，同时在窗体中控件显示为灰色
	InputMask	输入掩码	用于设定控件的输入格式，仅对文本型或日期型数据有效
	Locked	是否锁定	用于指定是否可以在"窗体"视图中编辑数据
	ValidationRule	有效性规则	用于设定在控件输入数据的合法性检查表达式，可以使用表达式生成器向导来建立合法性检查表达式
	ValidationRule	有效性文本	用于指定违背了有效规则时，将显示给用户的提示信息
其他属性	AllowAutoCorrect	允许自动校正	用于更正控件中的拼写错误，选择"是"允许自动更新，否则不允许自动更新
	AutoTab	自动 Tab 键	属性值为"是"和"否"。用于指定当输入文本框控件的输入掩码所允许的最后一个字符时，是否发生自动 Tab 键切换。自动 Tab 键切换会按窗体的 Tab 键次序将焦点移到下一个控件上
	ControlTipText	控件提示文本	用于设定在将鼠标放在一个对象上后是否显示提示文本，以及显示的提示文本信息内容
	Name	名称	用于标识控件名，控件名称必须唯一
	StatusBarText	状态栏文本	用于设定状态栏上的显示文字
	TabIndex	Tab 键索引	用于设定该控件是否自动设定 Tab 键的顺序

附录C

常用宏操作命令

类型	命　令	功能描述
记录操作类	ApplyFilter	可以对表、窗体或报表应用筛选、查询或 SQLWhere 子句，以便限制或排序表的记录以及窗体或报表的基础表或基础查询中的记录
	FindNext	可以查找下一个、符合前一个 FindRecord 操作或"在字段中查找"对话框中指定条件的记录（通过单击"编辑"菜单中的"查找"可以打开"在字段中查找"对话框）。使用 FindNext 操作可以反复搜索记录。例如，可以在某一特定客户的所有记录间进行连续移动
	FindRecord	可以查找符合 FindRecord 参数指定条件的数据的第一个实例。该数据可能是在当前的记录中，在之前或之后的记录中，也可以是在第一个记录中。可以在活动的数据表、查询数据表、窗体数据表或窗体中查找记录
	GoToControl	可以把焦点移到打开的窗体、窗体数据表、表数据表或查询数据表中当前记录的指定字段或控件上。如果要让某一特定的字段或控件获得焦点，可以使用该操作
	GoToRecord	可以使打开着的表、窗体或查询结果集中的指定记录变成当前记录
执行命令类	CancelEvent	可以取消一个事件，该事件在取消前用于引发 Microsoft Access 执行后来包含该操作的宏。宏名称即为事件属性的设置，如 BeforeUpdate、OnOpen、OnUnload 或 OnPrint
	RunApp	可以在 Microsoft Access 中运行一个 Microsoft Windows 或 MS-DOS 应用程序
	RunCode	可以调用 Microsoft VisualBasic 的 Function 过程
	RunCommand	可以运行 Microsoft Access 的内置命令
	RunMacro	可以执行宏。该宏可以在宏组中
	RunSQL	可以运行 Microsoft Access 的操作查询。还可以运行数据定义查询
	SetValue	可以设置 Microsoft Access 窗体、窗体数据表或报表上的字段、控件或属性的值
	StopAllMacros	可以终止当前所有宏的运行
	StopMacro	可终止当前正在运行的宏
	Quit	退出 Microsoft Access
	Save	可以保存一个指定的 Access 对象或在没有指定的情况下保存当前活动的对象

类型	命 令	功能描述
数据库操作类	Close	可以关闭指定的 Microsoft Access 窗口，如果没有指定窗口，则关闭活动窗口
	ShowAllRecords	可删除活动表、查询结果集或窗体中所有已应用过的筛选，并且显示表或结果集中的所有记录，或者窗体基本表或查询中的所有记录
	OpenForm	可以在"窗体"视图中打开窗体
	OpenModule	可在指定的过程中打开指定的 Visual Basic 模块
	OpenQuery	该操作将运行一个操作查询
	OpenReport	可以在"设计"视图或"打印预览"中打开报表，或者可以立即打印报表。也可以限制需要在报表中打印的记录数
	OpenDiagram	在 Microsoft Access 项目中，在"设计"视图中打开数据库图表
	OpenFunction	在 Microsoft Access 项目中，可以在"数据表"视图、打开一个用户定义函数
	OpenTable	可以在"数据表"视图或"打印预览"中打开表，也可以选择表的数据输入模式
	OpenView	在 Microsoft Access 项目中，在"数据表"视图、视图"设计"视图中打开视图
	OpenDataAccessPage	可以在"设计"视图中，使用 Open Data Access Page 操作打开数据访问页
	Requery	可以通过重新查询控件的数据源来更新活动对象指定控件中的数据
	RepaintObject	可完成指定数据库对象挂起的屏幕更新
	Rename	重新命名一个指定的数据库对象
	SelectObject	可选择指定的数据库对象
	CopyObject	可以将指定的数据库对象复制到另外一个 Microsoft Access 数据库(.mdb)中。例如，可以在另一个数据库中复制或备份一个已有的对象，也可以快速地创建一个略有更改的相似对象
	DeleteObject	用 Delete Object 操作可删除指定的数据库对象
	TransferDatabase	在当前的数据库(.mdb)与其他数据库之间导入和导出数据
	TransferSpreadsheet	在当前的数据库(.mdb)和电子表格文件之间导入或导出数据
	TransferText	在当前的数据库（.mdb）与文本文件之间导入或导出文本
菜单类	AddMenu	窗体或报表的自定义菜单栏。自定义菜单栏可替换窗体或报表的内置菜单栏
	SetMenuItem	可以设置活动窗口的自定义菜单栏或全局菜单栏上的菜单项状态
其他类	Beep	可以通过计算机的扬声器发出嘟嘟声
	Echo	可以指定是否打开回响。例如，可以使用该操作在宏运行时隐藏或显示运行结果
	GoToPage	可以在活动窗体中将焦点移到指定页的第一个控件上
	Maximize	可以放大活动窗口，使其充满 Microsoft Access 窗口
	Minimize	可以将活动窗口缩小为 Microsoft Access 窗口底部的小标题栏
	MoveSize	可以移动活动窗口或调整其大小
	MsgBox	可以显示包含警告信息或其他信息的消息框
	Restore	将已最大化或最小化的窗口恢复为原来的大小，操作没有任何参数
	SendKeys	可以将键击直接发送到 Microsoft Access 或活动的 Windows 应用程序中
	SendObject	可以将指定的 MicrosoftAccess 数据表、窗体、报表、模块或数据访问页包含在电子邮件消息中，以便查看和转发
	SetWarnings	可以打开或关闭系统消息

附录D

常用事件

分类	事件	属性	名称	发生时间
发生在窗体或控件中的数据被输入、删除或更改时，或当点击一条记录移动到另一记录时	AfterDelConfirm	AfterDelConfirm（窗体）	确认删除后	发生在确认删除记录，并且记录实际上已经删除，或在取消删除之后
	AfterInsert	AfterInsert（窗体）	插入后	在一条新记录添加到数据库中时
	AfterUpdate	AfterUpdate（窗体）	更新后	在控件或记录用更改过的数据更新之后发生。此事件发生在控件或记录失去焦点时，或单击"记录"菜单中的"保存记录"命令时
	BeforerDelConfirm	BeforerDelConfirm（窗体）	确认删除前	在删除一条或多条记录时，Access 显示一个对话框，提示确认或取消删除之前。此事件在 Delete 事件之后发生
	BeforeInsert	BeforeInsert（窗体）	插入前	在新记录中键入第一个字符但记录未添加到数据库中时发生
	BeforeUpdate	BeforeUpdate（窗体和控件）	更新前	在控件或记录更改的数据更新之前。此事件发生在控件或记录失去焦点时，或单击"记录"菜单中的"保存记录"命令时
	Current	OnCurrent（窗体）	成为当前	当焦点移动到一条记录，使它成为当前记录时，或当重新查询窗体的数据来源时。此事件发生在窗体第一次打开，以及焦点从一条记录移动到另一条记录时，它在重新查询窗体的数据来源时发生
	Change	OnChange（窗体和控件）	更改	当文本框或组合框文本部分的内容发生更改，事件发生。在选项卡控件中从某一页移到另一页时该事件也会发生
	Delete	OnDelete（窗体）	删除	当一条记录被删除但未确认和执行删除时发生
	Click	OnClick（窗体和控件）	单击	对于控件，此事件在单击鼠标左键时发生，对于窗体，在单击记录选择器、节或控件之外的区域时发生

分类	事　件	属　　性	名　　称	发生时间
处理鼠标操作事件	DbClick	OnDbClick（窗体和控件）	双击	当在控件或它的标签上双击鼠标左键时发生。对于窗体，在双击空白区或窗体上的记录选择器时发生
	MouseUp	OnMouseUp（窗体和控件）	鼠标释放	当鼠标指针位于窗体或控件上时，释放一个按下的鼠标键时发生
	MouseDown	OnMouseDown（窗体和控件）	鼠标按下	当鼠标指针位于窗体或控件上时，单击鼠标键时发生
	MouseMove	OnMouseMove（窗体和控件）	鼠标移动	当鼠标指针在窗体、窗体选择内容或控件上移动时发生
处理键盘输入事件	KeyPress	OnKeyPress（窗体和控件）	击键	当控件或窗体有焦点时，按下并释放一个产生标准 ANSI 字符的键或组合键后发生
	KeyDown	OnKeyDown（窗体和控件）	键按下	当控件或窗体有焦点，并在键盘上按下任意键时发生
	KeyUp	OnKeyUp（窗体和控件）	键释放	当控件或窗体有焦点，释放一个按下键时发生
处理错误	Error	OnError（窗体和控件）	出错	当 Access 产生一个运行事件错误，而这时正处在窗体和报表中时发生
处理同步事件	Timer	OnTimer（窗体）	计时器触发	当窗体的 TimerInterval 属性所指定的时间间隔已到时发生，通过在指定的时间间隔重新查询或重新刷新数据保持多用户环境下的数据同步
在窗体上应用或创建一个筛选	ApplyFilter	OnApplyFilter（窗体）	应用筛选	当单击"记录"菜单中的"应用筛选"命令，或单击命令栏上的"应用筛选"按钮时发生。在指向"记录"菜单中的"筛选"后，并单击"按指定内容筛选"命令，或单击命令栏上的"按指定内容筛选"按钮时发生。当单击"记录"菜单上的"取消筛选/排序"命令，或单击命令栏上的"取消筛选"按钮时发生
在窗体上应用或创建一个筛选	Filter	OnFilter（窗体）	筛选	指向"记录"菜单中的"筛选"后，单击"按窗体筛选"命令，或单击命令栏中的"按窗体筛选"按钮时发生。指向"记录"菜单中的"筛选"后，并单击"高级筛选/排序"命令时发生
发生在窗体、控件失去或获得焦点时，或窗体、报表称为激活时失去激活事件时	Activate	OnActivate（窗体和报表）	激活	当窗体或报表成为激活窗口时发生
	Deactivate	OnDeactivate（窗体和报表）	停用	当不同的但同属于一个应用程序的 Access 窗口成为激活窗口时，在此窗口成为激活窗口之前发生
	Enter	OnEnter（控件）	进入	发生在控件实际接收焦点之前。此事件在 GotFocus 事件之前发生
	Exit	OnExit（控件）	退出	正好在焦点从一个控件移动到同一个窗体上另一个控件之前发生。此事件发生在 LostFocus 事件之前
	GotFocus	OnGotFocus（窗体和控件）	获得焦点	当一个控件、一个没有激活的控件或有效控件的窗体接收焦点时发生
	LostFocus	OnLostFocus（窗体和控件）	失去焦点	当窗体或控件失去焦点时发生

续表

分类	事 件	属 性	名 称	发生时间
打开、调整窗体或报表事件	Open	OnOpen（窗体和报表）	打开	当窗体或报表打开时发生
	Close	OnClose（窗体和报表）	关闭	当窗体或报表关闭，从屏幕上消失时发生
	Load	OnLoad（窗体和报表）	加载	当打开窗体，并且显示了它的记录时发生，此事件发生在 Current 事件之前，Open 事件之后
	Resize	OnResize（窗体）	调整大小	当窗体的大小发生变化或窗体第一次显示时发生
	Unload	OnUnload（窗体）	卸载	当窗体关闭，并且它的记录被卸载，从屏幕上消失之前发生。此事件在 Close 事件之前发生